面对盖娅

新气候制度八讲

[法]布鲁诺·拉图尔 著
李婉楠 译

FACE À GAÏA

HUIT CONFÉRENCES SUR LE NOUVEAU RÉGIME CLIMATIQUE

—

Bruno Latour

上海人民出版社

在神话语言中，大地被称为法律之母……这就
是诗人谈到根本上正义的大地所指的含义，并
将其称为正义的大地。

——卡尔·施密特：《大地法》，第 48 页

这根本就不是政治，而是气候政治，是命运。

——彼得·斯洛特戴克：《球 2：球体》，第 312 页

比起看到人类成为地球负责任的管家，更希望看到
一只山羊成为成功的园丁。

——詹姆斯·洛夫洛克：《地球医学》，第 186 页

自然不过是多余的名称。

——威廉·詹姆斯：《多元的宇宙》，第七章

谨献给尤利西斯与玛雅

献给盖娅全球马戏剧团、布景与后台

目 录

导　言

一切始于十几年前闯入我视线，让我不能忘却的舞步。一名舞者，她似乎为躲避什么可怖之物而向外逃去，同时却愈发不安地向其身后不停地瞥，仿佛她的逃离使得某种障碍出现在她背上，阻碍了她的行动，她不得不完全转过身来。在那里，她止步不前，双臂摇摆，她似乎看到有东西向她逼来，它比先前迫使她逃离的那个东西更可怖，她不得不步步后退。在逃离一种恐怖之时，又遭遇了另一种恐怖，似乎后一种恐怖源于她先前的逃离。

我坚信这段舞蹈表达了我们的时代精神；它在这令我非常不安的单一情景之下，概述了现代人最初要逃离之物——对过去的古老恐惧和他们当今所要面对之物——神秘形象的闯入，这恐惧之源在他们的面前而不是身后。这闯入的怪物，半气旋、半利维坦的怪物，我曾用“宇宙巨兽”[1]这一怪异名词称谓它。在将其迅速并入这一相当富有争议的形象之前——我在读詹姆

1　脚注中的所有缩略参考文献的完整版，请见书末参考文献。

Bruno Latour, *Kosmokoloss*（2013），播放于德国电台。该节目文字稿及本书中引用的大部分其著作的最终版或临时版皆收录于网站 bruno-latour.fr。

斯·洛夫洛克（James Lovelock）有关盖娅的理论中已思考过它——我不可再逃避：我必须弄明白这一相当令我不安的，集神话、科学、政治以及（很有可能是）宗教于一身的力量。

图表 0-1　斯蒂凡妮·戛纳肖，2013 年 2 月 12 日

鉴于我对舞蹈所知甚少，我花了几年时间才在斯蒂凡妮·戛纳肖（Stéphanie Ganachaud）身上找到了对这一短暂舞步的理想诠释。[2] 同时，我不知如何处理这一令人困扰的宇宙巨兽形象，于是说服几个好友将其创作为一部戏剧，名为《盖娅全球马戏》。[3] 也就是那时，吉福德讲座委员会邀请我于 2013 年

2　2013 年 2 月 12 日播出，乔纳坦·米歇尔（Jonathan Michel）拍摄，可见 vimeo.com/60064456。

3　2010 年逾越节起导演珂洛艾伊·拉图尔（Chloé Latour）与弗里德里克·阿依特-图阿提（Frédérique Aït-Touati），演员克莱尔·阿斯翠克（Claire Astruc）、亚德·克里耐（Jade Collinet）、马修·普洛坦（Matthieu Protin）与卢季·塞里（Luigi Cerri），编剧皮埃尔·道必尼（Pierre Daubigny）共同创作戏剧《盖娅全球马戏》（*Gaïa Global Circus*）。该剧 2013 年 10 月于图卢兹诺威拉节首演，于同年 12 月在兰斯剧院公演，并于随后在法国各地和全球公演。

在爱丁堡举办六场以神秘的“自然宗教”为题的讲座，对我们这些醉心于此的人而言，这是不太奇怪的巧合。我如何能拒绝连威廉·詹姆斯（William James），阿尔弗雷德·诺思·怀特海（Alfred North Whitehead），约翰·杜威（John Dewey），亨利·伯格森（Henri Bergson），汉娜·阿伦特（Hannah Arendt）及其他众人都接受过的邀请？[4]这难道不是一个天赐良机，让我通过论证来展开先前舞蹈与戏剧迫使我探索之物吗？至少这一方式对我而言还不太陌生。更不用说我那时刚刚完成《存在模式调查》的写作，该书愈发受到富有侵略性的盖娅的影响。[5]我们将在本书中读到修改、扩充并完全重写后的这几场讲座的内容。

我以讲座的形式、风格和语气将其出版，是因为我钻研四十多年的现代人类学正日益与所谓的“新气候制度”产生共鸣。[6]我用这一术语涵盖现状，即现代人本以为可靠的物质框架、承载历史发展的土壤已变得变化无常，好似舞台布景顺应演员和情节发展而变化。自此，历史叙述方式发生根本改变，我们要将不久前还属于自然范畴的因素纳入政治之中——自然也由此变成一个日益难解的谜题。

近几年，我和我的同事们一直试图研究将自然与科学融入政治的现象；我们已经发展了一套跟踪甚至描绘生态学议题的

4　这六场讲座可见爱丁堡大学吉福德讲座网站 ed.ac.uk。有关该系列讲座的历史以及对法国人来说尚且神秘的“自然宗教”领域请见 Larry Witham, *The Measure of God*, 2005。

5　Bruno Latour, *Enquête sur les modes d'existence*, 2012.

6　这一表述由史蒂凡·爱库（Stefan Aykut）和艾米·达昂（Amy Dahan）在《治理气候?》（*Gouverner le climat?*, 2015）中所提出的一个术语而来，以指代非常独特且对他们来说并不有效的“治理气候”的方式。

方法。但所有的这些特定工作并未能动摇某些人的坚定想法，他们仍旧想象一个无物的社会世界，与无人的自然世界对应，且没有学者可以认识它。当我们努力试图解开认识论和社会学的某些症结时，所有确立其功能的建构就轰然倒塌了，或是字面意义上的，在**地面**上倒塌。我们仍在讨论人类与非人类之间可能的联系、学者在客观性生产中起到的作用以及未来世代可能的重要性。与此同时，科学家们也在发明术语以讨论相同的事物，但在另一个层面上："人类世""大加速""地球限度""地质历史""临界点""关键区域"，我们将逐渐认识所有这些似乎不可或缺的惊人术语，以了解似是对我们的行为有所反应的**地球**。

我原来的学科——社会学，或更准确地说，科学人类学——如今被一个广泛接受的证据所强化，即先前将科学与政治隔离的旧宪法早已落伍。仿佛我们刚刚由一个旧制度过渡到新制度，后者以各式气候问题，以及更奇怪的，气候与政府联系问题的爆发为标志。我是在最广泛的意义上使用这些术语（地理史家一般都放弃了这些术语，除了孟德斯鸠的"气候理论"，其本身早已被视为过时了）。突然间，所有人猜测到另一种《论自然法的精神》正在浮现，若我们要幸免于新制度所释放出的力量，对它的写作就刻不容缓。本书正是要为这一共同探索的工作作出贡献。

盖娅在此处表现为一个回归地球的契机，它允许对科学、政治和宗教各自的品质进行区分，而科学、政治和宗教最终被带回到它们过去使命的更朴实、更接地气的定义中。讲座成对进行：前两讲探讨了"能动性"的概念——英译为 agency——这是一个重要的运作者，它使得目前仍归于不同领域的学科之间得以交流；随后两场讲座介绍主要角色：首先是盖娅，其次是人类世；第五、第六讲定义了哪些人正在为占领地球而斗争，以及他们所处的时代；最后两场讲座探讨了斗争中的领土的地缘政治问题。

一本书的潜在读者比一场讲座的听众更难以确定，但鉴于我们的的确确进入了一段地质与人类的共同历史，我想要对话的也正是形色各异的读者。不通过科学就不能理解在我们身上发生的事——科学首先为我们敲响了警钟；如果停留在旧认识论赋予科学的形象中，就不可能理解科学——科学如今与文化水乳交融，以至于正是通过人文科学我们才能理解它。由此我们通过混合的方式研究混合的主题，并转达给必然是混合的受众。

毫无疑问，本书的构成方式也正是混合型的：如同其他的研究者一样，为求传播，我不得不以英文写作。2012 年 2 月，这六场发表于爱丁堡的吉福德讲座稿撰写完成后，随即连同 2013 年的讲座由弗朗克・勒蒙德（Franck Lemonde）译为法文。[7] 但随后我让该文经历了所有译者——原文作者不幸也说着相同的母语——最痛恨之事：我将其完全重写了，扩充了两章新内容，重写幅度之大可以说这已全然是另一篇文本了——因而我不得不再次将其译为英文出版……向我的译者深表抱歉。

虽然作家可能想当然地认为同一个读者会从书的开头看到结尾，一章一章地阅读，但对于每次都要面对不同听众的演讲者来说，情况就不一样了。正因如此，八场讲座的每一场都可

---

7 除吉福德的六场讲座之外，还有《人类世的动因》(*Agency at the time of the Anthropocene*, 2014)，部分在第二讲中重提。

以单独阅读，且可以按照各人喜好的顺序阅读——更专业的内容可参考注释说明。

·

我要对太多人表达谢意，故而不能在此处一一列举。这笔人情债我会试图在书目参考文献中偿还。

然而，若不提及吉福德讲座委员会的成员是不公平的，他们使我能够在 2013 年 2 月沐浴在爱丁堡的灿烂阳光下，就“自然宗教”的主题发表六天的演讲，更不用说圣则济利亚大厅的听众了。

是伊莎贝尔·斯坦格（Isabelle Stengers）首先让我对盖娅入侵的问题产生了兴趣，且一如既往地，通过向西蒙·沙弗（Simon Shaffer）求助，我试图将自己从盖娅角色的不可能特性中解脱出来，并且与克莱夫·汉密尔顿（Clive Hamilton）、迪派什·查卡巴提（Dipesh Chakrabarty）、德波拉·达诺夫斯基（Deborah Danowski）、爱德华多·维韦罗斯·德卡斯特罗（Eduardo Viveiros de Castro）、唐娜·哈拉维（Donna Haraway）、布罗尼斯拉夫·谢申斯基（Bronislaw Szerszynski），以及许多其他同事分享我的焦虑。

但是我要特别感谢杰罗姆·盖拉尔德（Jérôme Gaillardet）与扬·扎拉切维奇（Jan Zalasiewicz），他们向我证实，自人类世以来，自然科学与人文学科之间确实存在共同点，甚至可以说是我们共享的一个**关键区域**。

当然，我对 2015 年 5 月在扁桃树剧场构想并演出《谈判话剧》（*Théâtre des négociations*）的学生，以及 2014 年 10 月图卢兹屠宰场博物馆“纪念人类世”（*Anthropocène Monument*）展览的构想者，还有“自然政治哲学”课程中的学生的感激之情，远超他们的想象。

最后，我要感谢菲利普·皮纳尔（Philippe Pignarre），他的编辑工作与我相伴已久。我想他从未出版过如此切合丛书主题的一本书：因为与我们通常的认知相反，盖娅根本不是全球性的，它无疑是我们循环思考的巨大阻碍……

第一讲 论自然(概念)的不稳定性

与世界关系的突变 * 被生态学逼疯的四种方式 * 自然/文化关系的不稳定性 * 对人性的援引 * 对"自然界"的求助 * 气候伪争论的巨大帮助 * "去告诉您的主人,科学家正在进行战争!" * 寻求从"自然"到世界的地方 * 如何面对

停不下来,每天周而复始。一天是水位上涨;另一天是土壤侵蚀;晚上是浮冰消融加速;在两起战争罪之间,20点新闻告诉我们成千上万的物种甚至将会在被记录之前灭绝;每月大气二氧化碳的测定值比失业率还要糟糕;我们得知,自从气象台建立以来,气温每年都攀新高;海平面持续上升;海岸线愈发遭受春季风暴的威胁;每次调查活动都显示海洋酸性化加剧。这就是媒体所讲的我们正生活在一个"生态危机"的时代。

唉,谈论"危机"只是另一种自我安慰的方式,告诉自己"这也会过去的"。危机"会很快过去的",若它只是一场危机就好了!若它曾只是一场危机就好了!根据专家所言,我们更应讨论"突变":我们曾习惯于一个世界;我们又继续前进,突变到另一个世界中。我们太过频繁地使用"生态"这个形容词来安慰自己,使自己远离威胁我们的麻烦与纷争:"啊,如果您在

谈论生态问题，那么它与我们无关。”正如我们在20世纪谈论“环境”时所做的，环境代表离我们很远的、在窗台的庇护下看到的自然界的生命。但如今专家认为，是我们所有人，是处在我们宝贵而又渺小的存在深处的所有人，会受到影响。这些信息会直接提醒我们如何吃喝，如何利用土地，如何出行，如何穿着。通常而言，在层出不穷的坏消息中，我们早该感觉到它已经从一个简单的生态危机滑落到应被称为**我们与世界关系的深刻变化**中。

然而，情况恰恰并非如此。证据就是我们正以一种惊人的冷静听闻这些消息，甚至以一种令人钦佩的形式保持缄默……若这真是一场彻底的变革，我们的生存根基应该早就已经完完全全改变了。我们应该已经开始改变饮食习惯、居住环境、出行方式、耕种技术，总而言之，我们的生产方式。每当警报声停止时，我们就会冲出荫蔽，发明新的技术来应对这种威胁。富裕国家的人民也会像在以前的战争中那样富有创造力，如同在20世纪一样，他们应该已经在四五年内通过大规模改变生活方式来解决这个问题。由于他们的积极行动，夏威夷莫纳罗亚天文台捕获的二氧化碳量才开始稳定下来；[1]湿润的土壤中爬满了蚯蚓，遍布浮游生物的海水中再次布满鱼群；甚至北极冰川的消融速度也在减慢（除非冰川已陷入不可挽回的境地，并在千禧年出现了新的状态[2]）。

无论如何，在近三十年间，我们**早该行动起来了**。危机应

---

1 我们在这一观测站测量大气二氧化碳含量时间最长。关于这些测量的历史，请参阅 Charles D. Keeling, «Rewards and penalties of recording the Earth», 1998。我会多次提及这一案例。

2 David Archer, *The Long Thaw*, 2010.

该已经过去。回顾“伟大的生态战争”时代，我们会感到自豪，因为我们几乎屈服了，却又通过快速的反应和调动一切发明能力来扭转乾坤，转危为安。或许我们会带着孙辈参观纪念这场斗争的博物馆，希望他们会对我们的进步惊叹不已，正如我们现如今叹服于二战是如何造就曼哈顿计划，带来青霉素的完善，或者推动雷达或航空运输的迅猛发展。

但就是这样，本该是暂时的危机已经演变成了我们与世界关系的深刻变化。似乎我们已经成为那些**早该在**三四十年前就采取行动的人——却什么也没做，或者所做寥寥无几。[3] 情况就是如此离奇：我们跨越了一系列门槛，经历了一场全面战争，却几乎什么都没有发觉！我们被背负的重大事件压弯了腰，却从未真正觉察到它，也从未做出任何反抗。试想一下：隐藏在大量的世界之战、殖民战争与核威胁的背后，在20世纪——这一“经典战争世纪”——还存在另一场战争，它同样是全球的、全面的、殖民的，我们经历过却没有感受到。当我们散漫地准备关心“子孙后代”的命运时（正如不久前所说的），一切都早已由过去几代人所犯下！有些事情已经发生了，它不会在我们面前成为即将到来的威胁，而是在已经出生的人**身后**。当警报响起时，我们像梦游者一般前行，最终使情况无可挽回，我们又怎能不对此深感惭愧呢？

然而，警报并没有消失。警报声一路嘶鸣。对生态灾难的意识由来已久，鲜活且有理有据、证据确凿。它从我们所说的“工业时代”，或“机械文明”的最初就开始了。我们无法说对

---

3 这是一名科学史家从事的可怕的小科幻演习的目标，Naomi Oreskes，及其同事 Erik M. Conway, *L'Effondrement de la civilisation occidentale*, 2014。

此一无所知。[4] 只是我们有很多方法可以同时知晓与忽视。通常，当关系到自身的生存以及亲近之人的福祉时，我们倾向于追求稳妥：为了孩子的小风寒，我们也要去看儿科医生；为了种植园里的一小点威胁，我们也要筹备一场杀虫大战；为了财产的一点点顾虑，我们也要购买保险，配备监控摄像头；为了防备入侵，军队立刻在边境集结。即使人们对诊断结果不太确定，即使专家持续为危险性争论不休，一旦涉及保护自己的亲人与财产，我们不吝于应用臭名昭著的防范原则。[5] 然而，在这场世界性的危机中，没有人会依照上述原则勇敢地采取行动。这一次，非常古老的人性保持着麻木不仁——这种人性谨慎而又挑剔，往往只能摸索着前进，如同盲人用探路杖探击每一个障碍，以适应任何风险的出现，一旦感觉到阻力就退缩，一旦道路畅通就大步前行，一旦有新的障碍出现就再次陷入踌躇。在这一问题上，任何农民、资产阶级、工匠、工人或政治美德似乎都不再发挥作用。警报响起，再一个个被切断。我们睁开了双眼，目睹耳闻，了然于胸，再闭上眼一往直前！[6] 如果人们在阅读克里斯托弗·克拉克（Christopher Clark）的《梦游者》时讶异于欧洲在明知因由的情况下仍于 1914 年 8 月仓促地加入第一次世

4　这是让-巴蒂斯特·弗雷索（Jean-Baptiste Fressoz）的重要著作《欢乐启示录》（*L'Apocalypse joyeuse*, 2012）的主题，这一主题在克里斯托弗·博讷伊（Christophe Bonneuil）与让-巴蒂斯特·弗雷索的《人类世事件》（*L'Événement Anthropocène*, 2013）中重述。

5　防范原则通常被曲解：它不是一个在不确定的情况下不采取行动的问题，相反，是在没有完全确定的情况下也要采取行动。它是一个行动和研究的原则，是一个紧张的原则，而不是像它的敌人所说的那样，是一个蒙昧主义的原则。

6　因此让-巴蒂斯特·弗雷索在《欢乐启示录》中使用解禁一词，我将在第六讲中追溯其宗教来源并对其评论。“解禁一词浓缩了走向行动的两个阶段：反思的阶段和超越的阶段；考虑到危险的阶段和正常化的阶段。现代性是反思性解禁的过程……”，第 16 页。

界大战[7]，又怎么会不惊讶于欧洲（以及所有其他追随者）——回想起来，它们对其缘由与影响都心知肚明——匆忙加入这另一场大战中？这是一场我们惊愕地得知已经开始，并且我们或许已然输掉了的战争。

•

“与世界关系的改变”，这是用以指代疯狂的学术术语。若我们不衡量生态剧变在何种程度上使人们疯狂，我们就对其一无所知。即使它使我们发疯的方式不止一种！

有时，在某些专家的帮助下，部分公众、知识分子、记者决定逐步沉入一个平行世界，那里不再有躁动的自然，也不再有真正的威胁。若他们镇定自若，那是因为他们确信科学家的数据被难以名状的力量操纵，或者至少被夸大了，所以他们必须毅然抵制那些被称为“灾难主义者”的观点。并且如其所言，我们要学会“保持理智”，像从前那样生活而不必杞人忧天。这种否认式的疯狂有时以狂热的形式呈现；这一情况就是所谓的“气候怀疑论者”，甚至往往是“气候否认论者”，他们在不同程度上坚持阴谋论，并且如许多美国民选代表一样，认为生态问题是一种在美国推行社会主义的迂回战术！[8]然而，它在全世界范围内以一种温和的疯狂形式更广为流传，我们可以将其描述为**寂静主义者**，源自信徒将救赎托付给上帝的宗教传统。气候寂静主义者同其他人一样生活在平行世界中，但由于他们已经

7　Christopher Clark, *Les Somnambules*, 2013.

8　自娜奥米·奥莱斯科与埃里克·康维的经典著作《贩卖怀疑的商人》（*Les Marchands de doute*, 2012）以来，目前已有大量论述气候怀疑论起源的文献。这一现象在本书中至关重要，我将在每一讲中提及它。

切断了一切警报，所以没有任何刺耳的声音迫使他们离开怀疑的软枕："我们会看到。气候一直在变。人类一直能挺过来。我们还有许多其他的担忧。重要的是等待，尤其不能惊慌。"奇特的诊断：他们由于太过冷静而疯狂！甚至有些人在政治集会上毫不犹豫地援引《创世记》的承诺——上帝向诺亚许诺不会开启另一场大洪水："我不再因人的缘故诅咒地（人从小时心里怀着恶念），也不再按着我才行的，灭各种的活物了。"（《创世记》，8：21）[9] 有了这样坚实的保证，担忧的确是错误的了！

幸运的是，其他为数不多的人已经听到了警钟的鸣响，但他们恐慌到陷入另一场疯狂。"既然威胁如此严峻，我们给地球造成的转变如此深刻，那么，"他们提出，"让我们把整个地球系统抓在手里吧！地球宛如一台大型机器，只因我们没有完全掌控它才导致混乱不堪。"这就是那些执着于全面支配自然的人。在这些人的眼中，自然始终是桀骜不驯的。在这个被他们谦逊地称为**地球工程**的巨大谵妄中，他们想要对付的是整个地球。[10] 为了治愈过去的噩梦，他们宣称要进一步增加生存所需的狂妄自大剂量，以治愈那些患上神经衰弱的世人。现代化使我们陷入绝境了吗？让我们更加坚决地走向现代化吧！如果说必须摇醒前者以防他们入睡，对后者而言，应该给他们上一个紧箍咒以防他们做太多蠢事。

更多的人仔细观察地球的迅速变化，并决定既不能忽视它们，也不能凭借任何激进措施来补救它们。如何列出这些人所遭

9　约翰·西库斯（John Shimkus）于 2009 年 3 月 25 日在美国国会能源和环境小组委员会会议上所讲。

10　我们在克莱夫·汉密尔顿的杰出著作《气候魔法师的学徒》（*Les Apprentis sorciers du climat*, 2013）中看到他阐述的那些令人毛骨悚然的解决方案。

受的参差不一的抑郁症？悲伤、沮丧、忧郁、萎靡？ 是的，他们心力交瘁、哽咽难鸣；他们几乎不再有勇气去看报纸；他们只有看到其他更加疯狂的人时才能从萎靡不振中清醒过来。而一旦愤怒消退，他们最终会在巨大剂量的抗抑郁剂之下一蹶不振。

最疯狂的还是那些似乎相信自己仍可以做点什么的人。他们相信现在还不算太晚，集体行动的准则这次也一定会奏效；相信即使面对如此严重的威胁，我们也应该能够在充分了解事实的情况下理性行事，同时尊重现有的制度框架。[11] 而这些人可能是两极化的，他们在下滑之前的狂躁阶段生龙活虎，而下坡路会让他们想要跳窗，或者把对手扔出窗外。

有谁能逃脱这些症状吗？有，但不要因此认为他们是理智的！他们或许是某些艺术家、隐士、园艺家、探险家、活动家或自然主义者，他们在几乎完全与世隔绝的情况下寻求抵抗痛苦的其他方式：就像罗曼·加里（Romain Gary）饶有趣味地提出的有识之士（esperados）一样。[12]（除非他们像我一样，设法摆脱痛苦，只是因为他们找到了诱发他人痛苦的妙计！）

毋庸置疑，生态学使人疯狂；这就是必需的出发点。不在于想要治愈；只是为了学习如何生存而不被否认、狂妄、沮丧，对合理对策的渴望，或者被避世所击败。属于世界的境况无药可治。但是，若加悉心照料，人们可以治愈自己的信念，不再相信我们不属于世界，不再认为这不是关键问题，不再对世界

11　这就是史蒂凡·爱库与艾米·达昂在《治理气候?》（*Gouverner le climat?*, 2015）中所提出的国际组织的“否认现实”，他们分析了适用于更棘手的问题的谈判程序，即限制某些类型污染的工作。

12　Romain Gary, *Les Racines du ciel*, 第 215 页。我眼中的典范是乔治·莫比奥特（George Monbiot），《卫报》的记者，以及他既令人沮丧又令人振奋的博客 monbiot.com，另有吉勒·克雷芒（Gilles Clément），一名“地球园林师”。

上发生的事情置之不理。我们希望“从中脱身”的时代已经过去了。如其所言，我们正“处于隧道中”，只是我们“看不到隧道的尽头”。在这些问题上，希望是一个糟糕的顾问，因为我们没有陷入危机。它不会“过去”。我们必须习惯于此。这是**确定的**。

因此，我们的当务之急是开发一套疗程——但不要因此幻想我们会很快痊愈。从这个意义上讲，进步并非不可能，但这将是一种反向的进步，即回到进步的思想上，倒退并发掘另一种感受时间流逝的方式。与其谈论希望，人们不如探索一种相当微妙的**绝望**方式；这并非意味着“灰心”，而是不单单依赖希望，如同时间流逝的齿轮。[13] 希望我们不再指望希望？嗯，这看起来并不怎么鼓舞人心。

既然我们不指望痊愈，那么至少可以两害相权取其轻。毕竟，这是一种治疗方式：“与疾病共存”，或者简单来讲“好好活着”。如果说生态致使我们疯狂，那是因为它确实使我们与世界关系的**变更**了。从这个意义上讲，它既是一种新的疯狂，也是一种与上述疯狂战斗的新方式！没有别的方法可以治疗而不希望痊愈：我们必须解决所有人所处的孤立境况，无论我们的焦虑会有什么细微差别。[14]

---

13 与希望的这一关系是克莱夫·汉密尔顿《物种安魂曲》(*Requiem pour l'espèce*, 2013) 一书的主题。我们将在第五讲与第六讲讨论“时间终结”的问题时再次涉及它。吉恩-皮尔·迪皮伊 (Jean-Pierre Dupuy) 在《关于开明的灾难论》(*Pour un catastrophisme éclairé*, 2003) 一书中探讨了矛盾的时间性与生态之间的联系 (另请参阅 2012 年的采访 «On peut ruser avec le destin catastrophiste»)，但它可以追溯到汉斯·约纳斯 (Hans Jonas) 的《责任原则》(*Le Principe responsabilité*, 1990)。当然，它出现在作为教宗方济各通谕——《愿祢受赞颂》(*Laudato Si*, 2015)——基础的神学中。

14 德波拉·达诺夫斯基与爱德华多·维韦罗斯·德卡斯特罗在《世界停止》(«L'arrêt de monde», 2014) 中对时间关系的探索目前无人能及。

•

“与世界关系”的这一表述证明了我们在何种程度上可以说是**异化的**。生态危机常常被视为“人类（l’homme）**属于自然**”这一发现的循环。该表述虽然十分简单，但实际上非常晦涩（不仅因为“人类”显然也包括“女人”*）。我们是否要这样谈论人类：他们终于明白自身是“自然界”的一部分，并要顺应自然？似乎问题出自“归属”一词。实际上，在西方传统中，对人类的定义大多强调它与自然不同程度的**区别**。这就是我们通常想要通过“文化”“社会”或“文明”的概念来表达的意思。因此，每当我们想要“让人类更接近自然”时，我们都会被反对意见所阻止：人首先是，或者说也是文化的存在，他必须摆脱自然，或者无论如何都要与自然**区分开来**。[15]所以我们永远不能太直截了当地说“人类属于自然”。况且，若人类果真是且仅是“自然”的，那么人们会认为人类不再是人，而只是“物质对象”或“纯粹动物”（使用更模棱两可的表达）。

因此，我们可以理解为什么任何将生态危机定义为“人类回归自然”的做法会立即引发一种恐慌，因为我们永远不知道我们是被要求回归蛮兽，还是恢复人类存在的深刻运动。——“但我不是自然存在！我首先是文化存在。”——“当然，只不过您实际上首先是自然存在，您怎么会忘记呢？”这的确让人发狂。更

---

* 法语 homme 对应英语 man，既指人类，也指男人。——译者注

15 这里我只对现代哲学在主客体之间建立的关系感兴趣，鉴于野蛮意义上的自然——“野生动物”——与人工之间的对立已经被环境历史学家深入研究，因而没有必要论及。请参阅经典论文集，William Cronon (dir.), *Uncommon Ground*, 1996，以及最近法比安·罗谢（Fabien Locher）与格里高利·科奈（Gregory Quenet）撰写的《环境史》(«L’histoire environnementale», 2009）中的综述。关于生态系统人造化的一个特别惊人的例子，请参阅 Gregory Quenet, *Versailles. Une histoire naturelle*, 2015。

不用说，“回归自然”被当成“回到洞穴时代”。任何一名气急败坏的现代主义者在面对稍有名气的生态学家时，都可将其可悲的照明系统作为论据：“要是听您的，我们还在点蜡烛呢！”

困难在于“与世界关系”这一表述本身。它意味着两种领域，即自然领域与文化领域。这两个领域相互独立，又不可能完全分离。不要只试图定义自然，因为同时还必须定义“文化”一词（人类摆脱了自然：有点，很多，热切地 *）；不要单单试图定义“文化”，因为您还得立马定义“自然”一词（人类是无法“完全摆脱”自然约束的）。这意味着我们不是在处理多**领域**问题，而是在处理被分成两部分的同一概念，这两部分原本被一根坚固的橡皮筋捆绑在一起。在西方传统中，这二者不能分而论之：自然离不开对文化的**这**一定义，反之亦然。它们同生，如同连体双胞胎般不可分割，他们会彼此爱抚或打闹，却始终共享同一个躯体。[16]

由于这一论点对下文至关重要，却始终晦涩难懂，我需要对此多次复述。相信您还记得那个不太遥远的时代，在女性主义革命之前，当一个人想用无差别且有些懒惰的方式来谈论**所有人**时，就使用“人 / 男人”（homme）。反过来，当我们说“女人”时，它必然是一个特定的术语，只能指当时所谓的“弱势性别”或“第二性”。用人类学家的语言来说，这意味着“人 / 男人”这个词是一个**未编码**的范畴：它不会构成问题，也不会引起关注。而当我们说“女人”时，注意力被吸引到一个具体

---

* 此处作者借用摘雏菊花瓣占卜爱情的民俗：有点、很多、热切地、疯狂地、一点也不……——译者注

16 从这个意义上讲，我们从未现代过：只要我们认为有可能存在两个截然不同的领域，我们就可以相信我们是现代的，而一旦我们意识到领域只有一个，我们就不再是现代的……Bruno Latour, *Nous n'avons jamais été modernes*, 1991。

的特质，也就是她的性别；正是这种特质使她从作为背景的未编码范畴脱离，成为编码范畴。因此，我们尝试用“人类”（humain）代替“人 / 男人”，并确保这个词成为同一个人类的两半，即同时意味着女人和男人——每个人都有自己的性别，这使他们两者都有平等的区别。[17]

那么，如果我们能够在自然 / 文化的表述上实现完全相同的转变，从而使“自然”听起来不再像是未编码范畴，那么我们就会在这些问题上有所进展（这两对词组在历史上也是相关的，但以相反的方式，因为“女人”往往在自然一侧，而在文化一侧的则是“男人”[18]）。所以我想营造一处场所——暂时是概念性的，但是我们稍后会设法建立[19]——使我们将文化与自然定义为同等编码范畴。如果您还记得避免使用性别歧视语言的智慧，您就会明白，为自然与文化之间的这种联系创造同等地位是非常便利的。唉，由于没有公认的术语能发挥与“人类”相同的作用，为了获得纠正读者注意力的相同效果，我建议采用拼写惯例“自然 / 文化”（Nature/Culture）。通过这种方式，我们能避免使自然成为衬托文化编码范畴的普遍事实，正如同使用“他 / 她”可以避免将男性视为普遍性。[20]

---

17 Vinciane Despret et Isabelle Stengers, *Les Faiseuses d'histoires. Que font les femmes à la pensée?*, 2011.

18 从卡洛琳·麦茜特（Carolyn Merchant）的经典著作《自然之死》（*The Death of Nature*, 1980）与唐娜·哈拉维《赛博格宣言及其他论文》（*Le Manifeste Cyborg et autres essais*, 2007）（终于译成法文）以来，倒置就得到了很好的研究。它也出现在女性科学家们遇到的困难中，参阅埃弗兰·福克斯·凯勒（Evelyn Fox-Keller）研究的经典例子，《生命的激情》（*La Passion du vivant*, 1999）。

19 这是后四讲的主题。

20 菲利普·德科拉（Philippe Descola）的决定性著作《超越自然与文化》（*Par-delà nature et culture*, 2005）使这一观点极其容易理解。自然 / 文化这一表达无非是表述其标题中“超越”的一种方式。

让我们再来做一个比较，这次是借自艺术史，并且与我们对自然的感知有更直接的联系。我们知道，西方绘画自 15 世纪以来的这种习惯有多稀奇：它组织观众的视线，使其能够作为物体或风景的奇观的对应物。[21] 观众不仅必须与他们所看的东西保持一定的距离，而且他们所看到的东西必须被安排、准备、对齐，以便被完美地呈现出来。在二者之间，绘画的平面占据了主客之间的中间部分。历史学家已经对这种**视觉制度**的奇特性以及观视主体的位置给予了很多思考。[22] 但是我们没有足够重视这种对称的奇特性，它使客体扮演着一种奇特角色，即它只为被主体观视而存在。例如，一个观看**静物**（nature morte）——这一表达本身就耐人寻味 *——的人完全被安排为这些客体对面的主体，而这些物体——如牡蛎、柠檬、阉鸡、酒杯、白色桌布褶上的一串金灿灿的葡萄——除了被呈现给这种特殊类型的观视外再无其他作用。

在这种情况下，我们可以看到，如果将观看的主体当作历史上的怪人，而将他所观视之物——静物！——视为自然的或所谓显而易见的东西，是多么荒唐。我们不能将它们分离或单独批判。西方绘画发明的是**对子，它的两个成员**同样离奇，甚至可以说是异域的，在任何其他文明中都毫无踪迹：**为**主体而存在的客体；**为**客体而存在的主体。因此，这充分证明了存在

---

21 有趣的是，菲利普·德科拉最近举办的研讨会与进行的工作的目的正是将自然发明问题与绘画史问题联系起来。我们可以在布朗利河岸博物馆的展览目录《影像工厂》（*La Fabrique des images*, 2010）中对此略窥一斑。

22 自从潘诺夫斯基的经典作品以来，这种特殊的注意类型一直是历史研究的重要主题，例如参阅 Jonathan Crary, *Suspensions of Perception*, 1999, 以及最近的 Lorraine Daston et Peter Galison, *Objectivité*, 2012（l'expression de régime scopique est de Christian Metz）。

* 法语中静物为 nature morte，字面意思为“死亡的自然”或“无生气的自然”。——译者注

一名运作者，以及分配主客的运作，也正是基于同样的道理，存在一个共同概念，它分配自然 / 文化各自的角色，担当与男性 / 女性编码范畴中“人”相同的角色。

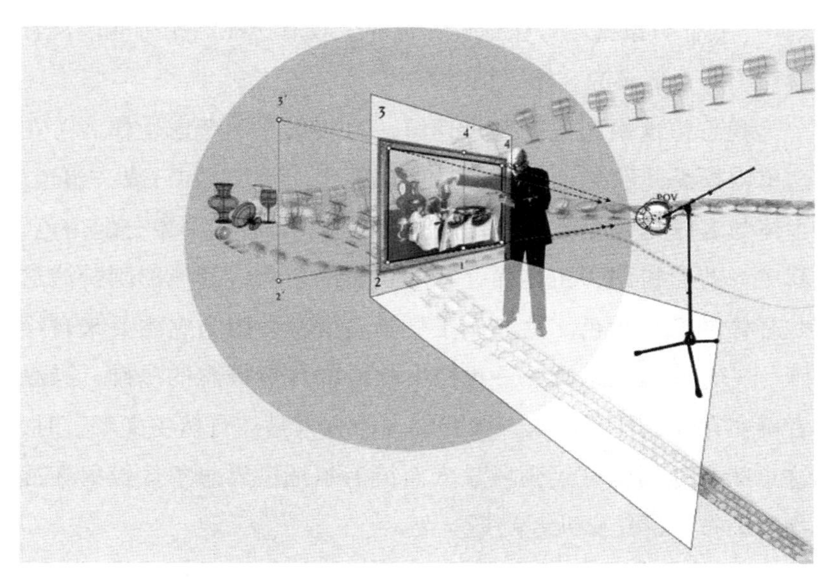

图表 1-1　© 塞缪尔 · 加西亚 · 佩雷斯（Samuel Garcia Perez）

为使这一运作者的存在不那么抽象，我请一位艺术家将它绘制出来。[23] 他选择让一位建筑师——在本例中是勒 · 柯布西耶（Le Corbusier）！——占据明显是虚拟的位置：建筑师钻入绘画的平面中，并且对称地呈现主客的位置，而这两者都并非自然的。凝视西方绘画的观视者角色是如此不可能，以至于艺术家将它想象成悬挂着一只巨大眼球的三脚架！[24] 但人们往往没

23　塞缪尔 · 加西亚十分乐于创作这些绘画。完整的图库请参阅 *modesofexistence.org*（选择勒 · 柯布西耶在此完全是偶然的，与 2015 年的争论无关）。

24　自从欧文 · 潘诺夫斯基（Erwin Panofsky），《作为象征形式的透视法》（*La Perspective comme forme symbolique*, 1975）以来，强加于主体的认知装置的奇特性已众所周知。

有注意到的是，与这只眼球对应的客体同样是不可能的。为了准备一个静物，艺术家首先必须杀死它，或者至少打断它的运动——这就是勾勒客体运行轨迹的线条，而操纵者只能通过所谓的“定格”——或更恰当地说，**为**图像而定——把握其中一刻。[25] 我们可以毫不夸张地说，世界上没有比在照相机前傻笑着喊茄子的人更多的客体了！

我希望这幅图式有助于理解，为什么在不考虑运作者（在这里由操纵性的建筑师代表）的情况下，要“调和”或“超越”主体与客体是毫无意义的。运作者为这些奇特的形象**分配**角色，其中一些会扮演为主体而存在的自然的角色，其他的则扮演这一客体的意识角色。这一例子更具启发性，因为它主要来自绘画——尤其是风景画——我们由此汲取自然概念的基础。操纵者确实存在，他是画家。当我们说西方人是“自然主义者”时，这意味着他们爱好绘画风景，而笛卡尔把世界想象成投射在静物的画布上，其操纵者就是上帝。[26]

强调这一分配工作使我们明白“属于自然”这一表达几乎毫无意义，因为自然只是由至少三**个术语**组成的复合体中的一个要素：第二个术语作为其对应物，即文化，第三个术语是在前两个术语之间分配特征之物。在这个意义上，自然不（作为领域）存在，而只是**由单个概念定义的对子的一半**。因此，我们必须将自然 / 文化的对立作为我们关注的**焦点**，而非摆脱困境的对策。[27] 为了记住这一点，让我们谨慎地用保护性引号来圈住

---

25 我感谢马丁·吉那（Martin Guinard）提及的这条参考文献：Julie Berger Hochstrasser, *Still Life and Trade in the Dutch Golden Age*, 2007。

26 关于“经验风格”的问题，以及与科学实践如此相悖的复制和模型主题的发明，请参阅 Bruno Latour, *What is the Style of Matters of Concern?*, 2008。

27 把本来是解释来源的东西变成要解释的对象（英文中的“从对策到主题”）相当于故意剥夺元语言的元素，使其成为一个研究领域。它不会背着您，而是在您面前。

“自然”，以提醒我们这是两个范畴所共有的编码（为谈论上述“自然”先前所囊括的存在、实体、多样性、动因，我们将会需要另一个术语——我将在第 40 页介绍它）。

现在我们明白，如果生态学使人疯狂，那是因为它迫使我们强烈遭受这一概念不稳定性的冲击，这一概念被认为是两个领域不可能的对立，而这两个领域在现实世界中会真实存在。最重要的是，不要试图转向自然，试图穿过绘画的平面去品尝静物中闪闪发亮的牡蛎。无论做什么，您都会被困住，因为您永远不知道自己指的是领域还是概念。如果您声称要“调和”自然与文化，或者通过“安抚”两者之间关系来“超越”这一对立[28]，情况只会更糟糕。尽管某本书的标题很出名，但我们还是不能“超越自然与文化”[29]。

但在此处钻研或许不是完全不可能的。如果我们确实在处理由两个部分组成的同一个概念，那么这就证明了它们是由一个共同的核心来维系并分配两者之间的差异。只要我们能够接近这个核心、这种差异、这一装置、这名操纵者，我们就可以想象如何规避它。我们可以将想说的内容从使用对立的语言翻译成另一种不使用它的语言。通过接种另一种疯狂，我们的疯狂开始得到治愈——显然，我对此不抱幻想。

•

然而，只要我们看一下诸如“按照自己的本性行事”或

---

28 这是许多当代哲学家在研究自然问题时遇到的困难：他们想要克服分歧，同时继续保持它作为唯一可用的解释来源。这一问题起于 Catherine Larrère, *Les Philosophies de l'environnement*, 1997，经由 Dominique Bourg, *Vers une démocratie écologique*, 2010，终于 Pierre Charbonnier, *La Fin d'un grand partage*, 2015。该书主张“大鸿沟”，然而它认为鸿沟已经终结。

29 我显然在暗指菲利普·德科拉的《超越自然与文化》(*Par-delà nature et culture*, 2005)。

“按照自己的真实本性”生活的经典表述，我们就会开始认清这个共同核心。察觉这种表达的**规范性维度**并不困难，因为它企图依照一种生活模式来指导整个存在，这种模式迫使人们在虚假与真实的在世存在方式之间进行选择。在这种情况下，人们期望在“文化”或“社会”方面看到的规范力量显然归咎于相反的一面——双重概念的“自然”。当人们调动“人性”的主题时，这种稀奇的归属就更加明显。人们应该“学会尊重”人性，或者相反，人们必须“学会同它作斗争”。

当援引“自然法”时，我们更是直接表示出“自然”可以被设想为一套准法律规定。奇怪的是，在这一情况下，“自然”二字成了“道德”“法律”与“可敬”的同义词。但是，我们从来没有能够固定其含义或尊重其指令。当某权威要采取措施，以防止任何“违背自然”的行为时，抗议活动就会顿时涌现：您凭什么决定哪些行为准则是“自然的”，哪些是“违背自然的”？正如道德长期以来一直是社会中激烈争论的主题，任何通过援引自然以稳定伦理判断的努力都表现为意识形态明目张胆的伪装。这一援引所激起的愤慨充分证明了带引号的“自然”无法援引不带引号的**自然**，从而结束道德上的争议。

换句话说，在这些问题上，正如在“有机”产品或“百分百纯天然”酸奶的问题上一样，我们每个人都很容易成为建构主义者——甚或是相对主义者。一旦我们得知产品是“天然的”，我们就心知肚明，最坏的情况是有人试图欺骗自己，最好的情况则是我们发现了另一种“人造的”方式。对亚里士多德而言可能的事情如今已不再可能：自然不能统一城邦。我们正处于“自然”这一概念的道德承载明显被颠覆的境地，以至于任何批判传统的第一反应都是反对自然化。只要说一个立场是已经“自然化”了的，就可以立即得出结论，即应该反对它，将它历史化或者至少情境化。的确，一旦“自然化”或“本质化”一种事实状态，它几乎肯定会成为法律状态的陈述。因此在实践中，就好像常识融合了事实上与法律上的陈述一样。

每个人都明白，如果生态学回归到这种对自然及其律令的援引，我们就不可能迅速达成共识。在当今的多元社会中，“自然”不是比“道德”“法律”或“可敬”更易稳定的形容词。因此，这里有一组境况，其中自然 / 文化主题表现为角色、功能与论据的分配，我们无法将它们简化为这两个成分之一，尽管使用它们的人意图如此。您越是谈论“保持在自然的限度内”，您越不太会得到普遍赞同。[30]

•

在“自然界”这一表达中，与“自然”相关的另一个概念——家族，则迥然不同。在这种情况下，我们似乎可以真正区分同一主题的两个部分并达成一致。或者至少在生态危机发生之前，或更确切地说，在新气候制度使得对“自然”的援引与自然法的援引同样具有争议性之前，我们是这样认为的。

然而，乍看起来，情况应该是相当不同的，因为似乎每个人都认为“自然界”无法指示人类应该做什么。实然与应然之间，是否确实存在一条无法逾越的鸿沟？一旦声称“转向自然本身”，人们通常会采用普通认识论的默认立场。不再有意识形态：事实状况“不言自明”，且我们必须采取无休止的预防措施

30　有人给我举了这样一个例子：活动分子争取使黎巴嫩法官不再使用**反自然**行为来谴责同性恋行为，但他们也试图引入**反自然**罪来保护河流免受工业污染！这凸显了对自然的援引在何种程度上是不稳定的。

来避免从中得出任何道德结论。对它们的描述不应构成任何指示。对简单因果关系的冷静阐述不应附加激情。著名的“价值中立”原则在此必不可少。与前一种情况不同的是，“自然”并未定义**什么是正确的**（juste），而只是“**正好**（juste）**存在的东西，仅此而已**”。

显然，稍加反思就足以认识到“juste”一词的这两种含义之间的微妙差距，且默认位置非常不稳定。每当人们在某一争论中开始援引“自然界”时，规范性维度就会存在，但其形式更加繁冗复杂。因为首要训令恰恰是“自然界”**不具有**，甚或**不应允许**提供任何道德教训。这是一项强有力的道德要求，根据这项要求，如果一个人想要全面衡量现实中的事物，他就应该完全放弃道德判断！[31] 史波克（Spock）先生与瓦肯人同样没有任何是非观……至于“仅此而已”，这一点似乎不会维持很久！恰恰相反，通过建立无可争辩的**实然**的必然性，我们能够实现一长串的论证，以反对**应然**混乱的不确定性。

更何况单纯的描述本就会伴随着一套极其严格的训令：人们“必须”学会尊重原始事实，“不能”就其如何组织或应从中吸取何种教训而得出草率的结论；最重要的是，它们首先“必须”被“客观地”认识，而当它们强加于人时，这必须是不容置疑的，而非有争议的。这就是由那些“正好存在，仅此而已”所强加的义务。这确实是对“自然”援引的悖论：一种不应具有规范性维度之物所传达的强大的规范性义务。[32]

---

31 自《事实敏感性》(«The factual sensibility», 1988) 起，洛琳·达斯系统工作的目标就是编写这些道德态度的历史。一直到法语的《现代科学的道德经济》(*L'Économie morale des sciences modernes*, 2014)，导言由斯蒂凡妮·旺达姆（Stéphane Vandamme）撰写。

32 对客观性学术态度的道德泉源分析可见尼采，尤其是他的《快乐的科学》。

这种二级规范性维度的不稳定性通常用以下表述概括："(无论我们如何做如何想)，(我们都要尊重)自然法则，(它)对一切都具有约束力。"如果这一表达真的充分，我们就不会需要括号中的短语：我们只需陈述所要求的东西。然而，规范性训令是隐含的，因为在实践中，总是那些有可能不遵守这些律令的人必须不断被提醒。每当我们使用"自然世界"的非道德存在来批判文化选择或人类行为时，就会发现这种对话的情况，通常是争议，有时是论战。随即，纯粹存在无可争辩的事实进入讨论并结束讨论，从而扮演这些事实本不该拥有的全部规范性角色——正是来自其"纯粹自然"存在的无可争议的仲裁者角色。

由于这种单纯的存在与人类的欲望、需求、梦想、理想和幻想形成了巨大的反差，所以每当我们强调事实时，就会强调一个突出的价值观，我们承认它比其他所有的价值观都要珍贵："尊重那些单纯的事物，不管您喜欢与否！"影射人类的自由意志，"我们必须"知道如何反对它，使曾被抛弃的规范性义务重焕活力。正是因为我们抛开使我们产生分歧的道德问题，我们才最终能够达成共识："不管您喜欢与否！"此处我只是从哲学角度评论那些通过拍桌子以结束讨论的人的姿态。[33]

对自然的援引从来都不仅仅是对道德法则的定义；它还总是用来要求偏离它的人**遵守秩序**。因而"自然"概念中总免不了论战。遵循事实的要求是二度规范性。它不满足于引入至高无上的道德价值，还声称要实现杰出的政治理想：**道德问题分歧下的**

33　马尔科姆·安石（Malcolm Ashmore）、德里克·爱德华兹（Derek Edwards）与乔纳森·波特（Jonathan Potter）撰写的经典文章《底线：现实论证的修辞》(«The bottom line: The rhetoric of reality demonstrations», 1994)，依旧无可匹敌。

精神和谐。[34] 要知道，我们很难不再看到自然 / 文化概念两部分之间显露出的反差。正如在有关“自然法”力量的周而复始的争论中所见，我们试图规避的概念的两面确实同时出现。尽管表面上并非如此，对“自然世界”的援引比前一种情况具有更为强大的规范性。在所有情况下，人们试图发现的确实是“违背自然”的行为，但是，一旦有人声称发现了它，就会立即有批评者行动起来指责其将简单的事实“自然化”为法律规定。在实践中我们的确感受到这点：事实上的东西，在这里也是法律上的。

•

奇怪的是，首先公开意识到这一点的人并非生态学家，而是他们最无情的对手。事实上，如果没有气候怀疑论者大肆破坏地球系统的科学，我们就永远无法理解对“自然世界”的援引在多大程度上已不再稳定。由于这种伪争议，曾是少数科学史学家的发现如今已人尽皆知。[35]

正如我们所知，从 20 世纪 90 年代开始，有权势的压力集团行动起来，以质疑在研究界开始达成共识的“事实”（模型与测量越来越复杂，且越来越坚实），即气候变化受人类活动影响。[36] 尽管哲学家和伦理学家都非常重视事实和价值之间的区别，

---

34 科学的社会史从一开始［如 Barry Barnes et Steven Shapin (dir.), *Natural Order*, 1979］就探讨了理解认识论在争论过程中的政治影响的所有可能方式。

35 我们可以说，所有“科学研究”领域的问题（参见 Dominique Pestre, *Introduction aux* Science Studies, 2006）已借此机会变为公众问题，如史蒂文·夏平《科学生活》（*The Scientific Life*, 2008）提出的问题如今被遭受“怀疑者”抨击的研究者所赞同。特别参见 Mike Hulme, *Why We Disagree About Climate Change*, 2009，以及最近的 Clive Hamilton, Christophe Bonneuil et François Gemenne (dir.), *The Anthropocene and the Global Environment Crisis*, 2015。

36 自娜奥米·奥莱斯科的文章《象牙塔之外》（«Beyond the Ivory Tower», 2004）以及她与埃里克·康维（Erik M. Conway）合著的《怀疑的商人》（*Les Marchands de doute*, 2009）以来，已有大量文献。另见 James Hoggan, *Climate Cover-Up*, 2009。

但受此威胁的大公司老板们立刻认清其中的利害关系。他们看到，如果事实得到证实——气候变化主要由二氧化碳排放造成——由公众的不安所推进的政策就会要求我们立刻采取措施。这一深刻哲理的最佳表述要归功于这位发明“气候变化”以取代“全球变暖”一词的杰出心理学家和雄辩家——狡猾的弗兰克·伦茨（Frank Luntz）[37]：对事实的**描述**如此危险地接近政策的**规定**，为了阻止对工业生活方式的挑战，人们必须对事实本身产生质疑。

> 大多数科学家认为，全球变暖主要是由需要严格监管的人类污染物所造成的。共和党战略家伦茨先生似乎同意这一点，他承认：“科学争论正在为我们关闭所有的出路。”然而，他的观点是假装证据仍无定论：“如果让公众相信科学问题已经结束，”他写道，“他们对全球变暖的看法也将发生变化。因此，您必须继续将**缺乏科学确定性作为核心论点**。”[38]（强调由我所加）

对科学确定性的规定性指控如此之强，以至于它成为首要攻击目标。[39] 这一伪争议由此而来，它令人惊叹地成功使大部分公众相信气候科学尚无定论，气候学家也同样是游说者，政府间气候变化专门委员会试图借疯狂的科学家主宰地球，高层大

37　弗兰克·伦茨，《有效的词语》（*Words That Work*, 2005）详尽地介绍了“传播者”的报告，《劝说者》（*The Persuaders*, 2004）。

38　«Environmental Word Games», *New York Times*, 15 mars 2003.

39　利用认识论的立场，通过科学机构的自身免疫性疾病，能够摧毁科学权威，伦茨的这一观点令我震惊，请见 Bruno Latour, «Why has critique run out of steam?», 2004。

气的化学反应是“反**美国生活方式**”的阴谋，生态学是对人类不可剥夺的现代化权利的攻击。[40] 所有这一切，都没能成功撼动专家们的共识，而这种共识每年都得到更加坚实的验证。[41]

如果我们接受二氧化碳——煤炭和石油——是气候变化的**原因**，工业家与金融家们则深知我们再也无法将事实描述与道德归咎隔离——政策会很快实施。**责任**的归咎需要一个**回应**——尤其当原因与“人”相关时。[42] 如果他们不积极抗争，事实状态将等同于法律状态。描述总是不仅为了告知，更是警报、撼动、动员、呼吁行动，甚或是敲响警钟。当然，我们也知道要将其公之于众。

面对（研究人员所发现的）第一种气候威胁的严重性，压力团体已经行动起来，以回应更加严峻的威胁。据他们所称，这一威胁直接来自前者：公众会指责他们对此负责，因此会迫使其监管环境发生深刻变革。自不用说，面对如此紧急的情况，普通认识论没有多少分量。您无法通过拍桌子来恐吓有权势的人；没必要对他们说：“事实就是这样，亲爱的首席执行官们，无论您喜欢与否！”“公理中立”将破灭。游说者动员了所有的沟通谈判者、被收买的专家，甚至是无可怀疑的学者，以完全不同的事实为依据，来确保我们**想要**完全不同的东西。如其中

---

40 这一策略在法国的反响明显，克劳德·阿勒齐（Claude Allègre）将媒体、政治和科学混为一谈，直到今天还能让人们相信在这一关键问题上有两派观点，其影响持久。请见 Edwin Accai, François Gemenne et Jean-Michel Decroly, *Controverses climatiques, sciences et politiques*, 2012。

41 尽管研究人员发表了报告“凌驾一切”（Catherine Jeandel et Remy Mosseri, *Le Climat à découvert*, 2011, Virginie Masson-Delmotte, *Climat: le vrai et le faux*, 2011），他们也只是被认为在捍卫某个观点，这对他们而言显然是前所未闻的。即使是 IPCC 报告也未能在公众视野中终结讨论。

42 当我在下一讲与第四讲中介绍人类世的概念时，我们会发现区分事实与价值是不可能的。

一员所写，碳是“无辜的”，应免除任何责任。[43]不容质疑：其他非事实会导致其他非政策！

当我们衡量对“自然界状态”援引的反常时，反驳有效只是因为默认立场——普通认识论立场——对所有人，对公众，对政策，特别是（这也是最惊人的）对气候科学家而言显得十分合理。这些气候科学家发现自己遭到猛烈且不公的抨击，因其对手认为他们越过了科学与道德之间的黄线。确实，如果游说者说：“我们不**相信**这些事实，它不适合我们，它招致我们不**想**做出的牺牲，或正如布什总统所言：‘我们的生活方式是不可谈判的’。[44]”人们会警觉起来。事实上，没人能说“不想要自然界”。正如人们所说，事实应该是“顽固的”，这是他们的**规定**方式。我们无法与其谈判，或使其配合我们。

因此，气候怀疑论者已经足够聪明，把普通认识论拿来对付他们的对手；他们将自己局限于单一的事实并平静地说：“事实**不存在**，无论您喜欢与否。”然后他们开始狠狠地拍桌子。陷阱设置得很好：有权势的人能两全其美，完全看清了事实的规定性责任，同时将争论局限于他们所否认的那些发现上；其他人感觉到事实导致了行动，却不允许自己跟随这些事实越过障碍，而他们的对手却灵活地在障碍两侧穿行！结果：伪怀疑论者在短时间内就把他们无助的对手搞得团团转。[45]事实上，史

---

43 François Gervais, *L'Innocence du carbone*, 2013. 与之相反，哈夫（P. K. Haff）与埃勒·埃利斯（Erle C. Ellis）提议，鉴于地质学家未来责任的社会重要性，他们应该在学习结束时宣誓一个新形式的希波克拉底誓言（参见 Ruggero Matteucci *et al.*, «A Hippocratic oath for geologists?», 2012），这证实了从地球化学到地球生理学的转变，以及地球科学向重症监护科学的转变……

44 在 1992 年的里约地球峰会上：“美式生活方式是不可谈判的。”我们将在第六讲中关注这一表述的神学渊源。

45 这一辩护的更多细节请参阅，Bruno Latour, «Au moins lutter à armes égales», 2012。

波克先生机械的声音在面对度量、警报、警告与责备指控时是不应该颤抖的。但气候学家的声音却在这些发现面前不断颤抖，这些发现愈发尴尬，因为专家们不知应如何处理道德与政治责任，尽管这一点是如此明显。[46] 如果您只有权使用机械的声音陈述真理而不提出任何建议，那么要如何面对“麻烦的事实”呢？[47] 您会瘫痪。

这就是为什么在过去的二十多年里，我们目睹了一场争斗奇观：一方完美掌握对自然世界援引的规范性性质，并因此否认了这一世界的存在；另一方则不敢释放他们所发现事实的规定性力量，坚持只谈论“科学”，仿佛双手被绑在背后。[48] 通过绝妙的情况逆转，如今地球科学专家显得像狂热分子、激进分子、天启者、灾难论者，而气候怀疑论者则扮演了古板学者的角色，至少他们没有将世界如何发展与它应该如何发展混淆！他们甚至成功地通过颠倒含义来挪用精妙的“怀疑论者”[49] 一词。

•

在作为本系列讲座主题的《盖娅全球马戏》中，作者皮埃

---

46 奇怪的是，研究人员的苦恼在图像小说中是最引人注目的。我们可以通过阅读菲利普·斯夸策尼（Philippe Squarzoni）的杰出著作《棕色季节》(*Saison brune*, 2012）确认这一点，这是从美学角度——在其学习新敏感性的词源学意义上——对新气候制度的最佳介绍。

47 阿尔·戈尔（Al Gore），《难以忽视的真相》，2007。

48 幸运的是，越来越多的科学家意识到不能与气候怀疑者谈论科学。例如，参见气候学家马克·马思林（Mark Maslin）的博客文章“为什么我愿意与气候否认者谈论政治，而非科学”<theconversation.com/why-ill-talk-politics-with-climate-change-deniers-but-not-science-34949>。如史蒂凡·艾库特与艾米·达昂所见［《治理气候?》(*Gouverner le climat?*, 2015)］，这早已不是知识问题。

49 这一传统与可靠事实的政治化无关，可见于 Frédéric BRAHAMI, *Le Travail du scepticisme*, 2001。

尔·道比尼借气候学家弗吉妮之口（她在博客作者会议上总结了经过验证的事实，尽管遭到被雇佣的气候怀疑论泰德的频繁打断）讲了一句话，它可以使科学家摆脱身处的陷阱。[50] 它建议通过一种手段来改变科学与政治的关系，特别是科学家与他们寻求共鸣的世界的关系。他们必须接受唐娜·哈拉维意义上的**责任**：**能够**回应［英语听起来更直观：我们有能力回应（we have response-abilities）］。[51]

在舞台上，泰德把弗吉妮逼到了极限，他不断呼吁进行福克斯新闻意义上的公平且平衡的"民主"辩论，让怀疑论者与弗吉妮的"变暖派"[52] 平起平坐。而弗吉妮，就像一个进化论者必须回答一个创造论者的反对意见，犹豫着要不要接受挑战。她知道陷阱就在于制造缺乏辩论的假象，好似讨论还不够充分。而事实是我们**确实已经进行了讨论**；政府间气候变化专门委员会的连续报告总结了近二十年的文献记录，估计确定性接近 98%——至少在全球变暖的人为因素上。[53] 泰德试图挑唆观众去反对这些大规模现象，而关于它们的讨论早在进入这家圆形剧场之前就结束了。弗吉妮现在想去讨论仍然存在争议的许多问题，那些最令她感兴趣的问题。而泰德不会因为比她更了解这一问题或引入新的事实而胜出；他被雇来应用伦茨先生的哲学：只要在场的公众记得有一场专家间的辩论，就是他的胜

50 Pierre Daubigny, *Gaïa Global Circus*, 2013.

51 Donna Haraway, «Jeux de ficelles avec des espèces: rester avec le trouble», 2014.

52 必须说，泰德用这一名称来指定那些"相信"（就好像它是一种信仰！）人为变暖的人。

53 不言而喻，关于从这种因果关系中得出的后果，关于确切的机制，关于模型的可靠性，关于数据的质量，当然还有关于要采取的措施，仍然存在着很大的争议。共识只涉及大型现象与紧迫性。

利。同意回应，就是创建一个正方女士与反方先生的电视辩论场景来娱乐大众，好让在场观众带着“我们知道什么？”的安慰离场。[54]理性的手段——公开辩论——在此情况下成为操纵的手段。然而，如果弗吉妮拒绝屈从于这一强制性的辩论，她深知自己会显得专横——这是网络口水战时代的致命罪恶……

那要怎么做？在目前的框架中，别无选择。科学家必须平心静气、镇定自若。在暂停的几秒内，她探索了其他解决方案，每一个方案都比上一个更具灾难性。然后，在一个充满灵感与恐惧的时刻，在一个灵感和恐慌的时刻，她对快要被观众撵出房间的泰德嘶吼：“告诉您的主人，科学家正在走向战争！”

然而在下一幕中，她狼狈地承认自己其实不知道战争意味着什么。事实上，对于科学家而言，这条路并不存在。在战争中的是其他人，是那些长期以来派泰德扰乱她会议的人。无论是像嘶吼之前的弗吉妮这样正直的研究人员，还是会议的善意听众，都不知道他们处于战争状态。他们始终认为自己身处理性辩论的马奇诺防线之内，这是理性人在封闭且受保护的空间内就无关紧要或遥不可及的问题进行的辩论。一旦有人对他们谈起“尊重事实”，他们就会觉得理应礼貌地回应，因为这也是他们方法的原则。如果弗吉妮没有如此强烈地反击，她就会被困入否认主义的陷阱。[55]

---

54 这一过程的效率得到了保证，我们可以在2015年3月16日《快报》舍尔巴论坛中看到，雅克·阿塔里（Jacques Attali）：“首先，对于有关机制没有达成共识：对一些人来说，太阳是罪魁祸首，任何人都无能为力。对另一些人来说，这是人类活动，特别是温室气体的排放，我们能做的就很多。还有一批人认为，全球气温已经有十多年没有上升了，最糟糕的时期已经过去了，没有必要再担心了。”这个“首先”难道不令人钦佩吗！？

55 如果一个人根据经验作答，或者相反，如果一个人拒绝根据经验作答，如否认过去的罪行，这个陷阱就会起作用。参见 Pierre Vidal-Naquet, *Les Assassins de la mémoire*, 1991。

只是这种否定主义并不适用于过去那些早已被证实的事实，它们现在只被那些意识形态太明显的人批评——他们无法生活在人类能够犯下此类罪行的世界里。这一次，利害攸关的是当下的事实，我们经历的事实，正在发生的行为。此时，意识形态并不那么容易被发现，因为有许多人不愿生活在人类能够犯下此类罪行的世界里！我们深切地希望没人能犯下这种罪行。我们随时冒着与敌人密谋的风险。这正是身处战争状态：必须在没有预设规则的情况下决定自己的阵营。[56]

更重要的是，否定主义者如今不再是那些“打破禁忌”的边缘人：如今是精英之间的对战。[57]争议中的现象涉及不久的将来，它迫使我们重新思考整个过去，但最重要的是，它需要对许多压力集团的决定进行正面攻击，并涉及直接关系到数十亿人的问题，他们不得不从微小层面开始改变生活。要如何期望科学家不战而屈人之兵呢？

而且，使情况更加复杂的是，为阐述这些确凿的事实而聚集的科学学科并非来自久负盛名的科学——如粒子物理学与数学，而是地球科学。其确定性不来自任何轰动一时的论证，而是相交织的成千上万的微小事实，通过模型加以研究。这些单独看来并不牢靠的数据组成多样性，构成切实稳定的证据。[58]在证据与谎言之间，我们知道那些不懂科学的人会迅速将其混为

---

56 我将在第七讲回到这一基本原则。

57 这里被动员的是科学院（至少在法国），以及《华尔街日报》等主要媒体，或诺贝尔奖获得者的签名。他们不能像那些反对接种疫苗或支持空心地球存在的人那样被轻易地一概否定。

58 如 Spencer Weart, *The Discovery of Global Warming*（2003），以及 Paul N. Edwards, *A Vast Machine*（2010）所表明的，气候科学与我们所期望的相去甚远，在 20 世纪，它为其他科学建立基础。由于模型的重要性，这些学科的多样性往往接近自然历史，这是某些科学家的怀疑主义最可接受的根源：他们期待一场完全不同的科学革命。

一谈——特别是当他们能从中得益时。可怜的弗吉妮。这是怎样的孤立与呐喊！她颤抖的手中感受到刚刚挖出的战斧的重量，怎么能不感到羞愧？泰德被撵走了，而弗吉妮的新噩梦才刚刚开始。

为使人理解她的呐喊，她所属的气候学家群体应该敢于承认他们确实是政治性的。他们可以反问："您代表谁？您为谁而战？"这一问题不是没有意义的。当气候怀疑论者诋毁气候学家，指责他们参与游说集团时，前者本身也聚集了团体，他们为其定义准入考试，划定其边界，将世界的组成部分进行不同的分类，定义政治所能达成的内容以及科学应如何运作（我们随后将其称为他们的"宇宙图"[59]）。为什么气候学家不做同样的事呢？他们没有理由继续假装置身事外，仿佛他们的声音来自天外，仿佛他们不属于任何族群。我们应该试图劝告他们："说到底，与其相信您应该使您的科学符合认识论不可实现的苛求，您还是说说您的立场吧。"[60]

我们希望弗吉妮终于能说出："你为什么不为发明了这个非凡的装置而感到自豪？这个装置让你能够使哑巴说话，就像它们本就能说话一样？[61] 如果您的对手说您从事政治的方式是把自己当作无数被忽视的声音的代表，看在上帝的分上，请回答：'当然如此！'如果政治意味着代表被压迫者与默默无闻者的声音，那么与其声称是他人在参与政治，而您只做'科学'，您应该意识到自己确实也在凝聚一个政治体，您生活在一个由别样

---

59 术语借自 John Tresch, «Cosmogram»（2005）。

60 这就是"情景化知识"一词的重要意义，由唐娜·哈拉维创造，《赛博宣言》（*Le Manifeste cyborg*, 2007）。

61 科学与政治的这一表现状况分析是《潘多拉的希望》（*L'Espoir de Pandore*, 2001）与《自然政治》（*Politiques de la nature*, 1999）的目的，这两本书为这一论点提供背景。

的方式组成的连贯的宇宙中，这样我们就都会身处更好的境地中。虽然您确实不代表受民族国家边界限制的机构发言，而且您的权力是基于一种非常奇特的选举和论证系统，但这正是使您代表诸多新分子的**政治权力**的价值所在。权力对于未来世界形势与新地缘政治的冲突至关重要。不要为了蝇头小利轻易将它拱手让人。”

承认这些并不会给科学学科的质量、客观性与可靠性蒙上怀疑的阴影，因为现在非常清楚，气候科学家所建立的仪器网络，这个庞大的机器，最终会产生足以抵御反对意见的知识。无论如何，在这个地球上，**客观**这个形容词没有其他意义。没有任何其他来源能超越您已经积累的那种确定性。除了气候学家，还有谁能更好地认识气候变化的人为起源？我承认，在较早的时期，当设备、团体、成本、制度和对事实的争议还不那么明显时，这一论点更难提倡。[62] 但如今情况已非如此了。正如没有可以精确定位的大量卫星就无法确定 GPS 点一样，一切稳固的事都必须伴随着一套仪器、专家小组和观众。如果不参与知识生产的机制，就不能表现得好像自己知道得更多、更好。没有最高法院（当然也没有大自然最高法院）可以反驳科学成果。我们必须学会保护的是科学机构。

•

总之，冒着震惊气候学家朋友的风险，我开始认为，从哲

---

62 虽然一些科学界朋友认为我已经不再是“相对论者”并开始“相信”关于气候的“事实”，但这是因为我从未想过“事实”是信仰的对象，并且因为自《实验室生活》（*La Vie de laboratoire*, 1988）以来，我描述了能够确保其有效性的机构，以取代声称为其辩护的认识论，我如今能更好地保护研究人员免遭否定主义者的抨击。我没有改变，而是那些突然受到攻击的人，他们明白了认识论对他们的保护有多么微不足道。

学的角度来看，气候怀疑论游说者用于制造虚假气候争议的数十亿美元将不会白费，因为从现在开始我们可以清楚地看到，对“自然世界”的援引与对“自然法”的援引同样不会解决争端。对于任何气候伪争议的观察者而言，对“自然法”的援引虽然从属于一种独特的历史传统，但它每次都没能达成无可争议的一致。“自然”想要什么、要求什么、允许什么，这些会同时结束、引发，甚至激化辩论。尽管人们将实然与应然对立，但当谈到“自然”时，人们应该学会处理这两者。

如果生态学使人发疯，那是因为它迫使人们首先陷入援引“自然界”而造成的混乱，而“自然界”被认为既完全有，又完全没有规范性维度。“完全没有”，是因为它只描述了秩序；“完全有”，是因为没有比它更高的主权秩序。我们知道，如果被如此问到与世界的关系时，人们会感到尴尬：“请阐明您从属于自然的方式？”如果他们回答这个问题，就会陷入上述的混乱，因为这是试图通过一个个极具争议性的概念达到无可置疑的和解。

尽管有大量文献论述了实然与应然之间不可或缺的鸿沟，我们必须认识到，对前者的定义必然对后者产生决定性的影响。当谈到“自然”时，事实**必然**也是律法。通过假装使这两者对立，我们最终得到**两种存在形式，两种道德，而非一种**。**正**好存在的，本质上也是总是**正**义的。或者换句话说，**秩序**（ordonner）（暗指世界）就是**命令**（ordonner）（下命令的意思）。当涉及评估人类与事物交织的责任时，怎能不是这样呢？“自然”并没有带来和平。如果我们觉得难以置信，泰德与他的金主已经明白了这点，而且他们也迫使弗吉妮去理解它……

这种不稳定性扰乱了所有学科，但它对生态学的破坏最为直接。过去一段时间我一直在使用生态学概念，好似它有一个公认的定义。显然情况并非如此。在过去，我们试图区分**科学**生态学与**政治**生态学，似乎前者只关心“自然世界”，而后者关注应该或不应该从前者引申而来的道德、意识形态与政治后果。[63] 我们这样做只是成功地使混乱加倍，因为我们如今在各个层面都面临着实然与应然的组合。

新气候制度围绕着一种新的自然律法形式，在自然与律法之间重新建立联系。这使得这种“自然法则”的表达具有新的精神，而我们太过仓促地简化了其作用方式。

正如我们所见，关于地球状态的坏消息每日轰炸着我们，使我们意识到**自然新的不稳定性**。但由于我们无法评估这些警报，也没有真正考虑到它们，因此它们通过许多方式让我们发疯。这时我们才意识到还有一个不稳定的因素，这次是在**“自然”的概念中**。援引“自然界”本应该是稳定、安抚、平息、达成一致的，而它似乎已经在虚假的气候争论中失去了这种能力。它实际上从没真正拥有过这一能力，但只要我们处理的是不具有全球重要性的问题，这些目标仍然是一种理想。逃离这种被遗弃的状态是徒劳的，它来自我们身处这两种不稳定性之中的事实。现在让我们尝试在“自然”这一模棱两可的概念下——以及在自然 / 文化这一概念组合**之前**或**之下**——更深地挖掘下去。

鉴于疯狂被诊断为与世界关系的改变，那么是否有可能解除“世界”这一术语与它和——确实几乎是自动的——“自然界”的关联？我们必须能引入一组对立，它不再是自然与文化

---

63 Jean-Paul Deléage, *Histoire de l'écologie*, 1991, Jean-Marc Drouin, *Réinventer la nature*, 1991, Florian Charvolin, *L'Invention de l'environnement en France*, 1993, Pascal Acot (dir.), *The European Origins of Scientific Ecology*, 1998，以及更晚的 John R. Mcneil, *Du nouveau sous le soleil*, 2010，它们属于生态史的科学研究。

之间的对立（因为它们不停歇的摆动使我们如此疯狂），而一方面是自然 / 文化，另一方面是一个将二者作为特例囊括的术语。我建议将这一更开放的概念称为**世界**或“世界化”[64]。我将它思辨性地定义为，一方面是打开现有**存在者**的多元性，另一方面是打开它们存在模式的**多元性**。[65]

要注意的是，不要急于说我们已经知道现有事物的清单以及它们相互关联的方式——比如说有且只有两种形式：因果关系与象征关系；或者声称全部的存在物形成一个可以被思想包含的整体。这就好比把它们全部塞回我们试图规避的自然 / 文化框架中。不，我们必须对事物令人眩晕的相异性保持开放的态度，其清单仍未完成。我们也要对它们多样的存在模式以及相互关联的多种方式保持开放态度，而不是仓促地将它们归入某一集合——当然更不能归入“自然”。威廉·詹姆斯提出将这种对相异性的开放性称为**多元宇宙**（plurivers）。[66]

只有当我们置身于这个世界之中时，才可以认识到事物及其关联方式的选择——我们称之为自然 / 文化，它长久以来一直在塑造我们的集体理解（至少在西方传统中是这样的[67]）——是

---

64 唐娜·哈拉维提出这一优美的英文术语“worlding”，遗憾的是难以翻译，“monder”听起来有些奇怪，但应该是正确的。唐娜·哈拉维，“与麻烦共存”(«Staying with the trouble», 2015)［尽管与“金钱翻花绳：与麻烦共存”(«Jeux de ficelles avec des espèces: rester avec le trouble», 2014）有些相像，却是不同的章节］。

65 多元宇宙论来自威廉·詹姆斯，《多元的宇宙》［*A Pluralistic Universe*, 1996 (1909)］，它提供了恰当的定义。詹姆斯说：“自然不过是多余的名称。”这也是怀特海的观点：“我们本能地倾向于相信，如果我们对（大自然）给予适当的关注，我们会在自然中发现比第一眼所见的更多。但我们不会接受发现更少。”（第 53 页）对该引言的评论，参见 Didier Debaise, *L'Appât des possibles*, 2015。

66 多元主义的问题是《存在模式调查》(*Enquête sur les modes d'existence*, 2012）的核心。

67 我再次提醒您，自然 / 文化二元不是普遍的，人类学现已对此深入研究，见菲利普·德科拉，《超越自然与文化》(*Par-delà nature et culture*, 2005)。

一种特殊的安排。我们会明白，生态学不是自然对公共空间的干扰，而是**“自然”的终结**。作为一个概念，它可以用来概括并调解我们与世界的关系。[68] 让我们身陷疾病的，正是感受到这一旧制度的终结正在到来。“自然”的概念如今表现为已删略简化、太过说教、太富有争议、过早政治化的世界的另一个版本，我们必须对其开放，以免陷入疯狂——**精神失常**。以一种简练的方式来说：对于西方人与那些模仿他们的人而言，“自然”已使得**世界**无法居住。

正是出于这个原因，在接下来的内容中，我们将试图从“自然”下降到世界的多元性，但当然要避免仅仅处于文化多样性中。这一运作重新讨论了两个典型问题：哪些事物被选中，哪种存在形式得到青睐？

每当这两个问题在某种程度上得到有组织的回答时，我们就可以说它涉及**形而上学**。这是哲学家惯常提出的那种问题。但是在最近的西方传统中，当人们想要**比较**不同的形而上学——所有这些形而上学都对事物的数量、质量，以及它们之间的关系问题给出了不同的答案——时，人们反而转向了人类学家。[69] 我们可以使用宇宙论一词的复数形式，即便该术语的重要性仅在于限制相关学科的范围。简单地说，这是一个**构成**问题。[70] 重要的是，“世界”一词仍然足够开放，因此我们不能对

68　明显的悖论是，所谓的环境问题只有在外部环境消失时才会出现，这使我在研究新水法的实施过程中参与了对这些生态问题的研究。参见«Moderniser ou écologiser», 1995。

69　只要这些人类学家不仅定义了一种文化，而且还大胆地调查本体论冲突，如 Eduardo Viveiros De Castro 的 *Métaphysiques cannibales*, 2009, 或者 Eduardo Kohn 的 *How Forests Think*, 2013。

70　关于构成概念，参见 Bruno Latour, «Steps toward the writing of a compositionist manifesto», 2010。

实体整体问题以及存在形式问题下过早的定论。这样我们就可以提出其他安排。

如果这两个版本——自然法与自然法则——中的“自然”的概念使那些想知道自己是否属于自然的人感到极为困惑，那是因为它继承了大量先前的决定。而如果我们立足于“自然”的形而上学，我们就不会发觉这些决定。因此，我们有兴趣进一步深入下去，在其他版本中追溯其他宇宙论、其他形而上学，寻找导致目前变化的特殊选择的原因。我知道选择这种方法并不容易：我们总是倾向于回到“自然界”的概念，以便用对比性的方法来提出关于如何处理这个世界的道德、政治或管理问题；或奢望对“自然”本身采取更主观、更“人性化”、更少“还原”的方法；或者将多元文化与世界的多元性混为一谈。在这里，我只是提出给自然/文化的概念设定一个框架。是的，就是使其相对化，将其置于其他版本中，它可能与之共享或不共享某些特征。换句话说，就是使它成为一个在各种意义上的构成（composition）问题。

扩展“世界”一词定义的好处在于，我们立刻清晰地意识到“自然”的概念绝不能作为其同义词。谈论“自然”，谈论“自然中的人”，谈论“跟随”“回归”“服从”或“了解自然”，是**已经决定了答案**，来回答这两个典型问题：存在物的整集合以及将它们关联的存在模式。[71] 为了不混淆两者，也不把它们视为同义词，让我们将大自然（Nature）* 的首字母大写来提醒我们它是一种**专名**，是诸多**宇宙论形象**之一，并且我们很快就会更喜欢

71 因此菲利普·德科拉在《超越自然与文化》（*Par-delà nature et culture*, 2005）中决定将使用自然/文化图式来区分存在物的人称为“自然主义者”。

* 为表区分，本书将 Nature 译为大自然，nature 译为自然。——译者注

另一个形象，它由另一个专名代表，并且它将以其他方式负载其他存在者及其关联方式，它会施加其他义务、道德与法则。

·

我们是否取得了一丝进展？我提出了第一个疗程，它非常谨慎地使存在模式相互对照。于是我们回到了这些老套而陈腐的问题：何人、何地、何时、如何、为何？仍然自称为“人类”的我们是**谁**？我们身处哪个**时代**？不是日历所显示的年代，而是：时间的节奏、韵律、运动是怎样的？我们居住在**哪里**？我们可能生活在怎样的领土、土地、地方与场所？我们准备好与谁共同生活？我们**如何**且为何会陷入这种境况，以至于被生态问题逼疯？我们遵循了哪些途径，基于怎样的原因做出这样的决定？这些问题中的每一个都有多种答案，而这正是令人困惑的地方。但真正让我们彻底发疯的，是当这些答案变得完全无法估量时，如今自然与“自然”概念双重不稳定的情况正是如此。

譬如，如果我们对定义我们与世界的关系的问题给出完全不同的答案，会发生什么？我们会是谁？我们是地球人（Terrien）而非人类。我们会在哪里？在地球上而非在大自然中。甚至更准确地说，在与其他多种事物共享的**土地**上，这些事物通常有多种形式的奇怪需求。何时？在巨变甚至是灾难之后，或在灾难降临之前，有些东西会给人生活在末世氛围中的印象——至少是早期的末世。我们如何到达这里？正是通过以前有关大自然的一系列误导。我们赋予它能力、维度、道德，甚至政治，而它却还未为此做好准备。人们所选择的组合物将崩溃。我们会发现自己在字面意义上**分崩离析**了。

人们认识到进步人士所渴望的革命可能**已经发生**时，社会要如何保持稳定？而且它并非来自“生产资料所有权”的所谓变化，而是来自碳循环运动的惊人加速！[72] 即使是恩格斯在《自然辩证法》中也从未想到这一点，虽然他认为，地球上的所有行动者最终将在历史行动的醉人狂热中真正被动员起来。即使黑格尔在《精神现象学》中也无法预料人类世的到来会从根本上扭转他的设想——人类不是辩证地处于绝对精神的冒险中，而是处于地质历史的冒险中。想象一下，当黑格尔看着精神之息正在被二氧化碳所克服、所超越、所扬弃、所陶醉时，他会说些什么！

在评论家哀叹“缺乏革命精神”与“革命理想倒塌”的时代，自然历史学家以大加速（其开端标志着人类世的到来）揭示，革命已然发生，我们应面对的事件不在未来，而在最近的过去。[73] 我们怎能对此不感到惊讶？革命活动家措手不及，因为他们认识到，无论我们今天如何作为，威胁将伴随我们几百年、几千年，因为人类接下了不可逆转的革命行动的接力棒，已经被海洋的惯性变暖、极地反照率变化、海洋酸度增加所替代。这不是渐进的改革，而是灾难性的变化，一旦越过，就不再是从前的海格力斯之柱，而是临界点。[74] 这足以让我们迷失方向。气候怀疑论的根基，就是这令人惊讶的对进步的内容、对未来的定义，以及对“属于一片领土”的意义的颠覆。实际上，我们都是反革命者，试图将一场没有我们、反对我们，同时也是

---

72 迪派什·查卡巴提的“历史的气候：四论题”(«The climate of history: Four theses», 2009) 是将马克思主义传统历史与碳历史联系起来的先驱之一。参见更晚近的 «Climate and capital», 2014。

73 Will Steffen *et al.*, «The trajectory of the Anthropocene: The great acceleration», 2015.

74 关于在地球历史上变得如此重要的临界点，参见 Fred Pearce, *With Speed and Violence*, 2007。

由我们发起的革命的后果降到最低。

如果我们能在一个**没有历史**的遥远的海岸思考这场悲剧，那么生活在这样的时代会是快活的。但是如今已不再有旁观者，因为在地质历史的戏剧中已经没有任何海岸可用了。由于不再有游客，崇高的感觉随着观者的安全而消失了。[75] 这当然是一场海难，但已再无观众。[76] 这更像是《少年 Pi 的奇幻漂流》故事：有一只孟加拉虎在救生船上！这个遭遇海难的不幸年轻人不再能在坚实的海岸上演出一场搏斗中求生存的戏码！他的对手是一只野性难驯的猛兽，他既是驯兽师，也是对方的盘中餐。[77] 迫近我们的，就是我所说的盖娅，为了不陷入彻底的疯狂，我们必须面对它。

75　Bruno Latour et Émilie Hache, «Morale ou moralisme?», 2009.

76　Hans Blumenberg, *Naufrage avec spectateur*, 1997.

77　Yann Martel, *L'Histoire de Pi*, 2009（复杂的是，最终并没有出现猛虎……）。

第二讲 如何不使自然（去）灵

“令人不安的真相”＊为警告而描述＊我们在何处专注于动因＊论分辨人类与非人类的困难＊“然而它在动！”＊新版自然法＊论混淆原因和创造的不幸倾向＊朝向非宗教性的自然？

我们这些可怜的读者在看到诸如此类的标题时该如何反应：“空气中二氧化碳含量为250万年以来最高”，其副标题更令人不安：“全球变暖的主要因素——二氧化碳浓度将超越400 ppm的阈值”。记者解释道：

> 一个**象征性的阈值**正在被超越。这是人类出现在地球上以来的第一次。甚至是250多万年以来的第一次……预计5月将在历史测量点冒纳罗亚站（夏威夷）达到400 ppm的大气二氧化碳含量。现代的第一次测量是由美国人戴维·基林（David Keeling）于1958年在此带领人们进行的。[1]（强调为我所加）

---

1 Stéphane Foucart, *Le Monde*, 7 mai 2013.

Le taux de CO_2 dans l'air au plus haut depuis plus de 2,5 millions d'années

Le seuil de 400 ppm de gaz carbonique, principal agent du réchauffement, va être franchi

Un cap symbolique est en passe d'être franchi. Pour la première fois depuis que l'homme est apparu sur Terre. Et même depuis plus de 2,5 millions d'années... Le seuil de 400 parties par million (ppm) de dioxyde de carbone (CO_2) atmosphérique devrait être atteint courant mai, au point de mesure historique de la station de Mauna Loa (Hawaï), où les premières mesures de l'ère moderne ont été menées, dès 1958, par l'Américain Charles David Keeling.

La concentration de CO_2 dans l'hémisphère Sud, plus faible que celle de l'hémisphère Nord, ne franchira cependant le même palier que dans plusieurs années.

A Mauna Loa, la concentration de CO_2 pointait, vendredi 3 mai, à 399,29 ppm. La veille, l'Organisation météorologique mondiale (OMM) rendait public son bilan climatologique pour 2012, notant l'abondance et l'intensité de phénomènes extrêmes : sécheresses, inondations, cyclones tropicaux, etc.

« La variabilité naturelle du climat a toujours donné lieu à ces extrêmes, mais les caractéristiques physiques de ces phénomènes météorologiques et climatiques résultent de plus en plus du changement climatique », analyse Michel Jarraud, secrétaire général de l'OMM.

Celle-ci place l'année 2012 au neuvième rang des années les plus chaudes observées depuis la fin du XIXe siècle. La concentration atmosphérique de CO_2 n'excédait pas

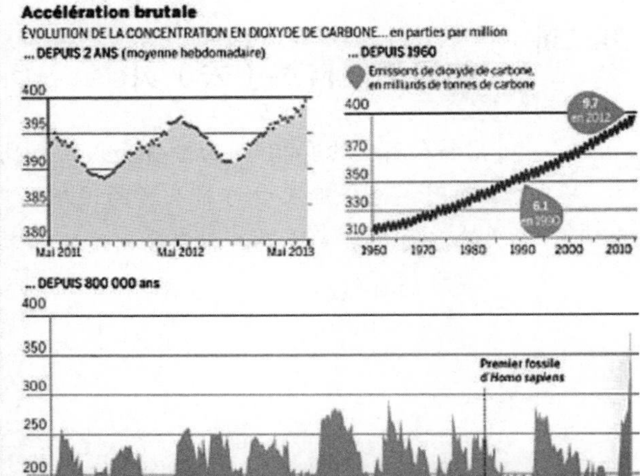

de gaz carbonique, il faut remonter à l'ère du pliocène, il y a 2,6 à 5,3 millions d'années. Les créatures les

té catholique de Louvain), vice-président du Groupe d'experts intergouvernemental sur l'évolution

GIEC prévoit à cet horizon une élévation probable du niveau mari comprise entre 20 cm et 60 cm

图表 2-1 ©《世界报》，第七版，2013 年 5 月

这的确是事实，是基林千辛万苦得到的观测结果。正如他在一本证明为地球配备足够敏感的仪器是个艰巨挑战的书中所讲述的那样，如果说他成功地长期维护了他的测量设备，那也是在面对融资机构和他的一些同事的怀疑和冷漠中做到的。[2] 但与此同时，当人们谈到“要超越的临界点”“象征性阈值”与“变暖的主要因素”时，读者不可避免地感觉到被要求将此新闻视为**警报**。这当然是记者所引用的一名研究人员要求我们做的：

2 查尔斯·戴维·基林，“记录地球的赏罚”（«Rewards and penalties of recording the Earth», 1998）是科学的自社会学（autosociologie）的出众典范。

> 宾夕法尼亚大学地球系统科学中心主任，气候学家迈克尔·曼恩（Micheal Mann）指出，跨越 400 ppm 二氧化碳的阈值带有**强烈的象征性意义**。它提醒我们，我们在地球上进行的**危险实验**是多么**失控**。（强调由我所加）

这是我们在前一讲中看到的那些混合表达之一。说一个阈值已经被超越，以及我们在进行一项失控的实验，就是要跨越严谨的描述与必须做某事的规定——没人告诉我们具体该做什么——之间所谓无法逾越的距离。

无论涉及政治还是道德，著名的曲棍球棒曲线的提出者迈克尔·曼恩都最不可能去否认它。[3] 在科学史上，没有任何图表比它更受非议（图表 2-1 中也有简化版本）。正如我们所见，气候怀疑论者是严格区分实然与应然的狡猾门徒。他们如此恶毒地攻击曼恩，因而他不得不著书讲述他的经历。该书标题如下："曲棍球棒曲线与气候战争——**来自前线的调度**"！自 2013 年以来，什么问题都没有解决，无论是"我们正在进行的失控的实验"，还是每日来自"前线"的，使麻烦的真相消失的新一轮攻击。如果说"战争的第一个牺牲品是真理"这句话是正确的，那第二个牺牲品肯定是价值中立，它无法抵抗由新气候制度创立的，描述与规定之间恼人的张力。[4] 曼恩所发现的，并且我们将深入研究的是，这确实是战争状态——而不仅仅是一场"气

---

3 Michael E. Mann, *The Hockey Stick and the Climate Wars*, 2013. 曼恩在 2014 年 1 月 17 日的《纽约时报》上发表的评论文章中完美地明确了描述和警告之间的联系。迈克尔·曼恩，"看到了什么就说什么"。这是最明确的表述了。

4 如布鲁诺·卡森缇（Bruno Karsenti）的文章"社会学家与先知"（«Le sociologue et le prophète», 2013）对马克斯·韦伯（Max Weber）的时代进行了评论，这个距离是巨大的。

候战争”[5]。否则，我们如何解释，政府间气候变化专门委员会本身就是外交与科学性质的机构，且它于 2007 年被授予诺贝尔和平奖而非物理或化学奖呢？

局势愈发紧张，因为在《世界报》的这篇文章结尾，曼恩假惺惺地补充写道：“真实的可能性是，目前的二氧化碳水平**已经超过了**危害气候的阈值。”我们不仅置身于史无前例的历史时刻（“这样的二氧化碳水平只能追溯到上新世时代，距今 530 万至 260 万年。此时活跃在地球表面的最接近人类的生物是南方古猿！”）；我们不仅超过了阈值——一个涉及法律、科学、道德和政治的术语；不仅人类要对这种真正革命性的转变负责（二氧化碳排放与工业生活方式之间众所周知的关联暗示着这一点）；而且，我们可能已经错失了还能补救的时刻[6]……在一个不远的过去，我们引发了革命，但我们又没参与其中，如今才知道为时已晚！为了使画面更富戏剧性，最后的一系列测量附带的图表强调，我们可以将这一历史的起始时刻看作黑色幽默：“第一块智人化石”——同时也是最后一块……在南方古猿与“现代”经济人之间，读者有权知晓一份简要总结：在地球发生的事情和人类发生的事情之间划分的简史，人类曾经居住在地球上，但对它没有产生多大的影响……

---

5 Harald Welzer, *Les Guerres du climat*, 2009. 气候与战争之间的联系比目前的地球工程要早得多，詹姆斯·罗哲·弗雷明的《修复天空》（*Fixing the Sky*, 2010）显示了这一点。

6 虽然人类世可能会因为人类终于获得了全球的力量而感到高兴，但当得知这种影响力量可能已经丧失时，就不那么令人高兴了！参见华莱士·布劳科（Wallace Broecker）所言：“对古代气候的研究雷鸣般地告诉我们，地球的气候系统不是一个自我稳定的系统，而是一个高度敏感的野兽，对最轻微的推动都会有过度的反应。”《自然》（*Nature* 376, pp. 212—213, 20 juillet 2002）。由克莱夫·汉密尔顿引用，《ABC 宗教与伦理》（*ABC Religion and Ethics*, 3 mars 2015）。这一现象的奇特之处解释了蒂莫西·莫顿（Timothy Morton）一书的标题《超级物体》（*Hyperobjects*, 2013）。

因此当我说气候问题令我们发疯时，这并非夸大其词。来自前线的一切报告都让人眼花缭乱：极其复杂的科学装备能在这样的时间跨度下获取可靠的测量结果，更不用说非同寻常的学科叠加——古生物学、考古学、地球化学——能汇集起来并以模型精准预测我们何时超越阈值。[7]但最令人晕眩的是将地球的悠久历史与人类的短暂历史置于同一图表中，这不是像过去那样强调人类相对漫长地球历史的**渺小**，而是与之相反，突然使人类肩负了史无前例的**改变地质的力量**。[8]而这还不够：在把我们自以为微不足道的蝼蚁变成巨大的阿特拉斯之后，我们同时被非常冷静地告知，如果我们袖手旁观就会全军覆没，而且，可能做什么都为时已晚！

我们怎么能不被历史节奏与**地质历史**——它与前者同样“充斥着噪音与狂暴”——节奏之间曾难以想象的短路所逼疯？[9]我们听说过历史的加速，但这种历史也可以加速地质历史，这令我们瞠目结舌。指出我们在情感、智力、道德、政治和文化方面不适合接收这样的消息，并非在说人性的坏话。更明智，甚至更理性的做法是完全忽视它们——如果这不是彻底陷入疯

---

7 对公众来说，了解研究人员日常工作的最佳介绍是系列视频，可见 thiniceclimate.org。

8 历史学家和常识的反应都是，看起来前所未有的事情以前已经发生过很多次了。从事人类世研究的人的兴趣正是要反驳这种太阳底下无新事的说法。千千万万个例子中的一个：“20 世纪初发明的哈伯-博什工艺，可以将大气中的氮转化为肥料，从根本上改变了全球的氮循环，最接近的地质学比较使我们回到了 25 亿年前的事件。……人类的行为使海水的酸度增加到了可能 3 亿年来前所未有的水平。”西蒙・刘易斯（Simon L. Lewis）与马克・马思林（Mark A. Maslin），“定义人类世”（«Defining the Anthropocene», 2015）。我会在第 159 页重新讨论先例缺失问题，参见 Clive HAMILTON et Jacques GRINEVALD, «Was the Anthropocene anticipated?», 2015。

9 迪派什・查卡巴提的文章“历史的气候”（«The climate of history», 2009），很好地总结了“地质历史”。

狂的最稳妥方式的话!

如果比较一下冷战时期军备竞赛令人恐慌的迅速步伐与气候谈判的缓慢步调，就会清楚地发现在政治扶持下应对威胁与在知识支持下应对威胁之间存在巨大差异。为了应对间谍获得的寥寥可数的威胁信息，也会有数千亿美元投入原子武器中。而由人为因素造成的“气候剧变”的威胁可能是最有据可查且最客观的知识对象，可以作为行动的依据。然而，在第一种情形下，以预防的名义，一切传统的好战政治情绪建立起巴洛克般**挥霍无度**的武器库；而另一方面，在同样的预防名义下，我们花费了大量的精力来推迟了解能开启**精打细算的**支出的必要知识。

只要比较一下1946年乔治·凯南（Georges Kennan）针对苏联战略的秘密“长电报”，与2006年尼古拉·斯特恩（Nicolas Stern）爵士关于工业化国家为避免气候变化的大部分有害影响所应花费的小额款项的公开报告。[10] 在第一种情形下，敌意、战争与政治的明确存在使“预防”一词具有**十万火速**的意义；在后一种情形下，敌人、战争和政治的不确定性给予预防“**拭目以待**，总会有时间摆脱困境”的安抚内涵。第一种情况下的恐慌：总动员；第二种情况下：遣散——而我们面对的还是潘神本人!

面对这种反应速度上的差距，生态活动家们试图通过科学信念的力量来加快进度。“既然我们现在明确了正在发生的事，您就必须采取行动。如果您不采取行动，您就无异于罪犯。”因

---

10 约翰·刘易斯·加迪斯（John Lewis Gaddis）的《冷战》（*The Cold War*, 2006）论述了回应苏联威胁的迅速，以及尼古拉斯·斯特恩（Nicolas Stern），《气候变化经济学》（*The Economics of Climate Change*, 2007）作了与有关气候威胁的缓慢竞赛的比较。

此，通过增加一点道义上的愤慨，他们把动员面对威胁无动于衷的大众的高度政治功能赋予冷漠大自然的不可侵犯的法律。这就是所谓的“战略本质主义”[11]的一个版本。我们依靠一个概念——毋庸置疑的确定性——来获得我们通常无法得到的动员效果。这种策略的危险在于，它绕过了政治的艰苦工作，赋予科学一种它不配得到的无可争议的确定性——因此没有动员任何人。

正如我在《自然的政治》一书中所表明的，生态学家经常把这个灰色的大自然重新涂成绿色，其在17世纪被设想为使政治即使不是无能为力，也至少屈从于科学的一种方式；大自然被赋予“中立的第三方”的角色，能够最终仲裁所有其他争端；许多科学家仍然认为他们必须在这一大自然中避难，以保护自己免于肮脏的政治工作；我们将在随后看到，大自然继承了过去全知全在的上帝的所有职能，但也无法通过其神意对地球产生哪怕是一丁点儿的影响！生态学不是政治对大自然的考量，而是大自然作为政治的一半来源的终结。[12]这就是为什么我们必须在隐藏其自身政治的大自然与使大自然明确的政治之间做出选择。

•

即使如此，也不能确定最令人不安的因素是这些声明的混合性质，即使对于那些认为必须在科学和政治之间保持严格分离的人来说，它们似乎非常令人担忧。片刻惊讶过后，我们很

11　加亚特里·查克拉瓦蒂·斯皮瓦克（Gayatri Chakravorty Spivak）有争议的观点是，不要严肃地相信社会身份的本质，而是将它作为某些斗争中的权宜之计，因为这正是对手使用的武器。

12　Bruno Latour, *Politiques de la nature*, 1999.

快就能明白该如何解释它。如果像曲棍球棒曲线这样的数据不再是普通意义上的客观数据（脱离任何规定性），那么它们确实是客观的，因为描绘它们的人已经回答了所有可能的**反对意见**（这是唯一已知的，将命题变为事实的方式[13]）。这些**数据**[14]的唯一原创性在于它们与我们的关系是如此直接，以至于对它们的简单表达在那些对此关心的人听起来就像是警报，就像康复室中监测病人的心脏与呼吸的仪器一样。

在实践中，对于语言学家而言（即使哲学家也关注这一点），**施行**式与**记述**式之间的差异一直非常微小。[15]如果在公共汽车上，看到一名乘客要坐在您放置婴儿的座位上，那么您必然会发出说明："座位上有婴儿。"这肯定是一个事实陈述（正如俗话说的猫在门垫上一样），但如果您说的话不是为了**使**听者**做出反应**（这是施行一词的含义之一），那么您就不算是活生生的人。不要声称您的意思是婴儿"就在那里，此外无他"。您不会满足于陈述客观事实——所有乘客都可以核实婴儿确实在座位上，您会强烈**反对**那名乘客坐在婴儿上的行为。"座位上有婴儿"既是记述式也是施行式，无论您用什么平静、冰冷、矜持、自动、激情或尖叫的语气来说这句话。著名的理性代言人史波

---

13 客观性的优点由来已久（Lorraine Daston et Peter Galison, *Objectivité*, 2012），这使得我们不将最终结果——归于已知对象——与相继探讨反对意见的极为复杂的体制混为一谈。客观性既不是一种世界状态，也不是一种精神状态，它是一种精心修饰的公共生活的结果。这一论点的简单总结请见 Bruno Latour, *Cogitamus*, 2010。

14 人们应该说（获得的）数据（obtenues），而非（给出的）数据（données）。在英语（或拉丁语）中，如果用"subdata"，那么术语"数据"（data）一词会更容易理解。[法语中的"données"（数据），词源为"donner"（给）。作者认为改用词源为"obtenir"（获得）的"obtenues"表示"数据"更为合理。——译者注]

15 语言学、社会语言学和言语行为理论方面的大量文献在不停地削弱描述与规定之间的区别。约翰·奥斯丁（J.L. Austin）在《如何以言行事》（*Quand dire, c'est faire*, 1970）中已经削弱了这一区别。

克先生的成功在于，尽管他有着机械的声音，但他确实告诉柯克船长应该要怎么做才能适应现在的情况。

早些时候，人们可以想象科学家必须保持对他们所描述以及处理的现象的**外部性**，从而忽略这一不言自明的事实。但是现在，如果您与人们谈论地球的任何方面，无论是地质、气候、生物物种、高层大气化学、碳或驯鹿，我们都身处同一条船上——或者说是在同一辆公共汽车上。这就是为什么科学家谈论这层薄薄的生命薄膜时所说的一切，听起来都不同于过去来自超然世界的无可争议的言论，这些言论与说者和听者都毫不相干。只剩气候怀疑论者会让我们相信，客观性不应该涉及任何形式的行动，因为为了看起来具有学术性，人们应该对所说的内容漠不关心。但恰恰相反的是，通过想要将科学与他们的利益分开，怀疑论恰恰企图在反对意见面前保护自身的利益。现在，这显而易见了！正是在地球上，我们像基林在莫纳罗亚那样，发表极为客观与有趣的陈述。因为它们回应了对手的异议，并且因此能使听众对他们的未来产生兴趣。[16]

这无疑部分地解释了描述不会导致任何规定的旧观念，即这些警报显然没有**详细**说明要做什么。它只是将集体行动置于**紧张状态**。这正是对警报的要求。与其说事实界与价值界之间存在原则性**差异**，为保持理性，这一鸿沟永远不应被跨越；不如说我们应去习惯于**连续的一系列**行动，它始于事实，**延伸**为警报并指向决策——且这是双向的。这种双重序列——价值中

16 复兴被误解的无利害关系概念，这是伊莎贝尔·斯坦格科学哲学的一部分，从 *L'Invention des sciences modernes*, 1993, 到 *La Vierge et le Neutrino*, 2005, 再到 *Au temps des catastrophes*, 2009, 将自己置于与盖娅的关系中。

立的想法——过早地切断了第一段与后面的联系，使得延伸不再可能。[17]我们已经忘记了，其实我们的描述总是为了行动，并且在研究做什么之前，我们必须被一种特殊的话语来激发行动。它触动我们的内心，从而让我们行动起来，是的，让我们感动。令人惊讶的是，如今这些声明也来自地球化学家、自然学家、建模师和地质学家——而不仅仅来自诗人、恋人、政治家或先知。

•

如何解释科学增加了**行动的力量**，英语中所说的能动性（agency）[18]，以及它声称只谈论随后转变为惰性“物质存在”的动因？为解决这个问题，我想比较一下不同类型的叙事，以了解角色如何被赋予行动能力，无论这些角色的**形象**如何。其中一些角色明显属于人类，其他的属于“自然物”的范畴。我们将看到，所谓的科学表达方式的特征并非在于其研究对象是**无生命的**，而只在于我们对这些“行动者”的**熟悉程度较低**。它们与我们更为熟悉的拟人角色相比需要**更详尽的**表述。[19]

我将比较三段简短的摘录：一部小说、一篇记者的报道，

17　向 IPCC 报告起草者提出的建议恰恰强调了需要区分“与政策相关但不是政策规定性的”内容非常重要。参见《关于气专委原则和程序的声明》(*Statement on IPCC principles and procedure*, IPCC, 2 février 2010)。参见 Kari De Pryck, «Le Groupe d'experts intergouvernemental sur l'évolution du climat», 2014。

18　在接下来的全部内容中，我将使用源自斯宾诺莎的术语“行动力”(puissance d'agir) 来翻译动因 (agency) 一词，以避免可怕的“agentivité”一词。最终要做的是将动因从意向性与人的主观性中分离出来，因为我们自始至终感兴趣的是这些行动能力的重新分配。

19　这里我引用了“人类世时代的动因”(«Agency at the time of the Anthropocene», 2014) 中的一段，由弗兰克·勒蒙德 (Franck Lemonde) 翻译并大幅修改。

以及一篇神经科学文章。在聆听它们的过程中，让我们试图不要去关注它们明显不同的体裁，而是去关注它们所能跨越的多种行动方式。换句话说，我要求您暂停通常的阅读理解习惯——它使我们倾向于将人类行动者与非人行动者对立，比如说主客对立——而是去关注构成它们共同剧目的因素。然后我们就会明白，说一个行动者是惰性的——在没有任何行动力的意义上——或者说它是有生命的——在其“具有灵魂”的意义上——是次要且派生的运作。

我们认识到，在一部伟大的小说中，人物不遵守可预测的一套行动规则。他们避免了我们仿佛玩妙探寻凶一样用以简化故事的陈词滥调——例如：管家、侦探、失踪的女孩、反派。在托尔斯泰的《战争与和平》中那段著名的文字无疑正是如此。这段故事讲述了 1812 年 10 月 18 日著名的塔鲁提诺战役前夕库图佐夫将军的（非）决定，他认为这场战役无益于击败拿破仑：

> 哥萨克人的说法得到了其他侦察兵的证实，表明事件已经成熟。弹簧松动了，齿轮嘎吱作响，钟声响起。**尽管**他有力量、有智慧、有经验、会识人，但考虑到直接与皇帝通信的本尼格森送来的报告，所有将领表达出的愿望，料想中陛下的意图，由哥萨克人带来的消息，库图佐夫还是**无力**控制住这场行动：他下令做他认为无用甚至有害的事，**他同意了既成事实**。[20]（强调由我所加）

小说的读者一定记得，在这段文字之后，库图佐夫想尽

---

20 Tolstoï, *Guerre et Paix*, livre 13, chapitre III.

一切办法推迟交战，而他在最后取得胜利，是因为他设法在面对拿破仑大军的反击时几乎保持不动！如果说我们认为有一种指挥系统，其中的最高指挥官能使他人服从，这正是战争中的军队的情况。但是，在这段战役的故事中，情况完全相反：本应完全控制自己意志的人类**主体**——库图佐夫将军恰恰是被他无法“控制”的**客观**力量所**操控**的。其中一些力量是“自然的”——“事件已经成熟”，“齿轮和弹簧”的机制开始运作；另一些力量显然是人类和社会的——哥萨克侦察兵的报告，他的副官本尼格森的背叛，“将领的愿望”；还有些力量是意识的——“对于人的经验与了解”，“归于皇帝”的意图。所有这一切都迫使库图佐夫“下令”去做他认为“无用甚至有害的”的事，他只能“同意既成事实”。他本应该有目标；他是如此无力，甚至无法确定目标。

我们很难说这是一则只讲人类行动者的故事，我们看到，一旦小说家开始注意到人类灵魂的复杂性，行动的形式就会增加，这使得我们很难准确地说出角色的拟人特征。库图佐夫被特征迥异的力量赋予了**形式**——这是希腊语后缀“morph”的含义。这就是文学分析家将形象与行动力区分的意思：库图佐夫具有人的形象，但使他行动的力量来自别处，托尔斯泰为我们详细列出了这些力量。[21]

有人可能会反对说，小说家的职责正是去探索人类灵魂的复杂性，并且他们乐于给哲学家添麻烦——后者想要彻底对立“人类”主体与“物质”客体——也就不足为奇了。确实，在库

---

21 Actant 与 acteur 之间的区别是格雷马斯（Greimas）所启发的符号学的基本原则，参见 Jacques Fontanille, *Sémiotique du discours*, 1998。

图佐夫的例子中，没有任何动因可真正算作自然力量。尽管有“成熟的时机”“松开的弹簧”与“钟声响起”的隐喻[22]，但我们自始至终都欣然自得地处于人间喜剧中。

现在让我们摘录一本标题非常现代主义的畅销书：《控制自然》[23]。约翰·麦克菲（John McPhee）的书中有一系列关于英雄人类如何对付不可战胜的自然因素——水、山体滑坡与火山——的非凡故事。在其中一章，他讲述了另一场战斗，一场液压工程师对抗趋势的战斗，这不再是对抗敌军，而是一条河流，密西西比河。它趋向于被另一条河狡诈地引流，而这条河不为人知，也更小，最重要的是，它的河床**低于**密西西比河，它有着美丽的印第安名字——阿查费耶拉。

密西西比河得以持续在新奥尔良以东流淌，要归功于一个相当小且非常脆弱的，建在上游河道弯曲处的工程，以保护这条巨流不被阿查费耶拉的河道——它更窄，但比前者要低几米——所引流。如果这个堤坝断裂（几乎每年都有这种危险，使整个地区不安），整条密西西比河会在肆虐阿查费耶拉谷并冲毁摩根城之后，通过一条几百公里的捷径流入新奥尔良以西，造成大规模洪水并摧毁承担四分之一美国经济总量的密西西比广大流域的大部分。这不再涉及将领、战争、背叛、欲望，以及料想的意图，而是关于两条河与一个集体角色——并非库图佐夫个人。麦克菲使这个集体角色“作为个体”行动：美国工

22 奇怪的是，在小说的附录中，托尔斯泰使用了一个技术性的隐喻，即天意的行动自始至终都如此重要，以至于在正文中大量铺垫的小说人物的行动自由完全消失了。这证明了因果关系的论述可以随意增加或减少行动力而不改变其构成。因此，归因始终是与力量构成这一主要过程的次要过程。

23 John McPhee, *The Control of Nature*, 1980.

程兵团——相当于美国的路桥兵团。这一机构，在一个负责工程的委员会——河流委员会的监督下负责领导“控制自然”的战斗。

这里我们面对的是一名自然行动者。任何一名但凡感受过小溪、河流、江川，特别是如密西西比这样的河流的人都会像马克·吐温那样反应：

> 了解密西西比河的人很快就会承认——不是大声说出来，而是在心里承认——一万个河流委员会，即使拥有世界上所有的炸药，也无法**驯服**这条**无法无天**的河流，既不能约束或围住它，也不能对它说：“去这里”或者“去那里”，来使其**臣服**；……**强迫**（bully）密西西比河，**迫使**它以循规蹈矩的方式行事，无异于要求委员会**强迫**改变彗星轨迹，以期望它能安分守己。[24]（强调由我所加）

自然的力量显然与惰性行动者截然相反；任何小说家、任何诗人都对这一点心知肚明，水力学家和地貌学家亦是如此。如果说密西西比河拥有什么，那就是**能动性**——强大到能与所有官僚机构抗衡的能动性。但至少我们可以说，兵团并没有遵循马克·吐温的直觉。相反，他们决定让“无法无天”的河流臣服，“约束或围住”它，“强迫”它，两个世纪以来防止它突然改变蜿蜒流向，而它千百年来就是如此做的，他们命令它：“不要去这里，也不要去那里！”正如卡特里娜飓风的悲剧提醒

---

24 Mark Twain, *La Vie sur le Mississippi*, 2001（翻译由我修改）。

我们[25]，整个密西西比河南部盆地完全是人工的，它试图把自己保护在脆弱的堤坝前线后面。我们此处分析的行动力十分混杂，兵团承担着技术与法律责任，它与密西西比河的力量相称，也与阿查费耶拉的河床高度相称，后者顽固地继续在下面穿凿着。整个事件集中在一个小小的人造工程上，一个稍微强一点的洪水就可以冲走的简陋工程。这些能力交流的结果是？在拟人化的生物（尤其是兵团）和其他事物（可以顺理成章地被称为水态生物）之间形成了一种谈判的局面——几乎是一种契约关系。

> 兵团无法在**政治与道义**上消灭阿查费耶拉河。他们不得不给它**供**水。根据**自然原则**，注入阿查费耶拉河的水越多，它想得到的也就越多，因为这是最陡的斜坡。注入得越多，河床就越深。阿查费耶拉河与密西西比河之间的海拔差异持续增加，扩大了截流的**条件**。兵团必须**考虑到**这一点。兵团要**建造**工程，使阿查费耶拉河引流密西西比河的一部分，同时**防止它将其全部截流**。（第9—10页，强调由我所加）

值得注意的是，“根据自然原则”这一表达并没有消除麦克菲描述的两条河流之间冲突的行动力，托尔斯泰提到的“既成事实”无法消除库图佐夫做出决定的任何意志（他作为将军，仍旧必须“表示赞同”）。与之相反，此处存在一种意志，那就是对抗中的河流的意志。但是作者以不同的方式展示了什么是意志：一条小而深的河流与另一条更大而高的河流之间的联

25 2005年8月29日，新奥尔良遭到了卡特里娜飓风的破坏。

系为这两个行动者提供了**目标**，为它们的行动提供**载体**。一个被认为具有意向性或意志，而另一个被视为一种力量，这都无关紧要，因为**是张力造就了行动者**，而非形象。[26]

我们怎能怀疑阿查费耶拉河“想占领”密西西比河？这是一个比喻，确实，但它证明了我们使用法律与战争的话语——“给予”“提供”“考虑到”“防止”——来赋予一条确实危险的河流以意义、方向和运动。或者更确切地说，兵团用堤坝的束缚来侵犯密西西比河的意志，它已**变成危险**了。如果这是以暴制暴，那么又怎能惊讶于行为特征从一个剧目换到另一个剧目？如果想避免拟人化，那么兵团就必须避免将流域拟人化！工程师们知道，道德主义者往往忽略了什么：在主体方面，不存在主宰；在客体方面，不会有无活性的可能。[27] 正如一名工程师所言：“问题不在于阿查费耶拉河最终是否会占领整条河流，而在于知道它会在**何时**发生。”他平静地表示，“到目前为止，我们只能争取时间。”（第 55 页）“争取时间”，库图佐夫对这一表述应该非常理解了！

•

您会说，这一切都很有趣，但记者就是记者，仅仅是故事讲述者，正如小说家一样；我们了解他们，他们总是觉得有必要在本质上应该**没有**任何形式的意志、目的、目标或念头的东

---

26 Algirdas Greimas et Jacques Fontanille, *Sémiotique des passions*, 1991.

27 对称原则在社会学中的起源由米歇尔·卡隆（Michel Callon）在《转译社会学要素》（«Éléments pour une sociologie de la traduction», 1986）一文中引入，它是行动者网络理论的基础。我们不再区分客体和主体，而是根据一个混合了人类和非人类形象的梯度获取细微差别。

西上**添加**一些行动。即使他们对科学和自然感兴趣，他们也禁不住要为没有任何戏剧性的东西增添戏剧性。拟人化是他们讲故事和卖报纸的唯一途径。如果他们“客观地”写出“纯粹客观的自然力量”，那他们的故事就不那么引人入胜。因果关系的串联——毕竟，物质世界不就是由它构成的吗？——一定不能有丝毫的戏剧性效果，正是因为后果**已经**存在于**原因**中，而这就是它的美：没有预期的悬念，没有突然的转折，没有蜕变，没有模糊性。时间从**过去流向现在**。在这些故事（也根本不是故事）中，其实没有任何事情发生，至少没有**意外**。这不正是理性主义的精神吗？所以我们不应再制造戏剧性，也不该再讲故事了。

这至少应该是撰写科学报告的传统方式。尽管我们在课堂上反复重申过这一传统，但即使是对手头的第一篇科学论文粗泛地阅读，也足以对其提出质疑。以我在圣地亚哥索尔克研究所的前同事发表的文章开头为例[28]：

> 人体（注意：它不再是工程师兵团！）适应压力刺激的能力以及对压力的不适应在人类疾病发生中的作用已经得到了广泛的研究。促肾上腺皮质激素释放因子（CRF），一种 41 基肽及其三个具有相似结构的肽——尿皮质素（Ucn）1、2 和 3，它们在协调内分泌、自主神经、代谢和对压力的行为反应方面**发挥着重要而多样的作用**。促肾上腺皮质激素释放因子家族的多肽及其受体**参与**其他功能的**调节**，如食欲、成瘾、听觉和神经元发育，并**间接影响**内分泌、

28　Bruno Latour et Steve Woolgar, *La Vie de laboratoire*, 1988，描述了这一上下文。

> 心血管、生殖、胃肠和免疫系统。促肾上腺皮质激素释放因子及其配体最初通过与G蛋白偶联受体（GPCR）**结合起作用**。[29]（由我翻译且强调由我所加）

一旦我们将首字母缩写词（CRF、Ucn、GPCR）放在一边——它方便了专家，但对外行来说很难懂——并且将被动形式（此类型的必要风格）由科学家“对其详尽研究”的行动来替代，我们就发现自己还是一如既往地面对着一名行动者——促肾上腺皮质激素释放因子，其行动力正是文章研究的对象。促肾上腺皮质激素释放因子在“扮演重要角色”并且它“参与调节”令人眼花缭乱的功能时，我们怎能将它当作是惰性的？拥有功能是它自己拥有目标的方式，或者至少被定义为一个载体，因而也是一个动因。

当然，这篇导言读起来无法如《战争与和平》那样让人享受！但毫无疑问的是，通过跟踪促肾上腺皮质激素释放因子，人们可以深入了解行动的迂回曲折，它比库图佐夫决定的错综复杂性或密西西比河的蜿蜒表现得更为复杂。也想象一下，一个足够聪明的现代托尔斯泰会如何巧妙地将促肾上腺皮质激素释放因子纳入他笔下的人物，他会如何描绘这场重大战役前夜的库图佐夫。[30]会有比战役更让人紧张的境况吗？促肾上腺皮质激素释放因子会在他的体内蔓延，会改变他的听觉，调节他对微生物的反应；因背叛而慌张的本尼格森，不久之后的整个

---

29 C. R. Grace *et al.*, «Structure of the N-terminal domain», 2007.

30 这无疑是小说家理查德·鲍尔斯（Richard Powers）会做的，也是他在《回音室》（*La Chambre aux échos*, 2009），或更直接地，在《获利》（*Gain*, 2012）中试图去做的事，这解释了他所写角色的全新外貌。关于这一点，请参见 Bruno Latour, «The powers of fac similes», 2008。

参谋部，更不用说被派遣上前线的士兵——他们不也都被大量促肾上腺皮质激素释放因子所改变吗？当谈到理解行动与遭受行动的含义时，小说家、记者与科学家进行着一场同样的斗争，并不择手段地互相剽窃。

诚然，此例与前两例之间存在差异，但是，正如我多年前在索尔克研究所的同一个实验室中所发现的，这一差异并非在于前两个故事谈论的是有目的的“人类”动因，而最后一个是没有目的和意志的“自然”物。[31] 唯一真正的区别——至少就故事而言——在于阅读托尔斯泰的名著或麦克菲的故事的读者可以轻易地根据他们过去的经验为角色建立一定的一致性，而它们无法对促肾上腺皮质激素释放因子这么做——当然，除非他们是神经递质专家。科学报告如此有利于行动力多样性研究，是因为我们只能通过**行动**来定义动因所能发挥的特质。透过这些行动，我们可以逐渐掌握动因。

不同于库图佐夫这样的将领和密西西比河这样的河流，它们的**能力**，即它们**是**什么，只能**由其表现**决定，即我们所认识到的它们的行为方式。[32] 对于元帅或河流，您可以表现得好像能从其本质来推断其属性。而这不适用于促肾上腺皮质激素释放因子。如果您对它一无所知，那么您将不可避免地——无论是它的发现者还是这篇文章的读者——从探索它的作用开始。而且由于没有先行知识——因为发表是基于其新颖性——各个

31 Bruno Latour et Paolo Fabbri, «Pouvoir et devoir», 1977，特别是 Françoise Bastide, *Una notte con Saturno*, 2001。

32 参见符号学圣经相关词条：Algirdas Julien Greimas et Joseph Courtès (dir.), *Sémiotique. Dictionnaire*, 1979。

特征必须通过一定的实验产生，对此我们必须逐行列出。[33] 什么是促肾上腺皮质激素释放因子？它是引发促肾上腺皮质激素的东西。什么是促肾上腺皮质激素？它是会触发脑垂体中皮质激素的东西。诸如此类。

若非是这一未知事物的专家，人们当然会感到厌烦，但这一过程与我们每天在互联网上搜索某个人、某处场所、某件事，或某人顺带地提到的某样东西是完全一样的。我们从乍看“不知所云”的名称开始；然后我们在屏幕上滚动浏览一系列情况；再然后，在对此熟悉之后，我们颠倒事物的顺序，习惯于从名称开始推论事物特质或总结事物的作用。基于同样的方式，促肾上腺皮质激素释放因子最初是一个行为清单，之后才——如人们所说——被**“特征化”**。从这一刻起，其能力先于而非跟随其表现。如果我们像阅读小说那样读科学报告，促肾上腺皮质激素释放因子就是一个如皮埃尔·别祖霍夫或娜塔莎·罗斯托夫那样熟悉的角色——就像如今的内啡肽，它也部分出自索尔克研究所的实验室。在图表 2-2 的小表格中，最后一行是尤为重要的：通过稳定化，物质获得一致性。

行动-者（Actant）	行动者（Acteur）
表现	能力
行动名称	事物名称
属性	实质
之前	之后
非稳定	稳定

图表 2-2

33 这是 Harold Garfinkel *et al.*, «The work of a discovering science», 1981 的关注点所在。

我之所以对这三个例子进行简单的比较，是为了使人们认识到一条割裂两个方面的鸿沟，一方面是我们可以轻易分辨自然物与人类的常识性原则，另一方面则是实践这一区分的困难。具有多种形式与能力的行动者不断地交换着它们的属性。很显然，所谓的拟人化角色与拟水化、拟生物化（bio-morphe）或拟物化（phusi-morphe）角色同样不稳定，因为重要的不是最初的既有状态，而是库图佐夫、阿查费耶拉河或促肾上腺皮质激素释放因子在故事中所经历的**转变**。[34] 库图佐夫并不比密西西比河或促肾上腺皮质激素释放因子更像传统的人类主体（“自我及世界的主人”），后两者也不更像物质自然“客体”——当我们希望使它们成为人类附庸时，则习惯性对它们如此描述。主体与客体所扮演的固有角色不应与世界的构成相混淆。如果我们关心的是世界——而不是“自然”——那么我们就必须处于所谓的——借用一个地质学比喻——**变质带**，来捕捉所有的“形态”，我们也需要通过记录来跟随它们的行动交换。[35]

最后，人类与非人类之间的区别并不比自然 / 文化更有意义。同样人为的是将库图佐夫与工程兵团归于一类，而将密西西比河与促肾上腺皮质激素释放因子归于另一类。仿佛前二者以某种形式的灵魂、意识或精神为特征，而后二者即便不算是惰性的，也至少没有目的和意向。人类与非人类之间的区别就等同于文化与自然的区别：为了确保不将它们用作资源而是当作研究对象，我们必须回到将形象分配于不同部分的共同概

---

34 我使用非常粗糙的术语——phusis 代表自然，bio 代表生物，等等——是为了指出它们所适用的“morph”一词的重要性。

35 词典上说，变质作用是地球的一个内部过程，它导致岩石的质地和矿物成分发生固态变化，而岩石的矿物以前是稳定的。

念。[36] 如果认为这些术语描述了关于现实世界的任何东西，就是把抽象的东西误认为是描述。

当我们声称一方面存在一个自然世界，而另一方面存在一个人类世界时，我们只不过是事后提出说某任意部分的行动者会**毫无行动**，而另一部分——同样是武断的——会**被赋予灵魂**（或意识）。但是，这两个次要的运作完全没有触及唯一有趣的现象：通过在变质带核心的多起源多形式的行动力之间的交易，交换行动形式。这似乎是矛盾的，但为了在现实主义上取得进展，我们必须抛弃那些妄图在一系列背景事物前炫耀人类形象的伪现实主义。

•

将注意力转移到作家与科学家共同关注的这片领域，也许会帮助我们重新看待地球"反馈我们"对它的所做作为这一观点。米歇尔·赛荷（Michel Serres）曾在20世纪90年代初讨论过这些微妙的问题，当时无忧无虑的人类在不经意间已经越过了二氧化碳危险阈值。[37] 在一本大胆而独特的书《自然契约》中，赛荷提出的创新理念之一就是一句对伽利略名言的虚构改写："然而它确实在动！"（Eppur si muove！）[38] 赛荷以漫画的形式，将科学史上的一个情节改写如下：据说在被神圣宗教裁判所禁止

36　这也是我在上一讲中提出的从作为分析工具的术语到研究对象的转变（从资源到主题）。

37　如本讲开头福卡在文章中所说的："根据戈达德太空研究所（GISS）前主任，美国气候科学家詹姆斯·汉森的说法，二氧化碳浓度不应超过350 ppm。而1990年前不久已达到这一阈值。" *Le Monde*, 7 mai 2013.

38　Michel Serres, *Le Contrat naturel*, 1990，并在《重返自然契约》（*Retour au Contrat naturel*, 2000）中对其做了部分扩展。

公开教授任何关于地球运动的知识之后，伽利略喃喃道：“然而它确实在动。”赛荷称这一情节为**第一场审判**：与当时所有权威相抵触的科学家“先知”默默地重申了客观事实，这一事实后来摧毁了这些权威。

但是根据赛荷的说法，如今我们正在目睹伽利略的**第二场审判**。[39] 面对所有聚集的权力，另一位同样也是“先知”的科学家——如詹姆斯·洛夫洛克、迈克尔·曼恩或大卫·基林[40]——在被所有否认地球行为的人判处保持沉默后，开始低声喃喃：“然而它确实在动”，但这一次，他们赋予了它一个全新且有点令人不安的转折：不是“然而地球确实在动”，而是：“然而地球确实被感动了”！

> 科学已经在三个世纪前获得了所有权利，它呼唤地球，地球通过运动作出回应。然后先知就成了国王。轮到我们了，如同伽利略一样，我们在向一个不存在的权威呼吁，但在他的继任者的法庭上，以前的先知变成了国王：地球被感动了！自古以来，为我们的生命提供条件与基础的固定地球正在移动，基础的大地正在震颤。（第 136 页）

行动力的新形式（“它感动”）与旧形式（“它移动”）对既有权威而言同样出乎意料，我们不应对此大跌眼镜。如果说地球只不过是一个在浩瀚的宇宙中无休止转动的台球（那场戏中，布莱希特将年轻修士描写成在梵蒂冈的房间里漫无目的地

39 这种情况更加有趣，因为气候怀疑论者在声称攻击气候科学家的“共识”时，每次都会提到伽利略的形象，因为后者是唯一正确的人并反对一切。

40 赛荷没有提到洛夫洛克，不过我们将在下一章中提到他，他很适合这一角色。

打转来嘲笑伽利略日心说的人[41]）冒犯了宗教裁判所，新的宗教裁判所（如今是经济的而非宗教的）震惊地获悉，地球已经成了——又成了！——一个活跃的、局部的、有限的、敏感的、脆弱的，颤抖且易受刺激的外壳。我们需要一个新的布莱希特描写在气候怀疑论者的脱口秀中，一大群人（如科赫兄弟、许多物理学家、许多知识分子、许多左派和右派的政治家，唉，还有牧师、布道者、灵修导师与君王的顾问）是如何嘲笑对这一新奇又古老的，活跃又脆弱的地球的发现。

为了将第一个新地球刻画成在宇宙中自由落体的物体之一，伽利略不得不放弃所有关于气候、活跃性与变质（除潮汐以外）的概念。因此，他使我们摆脱将地球视为一个垃圾场的前科学视野，这一看法以死亡与腐朽的迹象为标志。我们的祖先只盯着不朽的太阳、星辰与上帝，除非依靠祷告、沉思与知识，否则没有机会逃脱。现在，为了发现新的地球，气候学家再次召唤气候，将有生命的地球归为一张薄薄的表层，其脆弱性提醒我们曾经生活在所谓**月下世界**的感觉。[42]伽利略的地球能旋转，但没有“临界点”，也没有“地球限度”或“关键区域”。[43]它会

---

41 Bertold Brecht, *La Vie de Galilée*, 1990.

42 在古老的所谓“前哥白尼”系统中，月下（sublunaire）区域与月上（supralunaire）区域之间存在物质差异：越是从腐朽的地球向着行星与不变的恒星上升，越是达到完美。这一宇宙论的历史及其毁灭，参见亚历山大·夸黑（Alexandre Koyré）《从封闭世界到无限宇宙》（*Du monde clos à l'univers infini*, 1962），该书仍是最佳的导论。更为小说化但同样出色的版本参见 Arthur Koestler, *Les Somnambules*, 2010。

43 Fred Pearce, *With Speed and Violence*, 2007, 或者 Stephen M. Gardiner, *A Perfect Moral Storm,* 2013，正是地球的动荡使得这两本书如此奇特。关于行星边界的争议问题，请见 Johan Rockström, Will Steffen *et al.*, «Planetary boundaries», 2009。关于关键区域网络，参见 Susan L. Brantley, Martin B. Goldhaber et K. Vala Ragnarsdottir, «Crossing disciplines and scales to understand the critical zone», 2007, et le rapport de S.A. Banwart, J. Chorover et J. Gaillardet, *Sustaining Earth's Critical Zone*, 2013, 以及 Bruno Latour, «Some advantages of the notion of 'Critical Zone' for Geopolitics», 2014。

运动，但没有**行为**。换言之，它还不是人类世的地球。

如今，借助哥白尼式的反革命，新气候制度迫使我们将目光转向地球，在衰退、战争、污染和腐败的征兆下，它再次被视为垃圾场。但这一次，任何祷告逃避都是徒劳无功的。这是一个戏剧性的转折：从宇宙（cosmos）到万物（univers），再从万物到宇宙！[44] 回到未来？恰恰相反：迈入过去！在导言中舞者展示的摇摆动作不正是用她的舞步强调了这一运动？我以宇宙巨兽这一奇怪的名称所提到的不正是这一形象吗？

对比这两场审判、两个地球、两种气候制度，赛荷的目标不是让我们激动地为地球母亲哭泣，或者让我们为她拥有灵魂的事实而倾倒。问题不在于将灵魂赋予一个缺乏它的事物，从而使我们在这样一个幻灭的世界里感觉好一点，或者反过来说，让我们在这个没那么无限的世界中感到更加痛苦。恰恰相反的是，赛荷将我们的注意力引向了曾经截然不同——同过去主体与客体那样对立——而如今又如此混杂的行动力之间的惊人默契。

> 因为从今早起，地球再次颤抖：不是因为它在其不安又适度的轨道上运动，也不是因为从它的深层地壳到大气层的改变，而是因为**我们造成了它的改变**。对于古老律法与现代科学而言，自然是一个参照物，**因为它本身没有任何主体**：律法及科学意义上的客观来自**无人空间**，它不依赖于我们，而我们在律法与事实上依赖它；然而，现在它

44　由艾米丽·阿什编辑的这卷书名——《从封闭宇宙到无限世界》（*De l'univers clos au monde infini*, 2014）——正是要抓住这个意外的转折，与夸黑的标题相对立。

在**很大程度上依赖于**我们，而我们也对这种偏离预期平衡的情况感到担忧。我们正在扰乱地球，使它颤抖！如今，它又有了一个主体。（第 135—136 页）

尽管他的书没有援引“盖娅”一词，并且在“人类世”这一术语如此流行之前就已写成了，赛荷所记录的，正是这种对主客身份的颠覆。[45] 自“科学革命”以来，无人世界的客观性为——即使不是为宗教与道德，至少也是为科学与律法——某种不容置疑的自然法提供了坚实的基础。[46] 在哥白尼式反革命的时代，当我们转向自然法这一古老而又坚实的基础时，我们发现了什么？我们行动的痕迹处处可见！这不是西方男性主体凭借其克制、勇敢、暴力，有时甚至是过度的理想主宰野蛮狂躁自然界的旧方式——正如工程师兵团的方式。不是的，正如在前科学和非现代的神话中[47]，这一次我们面对着动因。它享有“主体”之名，源于它可以被变化、坏情绪、情感、反应，甚至被另一动因——它的“主体”之实**源于它同样被对方的行动所牵制**——的报复所牵制。

成为一个主体不是相对于客观框架而自主行动，而是与其他也失去自主权的主体**分享**行动力。正是因为面对这些主体——或者说是准主体（quasi-sujet）——我们必须放弃主宰的梦想，并且不再恐惧沦为“自然”囚犯的噩梦。[48] 一旦我们接近非人类存在物，我们就不会在它们身上发现惰性——它使我

---

45 赛荷使用不太考究的词“Biogée”来指代盖娅。

46 我将在第六讲中回到这一问题。

47 Eduardo Kohn, *How Forests Think*, 2013.

48 赛荷在《寄生虫》（*Le Parasite*, 1980）中提出了准客体与准主体。

们自以为是动因。与之相反，我们会发现与我们本身以及我们所作所为**不再无关**的行动力。相反，在它们那一边（但不再有任何的“边”！），地球不再是“客观的”，因为地球不能再被置于远处，被它们从天狼星上考察，好像不存在任何人类。在知识的构建中，以及在这些科学被要求证明的现象的产生中，人类的行动无处不在。如今不可能在主体与客体之间玩辩证对立的游戏了。使康德、黑格尔和马克思运转的原动力现在已经完全失灵了：已经不再有足够的客体来同人类对立，不再有足够的主体来与客体对立。在辩证法的幻象背后，变质带仿佛再次清晰可见。仿佛在“自然”之下，世界再次出现。

•

这么多研究人员提出的关于地球的行动、情感、运动与行为的混合说明，其麻烦处不在于他们在实然与应然之间建立连续性的方法，而在于他们总是模棱两可地对待事实状态的方式。有时是因果链的问题，似乎它没有将任何形式的行动归因于所说的事情；有时恰恰相反，这些研究人员展示了大量的行动场景，其中一些不可避免地会使那些发现自己被卷入这些叙述的人行动起来。正是从这种双重语言中，产生了描述与规定之间无穷距离的观点：如果我们遵循一条因果链，没有任何事应该发生——在任何情况下都不存在意外，那么这与我们用于描述道德、政治、艺术和人类行动的术语之间就存在巨大鸿沟。但是，只要科学描述充满着大量行动，其中许多行动类似于人类所惯常拥有的，情况就会大不相同：在这种情况下，行动形式之间的距离变得微乎其微，这些行动形式不断地将多元化的行动者联系起来。因此，问题变成了，为什么那些描述地球行动的人有时认为，除了展开“严格的因果关系链”之外，没有任何事发生，而有时又认为有无限多的事发生？这就等于问，如果地球被上千种形式的动因激活，为什么有人要把它想象成本质上是惰性且无灵魂的呢？

要理解对我们行动的作出反馈的地球可能意味着什么，我们显然不应该事先简化人类与非人类行动者之间行动力的分配。赛荷在《自然契约》中探讨的是自然法的这一先天弱点，即同时认为自然中确实存在律法——我们在上文中已经认识到这一规定性维度——以及，尽管如此，真正的律法只存在于文化的一边。因此，尽管每个人都同时认识到，自然是有秩序的，因为它通过实然这一代言人来“指示”我们该做什么，但与大自然签订契约的想法看似十分荒诞。自然法的局限并不是要寻求允许立法的秩序，而是说仿佛有且只有两个平行的系列，一个是“自然”，另一个是律法，并探索哪一方会是另一方的副本。

通过将自然契约的想法戏剧化——借用卢梭同样神话性的社会契约——赛荷探索了一种完全不同的解决方案：如果我们既无法避免从自然中衍生出秩序，也无法发现这一秩序，这是因为，即使在我们的西方传统中，也从未有过两个平行的系列，而总是这种角色交换的蔓延，我称之为变质带。

> 世上的事物讲什么语言，我们才可以通过契约与它们相处？但毕竟，古老的社会契约既无言说也不成文：从没有人读过原版，甚至连副本也没有。诚然，我们不懂这个世界的语言，或者我们只知道它的泛灵论、宗教语言或数学语言。……事实上，地球通过力、联系与相互作用的方式同我们交流，这足以签订契约。（第69页）

物理的力量与律法的纽带之间有什么区别？不要忘记，《自然契约》首先是一本法哲学著作，它试图认真对待“法律”在“自然法”中的含义。尽管书名如此，但自然契约不是人与自然这无论如何也无法统一的两方之间的合同[49]，而是一系列的交易。我们可以看到，自古以来，甚至在科学中，地质历史所调动的各类存在物是如何交换界定其行动力的各种特质（trait）的。“特质”恰恰是技术术语，借自法律、地缘政治、科学、建筑学与几何学，赛荷用它来指代上文主体与客体之间的这些交易。为了更好地解释，他提出了一个最不可能的例子，即万有引力：

> 最后，词语 trait 既表示物质纽带，也表示写作的基本笔画：点、长标记、二进制字母。书面契约具有约束力，使签下姓名的人受制于条款。……而首个伟大的科学体系——牛顿体系，通过**引力**连接起来：**同一个词、同一种特质、同一个概念**重现。**巨大的行星体互相理解并且被规律连接，而这一规律似乎与契约——在一组线的原始意义上——难以区分**。一个或另一个行星最微小的运动即刻对其他行星产生反应，而其他行星的反应又会通行无阻地作用于前者。通过这一系列的约束，地球在某种程度上**理解**了其他星球的观点，. 因为通过力，地球对整个系统中的事件产生反响。（第 168—169 页，强调由我所加。）

49 这就是我们在接下来的讲座中会发现的：自然和人类都不能被理解为足够的统一（现在也是足够的相异）从而建立双方的契约。这是衡量在赛荷写书时和我们不得不处理人类世时情况发生多大变化的一种方式。

赛荷并不认为要通过宣称地球享有某种形式的理解、同情与主权来**赋予**地球**灵魂**。恰恰相反：他提议将引力本身作为一种**纽带**，以使我们能够明白法律**效力**与理解**力**意味着什么。理解就是领会某事；还有比"无阻"地受制于其他的星体的"反响"更好的领会方式吗？这不是拟人化——从人类到物理的隐喻——而是一种拟物化——从力到律的隐喻。赛荷认为，只要我们学会将"泛灵论、宗教或数学版本的语言"彼此互译，我们就最终会讲"世界语"。翻译——赛荷的宏大计划——成为理解我们所依附与依赖东西的手段。[50]如果我们能够翻译，那么自然法就会开始具有精神。

我们不要将万有引力与法律的联结当作诗歌破格。西蒙·沙弗（Simon Schaffer）在一篇精彩的文章中展示了牛顿如何从他自己的文化中为新动因汲取一系列特质，这一动因后来成了"万有引力"。[51]牛顿痴迷于各种形式的远距离作用，无论是上帝对物质的作用，还是经济中的信用，抑或政府对臣民的行为。[52]作为一名带点异端邪说的神学家、炼金术与光学方面的专家，"严格区分"精神世界与物质世界对他而言没有任何帮助。如果他这样做了，他就永远不会成为物理学家。然而，为理解一个物体如何对另一个物体产生作用，他并没有转向拟人化，而是转向了天使。他的物理学起初是拟天使化的！

---

50 Michel Serres, *La Traduction* (*Hermès III*), 1974.

51 Simon Schaffer, «Newtonian angels», 2011.

52 "恰恰在同一时间，艾萨克·牛顿努力研究在炼金术反应中起作用的精神媒介，研究如何正确解释圣经预言，特别是启示录中的天使信息，特别是天启的预言，撰写偶像崇拜和异端邪说的学术谱系，讨论彗星和太阳旋风运动的物质和精神影响，并着手起草教会的临时历史"，同上（Simon Schaffer, «Newtonian angels», 2011）（由我翻译）。另参见 Simon Schaffer, *The Information Order of Isaac Newton's Principia Mathematica*, 2008。

事实上，为避免笛卡尔的漩涡——另一种属性与特质的惊人混合——牛顿不得不发现一种能够实现从一个物体到另一个物体的瞬时远距离作用的动因。当时，没有任何角色可以随时随地“无阻碍”地进行瞬间运动——除了天使……在几百页的天使学之后，牛顿能够逐渐剪掉它们的翅膀，并将这一新动因转化为“力”。一种“纯粹客观”的力量？ 当然，因为它对反对意见做出了回应，但仍承载着对“即时通讯的天使系统”的数千年的思考。众所周知，纯粹性会使科学变得乏味：在力的背后，天使的翅膀总是无形地扇动着。

问题是，诸如库图佐夫或工程兵团的人类主体面目并不比河流、天使、激素释放因子或万有引力之类力量的面目更容易被事先了解。因此，指控小说家、科学家或工程师“将行动力赋予不应拥有它的事物”时犯下了“拟人化”的错误是毫无意义的。事实完全相反：如果他们必须对付各种矛盾的“形态”，那是因为他们正试图探索这些行动-者一开始不为人知的形式，这些形式一点点地被接近它们所需的众多形象所驯服。在这些行动-者拥有风格或种类之前，也就是说，在它们成为众所周知的行动者之前，它们可以说是必须在同一容器中被搅烂、碾碎并精心炮制。[53] 即使是最受人尊敬的事物——在小说、科学概念、技术物、自然现象中的角色——都诞生于这同一口魔法锅中，因为，毫不夸张地讲，正是在变质带中，居住着所有的**恶作剧精灵**，所有的**变形者**[54]。

53　这种搅拌与缓慢的滗析是弗里德里克·阿依特-图阿提《月球故事》（*Contes de la Lune*, 2011）一书的主题，该书探讨了如今已自然化的虚构叙事与科学叙事差异的逐步发明。

54　唐娜·哈拉维最喜爱的术语，用来指代众多的分叉，通过这些分叉，行动的力量以最意想不到的方式交换它们的属性，参见法文版 Donna Haraway, *Le Manifeste Cyborg*, 2007。

•

因此，“世界语”通过不停地将一个剧目转化为另一个（由一种形态到另一种形态）来阐明多种行动力量，以确保我们能囊括在每一步发现的新行动者。但是当说到“世界语”时，仍然需要澄清我们谈论的是语言还是世界！的确，只要我没有明确说明这一微小细节，本讲座的论点就会在研究员与公众的耳中显得不可思议，甚至令人震惊……科学家们或许会认为，河流、力、神经递质、元帅以及工程兵之间的属性交换并非变质，而仅仅是**隐喻**。“他们会说，这是语言的不足与局限，它迫使我们将促肾上腺皮质激素释放因子作为行动者，将阿查费耶拉河作为一个我们需要‘给予’水的事物，将万有引力作为天使精神来讨论。如果我们可以**真正科学地**表达，我们就可以搁置所有这些隐喻，以一种严格的方式说话……”随后是有些尴尬的沉默。的确，在这一点上事情变得复杂，因为据他们所言，“科学地谈论”显然意味着完全不说话！这要求我们去想象相当滑稽的一幕，沉默的研究员指出一个现象，它无声表达自己，既无迹象亦无媒介，展现给一个完全被动的人……这显然是一个不现实的情境。

然而，现实主义的缺乏并不能妨碍这一幕成为公众常识认为的“物质世界”与“人类语言”世界之间区别的起源。为了避免回答“谁在讲话？谁在行动？谁使人讲话？谁使人行动？”这些问题，我们使物质世界缄默。为理解这一奇特情况，除了我所说的变质带——行动交换场所——以外，我还要介绍一种完全不同的运作，通过它，我们会**在语言中并且通过语言**，使某些角色完全失去行动力。这一运作会使一部分行动者**失活**，并且给人一种印象，即无灵魂的物质客体与拥有灵魂——或至少是精神——的人类主体之间存在鸿沟。论点可能看起来会有些复杂，但我需要它来解释，人们是通过**语言的什么作用**来构建场景的，其中语言只是场景的一部分，另一部分保留给惰性事物的缄默存在，它们无法被语言掌握！

然而，简单几分钟的思考足以意识到，惰性世界的观点本身就是一种**风格的结果**，一种特定的，削弱行动力的方式。一旦我们开始描述某种情境，我们就不禁会去散播这种行动力。以机械的声音言说，始终也是一种言说。只有语气是不同的；而非词语的串联。同样，无生命世界的观念只是一种连接生命的方式，**仿佛**没有任何事情发生。但无论我们做什么，行动力始终存在。自然 / 文化的概念，就像人 / 非人的区别一样，与伟大的哲学概念、深刻的本体论无关，它只是次要的、居后的、衍生的**风格的结果**，借此我们试图指明某些是有生命的，而其他是无生命的，从而**简化**行动者的分类。这一次要运作只有通过剥夺某些"物质"角色的活动，使其失活，并使某些被称为"人类"的角色**超活**，赋予他们值得赞美的行动能力——自由、意识、反思，道德感等。[55]

在一个事件、冒险、特质交换、行动力交易时刻都在增加的叙述中，我们怎能产生什么都没有发生的印象？我们必然不会在科学文献中发现这种明显的惰性。[56] 不，我们只需要在事件的展开中**增加**某样事物来**逆转**其运行，从而抵消行动。这怎么可能？通过转变因果链，使所有的行动在——或至少看起

55　正如迪迪埃·德百兹在《可能的诱饵》（*L'Appât des possibles*, 2015）中所示，怀特海所说的自然的二分首先是一种实践运作。

56　目前围绕"科学与文学"领域有大量文献。扬·扎拉西维茨的《卵石中的星球》（*The Planet in a Pebble*, 2010）一书是科学叙述活性的一个例子，由于它是由人类世一词的创始人之一所写，所以更加引人注目。

来在——原因中，并且不再存在于结果中。显然，这是不可能的，结果总是出人意料。并且实际上，在发现的历史中，也正如在发现的叙事中，甚至在最确凿的事实的教学中，原因都是在结果**之后**很久才出现。[57] 出于同样的原因，能力在表现被细心记录下来很久**之后**才出现。在一段严格意义上的因果论叙事中，唯一的角色，唯一行动者存在于原因中——而且是在第一因中——显然是不可能的。没有人能够通过建构说明它。

然而，通过使用适当的哲学论述，它仍然是可能的，仿佛我们可以逆转并且能从原因中推断所有的结果。[58] 这样一来，我们能设法将时间的戏剧性过程**去戏剧化**，直到仿佛世界从过去流向现在。我深知这个假设未必可靠，但它能给人一种观念，即物质世界服从严格的因果链，它的对立面是另一个世界——人类、符号、主观、文化，名号无关紧要——一个自由的帝国。奇怪的是，戏剧性的叙事与原始、固执、惰性、客观、缄默的物质世界之间的区别本身并不对应真实的区分，而是源自一种非常特殊且具有历史局限性的方式[59]，即通过语言，将扮演动因的角色（即人类）与扮演惰性的角色（即人类世界的物质环境）的分配进行去灵。

57 即使乍看之下有违直觉，原因只在阐述的顺序中出现在第一位，根据定义，在发现的顺序中，它必然总是第二位，因为我们总是从后果中回到它。换句话说，在因果关系的叙述中，总是有一个蒙太奇的效果。在教育学的案例中，这种倒置更加引人注目。

58 夏尔·佩吉（Charles Péguy）在《关于笛卡尔先生的附加说明》（Note conjointe sur Monsieur Descartes）中，对笛卡尔从他的原则中推断出天堂存在的大胆行为进行嘲讽："他不但发现了天堂，他还发现了星星和地球。我不知道您是否与我一样。我认为他发现地球是不可思议的。因为毕竟，如果他没有发现它。……我们深知如果他没有听说过这些的话，他就不会发现天堂、星星与地球"，*Œuvres complètes*, tome III, p. 1279。

59 Simon Schaffer, *La Fabrique des sciences modernes*, 2014; Isabelle Stengers, *L'Invention des sciences modernes*, 1993.

另一个假设提出，我所说的公共交换区——变质带——是**世界本身的一个属性**，而不仅是关于世界的语言现象。虽然始终难以牢记这一点，但对意义的分析，所谓的意义的科学或符号学，从未被限制在言语、语言、文字、虚构中。意义是所有动因的属性，因为它们总是拥有行动力；这一点无论对库图佐夫、密西西比河，还是对促肾上腺皮质激素释放因子受体以及物体用以互相“理解”并“影响”的引力来说都同样真实。对于所有的动因，行动意味着将其存在与其生存从未来带入现在；只要它们冒险去填补存在的缝隙，它们就在行动，否则它们就会完完全全消失。换言之，存在与意义是同义词。[60] **只要它们在行动，动因就有意义**。这就是为什么这种意义可以被跟踪、追寻、捕捉、翻译、形成语言。这并不意味着，“世界上的一切**事物**都仅仅有关话语”，而是说，任何话语的可能性都归功于探究自身存在的动因的存在。

虽然官方的科学哲学将第二次去灵运动视为唯一重要且理性的运动，但事实恰恰相反：泛灵是必不可少的现象；去-灵是肤浅的、辅助的、有争议的，并且常常是辩解性的。[61] 西方历史上最大的谜团之一并非“仍然有人天真地相信万物有灵论”，而是许多人仍然怀着相当天真的信念相信所谓去灵的“物质世界”。[62] 这甚至发生在科学家使行动力增加的时候，他们每日愈发深重地牵连进去——我们概莫能外。

---

60 布鲁诺·拉图尔在《存在模式调查》(*Enquête sur les modes d'existence*, 2012）中曾详述过的主题。

61 David Abram, *Comment la terre s'est tue*, 2013.

62 这就是我们对万物有灵论的新兴趣，如我们在德科拉或爱德华多·维韦罗斯·德卡斯特罗的研究中所见，好像现在去灵是必须从人类学角度解释的奇怪现象，而不再是使所有其他现象变得怪异的默认立场……

·

通过第二场讲座，我希望为下面的内容做好了铺垫。那些声称地球不仅会运动而且还会对我们对其所做之事作出行为反应的人，并不都是陷入要赋予无灵魂之物以灵魂的古怪观念的疯子。对我而言，最有趣的人——如研究地球系统的研究人员——他们仅仅满足于不**剥夺**地球所拥有的行动力。他们并不一定说地球“活着”，而只是说**它没有死**。在任何情况下，地球不是由“物质世界”的概念所产生的那种非常奇怪的惰性形式。“物质世界”显然与**物质性**相去甚远。在物质性与物质之间，我们似乎需要做出选择。

快速总结必须进一步讨论的论点：一旦在原因与结果之间如此分配行动力——把一切归于原因，除了经受结果外不增加任何东西[63]——我们就得到了物质世界的惰性。当我们拒绝这种消除行动力的次级运作，并且将其拥有的所有能动性留给结果时，我们就会达到物质性。通过因果叙事，我们得到了这种去灵的结果，但它总是在**事后**：在一系列后果被安排、策划、组织后，并且在我们经历这一系列的顺序被**颠倒**过来之后。

这是怪事，我后面会再论及它。这种形式的因果论叙事非常类似于**神创论**叙事，在这种叙事中，后面的一系列事物被归结为第一因，即所谓的**无中生有**（ex nihilo）的创造。[64] 即使我们自科学革命以来已经对科学与宗教的对立习以为常，物质

---

63 我曾试图通过对比介质（intermédiaires）（只是传递力量）与中介者（médiateurs）（参与制造原因）来从技术上呈现这种差异。这也是赛荷关于翻译论点的另一种说法。

64 第五讲与第六讲的主题深入探讨“自然神学”，这是吉福德讲座的主题。

的观念——因为它首先是一个观念——兼具这两个领域。因此，为寻求摆脱“自然”的观念，我们也必须要摆脱牵涉其中的神学——更不能忘记混入其中的政治！在17世纪的漫长战斗中，通过发明“物质世界”的观念——在这个世界中所有构成此世界的存在物的行动力都被抹去[65]——我们为谈论地球而创造了一个幽灵般的世界，不幸的是，它往往与所谓的“科学的世界观”相对应，而且这也是某种宗教版本的原因性质。毫不夸张地讲，什么事都没有**发生**，因为动因应该只是其前身的“简单原因”。所有的行动都被置于前因中。称它为全能造物主还是全能因果关系则无关紧要。结果完全可以根本就不存在；正如俗话说的，它只是在那里“凑数”。我们可以将这些术语一个接一个地排列，但它们的偶然性已经消失。

“科学世界观”的巨大悖论是它成功地**消除**了科学、政治和宗教世界的**历史性**。当然还有使我们能够存在于这个世界——或者如唐娜·哈拉维所言，“与世界同在”[66]——的内在**叙事性**。我并不是说科学会让我们失去与“生活世界”的所有联系从而使世界“祛魅”，而是说科学总是标新立异并且直接经历世界。也许最终为物质性提供一种不再如此直接，政治宗教上不再如此笨拙的说法，同时为科学提供一个如此令人可叹地不确切的图景，这并非一无是处。人们随之可以摆脱任何“自然宗教”了。人们对物质性会最终有一种凡俗的、世俗的、渎神的——或更贴切地说：尘世的（terrestre）——概念。

---

65 科学革命、政治组织、物质的非物质化以及神学之间的关系是史蒂文·夏平与西蒙·谢弗的经典著作《利维坦与空气泵》（*Le Léviathan et la pompe à air*, 1993）的主题，我们将在第六讲中回到这一问题。

66 Donna Haraway, «Staying with the trouble», 2015.

当然，所有这一切我们都明白，我们长期以来一直在研究现代人的这种奇怪的痴迷，即让世界丧失活性，但他们却在这个世界中扩散那些出乎意料且令人惊讶的动因。我们很清楚，合理化的风格与实践中的科学没有关系。这甚至使我在二十五年前申明，“我们从未现代过”[67]。但是，当我们阅读诸如我在讲座伊始所述的报告时，一切都发生了变化：“大气二氧化碳含量将于五月超越 400 ppm 阈值”，不仅仅是科学史家，似乎**每个人**都对此心知肚明：我们**自此**身陷在无法丧失活性的**历史**之中。

然而恰恰相反，我们不应依靠灾难的临近来使我们更加清醒。在准备这些讲座时，我读到许多令人不寒而栗的书，其中之一名为《终点》，历史学家伊恩·克肖（Ian Kershaw）在书中阐明，在战争的最后一年，当德国人已经放弃了所有胜利的希望时，德国损失的士兵和平民比前四年还多。它表明，在最灾难性的情况下，当帝国注定要灭亡，战争显然已经失败，而且每个人，从将军到家庭主妇，都对此心知肚明时，由于缺乏其他选择，战斗仍在继续，罪恶的独裁刑事制度几乎运作如常，直到最后的崩溃。[68]

这是因为威胁的明显性不会使我们改变，我们必须准备好彻底改变政治。如果没有任何愉快、和谐或舒缓的手段来解决生态问题；如果说洛夫洛克将盖娅描述为“在战争中”并且对人类进行“报复”，而人类如同 1940 年 6 月被狼狈地困在敦刻尔克沙丘中的英国军队被迫放弃沙滩上已无用的武器[69]，这是因为地质历史不应被看作是最终能够平息我们所有冲突的大自然的大爆发，而是一种**普遍的战争状态**。

---

67 Bruno Latour, *Nous n'avons jamais été modernes*, 1991.

68 Ian Kershaw, *La Fin. Allemagne 1944—1945*, 2011.

69 James Lovelock, *The Revenge of Gaïa*, 2006, p.150.

历史已如此可怖，地质历史可能会更糟糕。因为到目前为止，悄然隐于幕后的、曾作为人类所有冲突背景的景观已经加入了战斗。曾经的隐喻——面对人类造成的不幸，即使是磐石也会痛苦地哀嚎——已经成了字面意义。克莱夫·汉密尔顿坚信，行动的敌人是**希望**，即认为一切都会好起来，最糟糕的并不总是一定会来的这一不可动摇的希望。[70]汉密尔顿认为，在采取任何行动之前，我们必须把希望从我们对生活的极度乐观的心态中清除出去……因此，在重重顾虑之下我将本系列讲座置于但丁的黑暗警训下："抛弃一切希望。"或者以更现代的方式，在这句由德波拉·达诺夫斯基与爱德华多·维韦罗斯·德卡斯特罗所引用的道格尔德·海因（Dougald Hine）的话中："停止伪装之后，您要做些什么？"[71]

面对历史的加速，我们已经感到颤栗不安，但是在"大加速"面前要如何作为呢？[72]通过对西方哲学最喜欢的套路的完全颠覆，人类社会似乎已经顺从地扮演了愚蠢客体的角色，而自然界却意外地扮演了活跃主体的角色！您是否注意到我们将人类历史的术语归于自然历史中——临界点、加速、危机、革命——并且我们用惰性、滞后、路径依赖来谈论人类历史，仿佛他们已经具有了被动和不变的自然的一面，以解释为什么他们面对威胁时无动于衷？这就是新气候制度的意义："变暖"消融了背景与前景之间的旧距离：**人类**历史显得冷冰冰的，而**自然**历史则迈着狂热的步伐。变质带已成为我们的常态：一切就好像我们确已不再现代，而这次，我们休戚与共。

---

70 Clive Hamilton, *Requiem pour l'espèce humaine*, 2013.

71 Deborah Danowski et Eduardo Viveiros de Castro, «L'arrêt de monde», 2014.

72 Will Steffen *et al.*, «The Great Acceleration», 2015.

第三讲　盖娅，自然（总算是世俗）的形象

伽利略，洛夫洛克：两种对称的发现 * 盖娅，危害科学理论的神话名称 * 与巴斯德微生物的对照 * 洛夫洛克也在扩散微行动者 * 如何避免系统观念？ * 有机体创造其环境，它们不去适应环境 * 论达尔文主义的轻微复杂性 * 空间，历史之子

很可能在几年内，在科学史和大众的想象中，这第二幕场景将变得和伽利略的场景一样著名：在 1609 年 11 月和 12 月的凉爽夜晚，他举起至今还对着威尼斯泻湖的望远镜，朝向月球看。据说，就在那时，他突然有了一个念头——所有的行星都是相似的。三个世纪后，另一个发现颠覆了这一立场：地球是一颗**与众不同的**行星！必须承认，它的对称性好得令人难以置信：第一位科学家发现了如何从他俯瞰大运河那狭小视野的窗口去望向无限的宇宙，而第二位科学家发现了如何从无限的宇宙转向蓝色星球的狭小范围。第一位科学家用一台不值一钱的望远镜——名副其实的儿童玩具——做成的事，第二位则通过将一台更轻便的仪器——一个简单的思想实验——朝向天空而做到了。我们需要一个普鲁塔克在他的《对比列传》中加入新的篇章，需要一个阿瑟·库斯勒为他的《梦游者》写一篇附录。[1]

1　Arthur Koestler, *Les Somnambules*, 2010.

1965年秋，在位于帕萨迪纳的喷气推进实验室的地外生命部办公室中，詹姆斯·洛夫洛克，一名有些孤僻的生理学家和工程师——英国人总说他是特立独行的人[2]——与迪安·希区柯克（与那位导演没有亲缘关系！）共同撰写了一篇有关探测火星生命可能性的文章。[3]两位作者都有点局促不安，因为他们不得不向那些忙于为“旅行”以及“维京”任务设计复杂而昂贵设备的同事——他们准备借助巨大火箭推进器将这些设备送往火星——表明，回答这一问题的最好办法仍然是留在他们这里，留在帕萨迪纳！作者说，将一台简单的仪器指向这一红色星球就足以检测其大气的化学成分是否平衡，并且他们能够得到结果。[4]通过这一简单的测量，他们就会知道火星大气确实是惰性的。没有必要大费周章地飞往火星来证明这一点！

我们很难不被伽利略与洛夫洛克行为之间的对称性所震撼，他们将小型仪器指向天空，就得到了截然相反的发现。伽利略通过望远镜收集到月球模糊、晕光且变形的图像。由于他对透视图的深入了解[5]，当他确定看到太阳投射在山脉与峡谷上的阴影时，他连忙在地球与月球之间建立一种新的连续性——甚至可以说是新的兄弟情义。它们都是行星；它们都是由同质的物质构成的物体；它们都同样围绕着另一个中心转动。无差别的空间可以延伸到各处。地球不再被贬为一处月下世界的洼地，

---

2 他将所有文件都遗赠伦敦科学博物馆，后者为他举办了一场展览，标题为：“解锁洛夫洛克，科学家、发明家、特立独行的人”……

3 James Lovelock et Dian Hitchcock, «Life detection by atmospheric analysi», 1967.

4 这段经历经常被重述和美化，参见 John Gribbin et Mary Gribbin, *James Lovelock: In Search of Gaïa*, 2009。

5 参见 Erwin Panofsky, *Galilée critique d'art*, 2001，以及霍斯特·布雷德坎普（Horst Bredekamp）讨论图像特征的文章，参见 Irène Brückle et Oliver Hahn, *Galileo's Sidereus Nuncius*, 2011。

被从月上行星到固定恒星——它们离上帝只隔着几个层级——的一层层愈发高等的圈所包围。此后地球具有与所有其他天体同等的重要性，它们之间没有任何等级之分；至于上帝，人们可以在无边世界的任何地方与他相遇。

一旦最初的震惊过去，天文学家、作家、论战者、神父、牧师以及自由派就可以在这片新土地上推广大批虚构角色，这些角色开始经历各种各样的冒险，观察各种奇怪生物的习性。开普勒、西拉诺（Cyrano）、笛卡尔、丰特奈尔以及牛顿关于一个不断扩张世界的新天文学叙事变得可信，因为这个世界在各处都是同质的。[6] 而且，由于各处相似的无限空间被发明了出来，"超然物外的观点"——一种允许非物质的且可互换的精神制订适于整个宇宙律法的观念——则具有一定的可靠性。撇开次性——颜色、气味和质地，以及生产、衰老和死亡——而只关注初性——广延与运动，所有的行星、恒星与星系都可以被当作台球对待。[7] 毕竟自由落体就是自由落体；当您见过一个，您就见过了所有！世界以及对世界知识的无限广延成为可能，因为每一处地点与其他地点除了坐标以外都完全相同。正如拉丁词 *res extensa* 所表明的那样，一件**事物**是什么的观念可以**延伸**至任何地方。[8] 借用亚历山大·夸黑的著名标题，伽利略及其继

---

6 这是由吉尔·德勒兹（Gilles Deleuze）与菲利克斯·瓜塔里（Félix Guattari）所描述的形象，《哲学是什么?》(*Qu'est-ce que la philosophie?*, 1991)，并且由弗里德里克·阿依特-图阿提在《月球故事》(*Contes de la Lune*, 2011）中详细描述。

7 伽利略基于实际原因对初性与次性之间的区分一直以来都承担哲学重任，以至于出现了两个不可比拟的世界之间的"自然的二分"。Alfred North Whitehead, *Le Concept de nature*, 1998.

8 广延物不是与思维物相对的世界的某一领域，而是一个单一概念的一半。自笛卡尔以来，它安排世界转变为"自然"。这个主题既属于绘画史，也属于科学和哲学史。它可以被称为物质的唯心主义。

任者使他们的读者“从封闭世界”走向“无限宇宙”。[9] 自然规律的精神飘浮在天空中。

正是基于这些虚构的地点，洛夫洛克想象了一个火星天文学家，他不需要依靠任何飞行器去确定地球上存在生命。仅仅通过读取他虚构的仪器，他就知道地球上存在生命，因为地球大气并不回归化学平衡。[10] 洛夫洛克的理由是：我能从帕萨迪纳毫无疑问地确定火星是一颗没生命的星球，因为它的大气处于化学平衡，同理，如果我是一个小绿人，我也可以肯定地得出结论：地球上存在生命，因为它的大气处于化学不平衡状态。这位地球上的天文学家灵光一闪，断定道，如果确是如此，那么一定有某种东西在维持着这种情况，某种尚未被发现的行动力，它不存在于火星、金星或月亮上，这种力量被设定成能够在数十亿年中维持或恢复事物成相当可持续的状态，以应对外部事件引起的干扰——最强的太阳耀斑、小行星撞击、火山爆发。但是我们不应该急于给这种力量起一个我们已经知道的名字，比方说“生命”。我们必须首先了解这一发现的独特性。

伽利略从地平线仰望天空，加强了地球与所有其他自由落体物体之间的相似性；而洛夫洛克，从火星望向我们所在的方向，实际上**削弱**了行星与我们与众不同的地球之间的相似性。正是通过“从天狼星上看”，他说明了为什么没有“超然物外的观点”！从他在帕萨迪纳的小办公室里，就像有人慢慢地把敞篷车的车顶拉上一样，洛夫洛克把他的读者带回了应该被认为是**月下地球的世界**。不是说地球不够完美，恰恰相反；也并不是说地球的深处

9 Alexandre Koyré, *Du monde clos à l'univers infini*, 1962.
10 由洛夫洛克讲述，James Lovelock, *Homage to Gaïa*, 2000。

隐藏着阴暗的地狱；[11] 而是因为地球——只有地球？——失去了平衡的特权，这也意味着它在某种程度上是**可朽的**——或者，使用前一讲的术语，它在某种形式上是**有生命的**。

不管怎样，它似乎能够积极地保持自身内部与外部之间的差异。它有像皮肤和外壳一样的东西。更奇怪的是，这个蓝色的星球突然呈现了一长串历史的、冒险的、特殊的且偶然的**事件**，仿佛它是地质历史暂时且脆弱的结果。[12] 仿佛三个半世纪之后，洛夫洛克考虑到了这同一个地球的某些特征，而伽利略为了能将地球看作一个自由落体的物体**必须**忽视这些特征；[13] 它的颜色、气味、表面、质地、起源、衰老，或许还有死亡，我们生活其中的这层薄膜，总之，是它的行为，而不仅仅是运动。仿佛次性已经重新回到台前。赛荷说得没错：为了完整性，需要在伽利略的**运动**地球上增加洛夫洛克的**激动**地球。[14]

如果说第一个发现是一种冲击，第二个也不外乎如此。弗洛伊德著名的三大“自恋创伤”也不无某种受虐狂特质；[15] 首先是哥白尼，然后是达尔文，最后是弗洛伊德自己。连续三次，人类的傲慢遭受了科学发现的深刻伤害：首先，哥白尼革命将人类驱逐出宇宙的中心；然后，达尔文进化论使得人类成为一

11　古代宇宙的特殊性——我将在下一讲中回到这一问题——是以地狱为中心，如我们在《神曲》中所见。伽利略撰写了一篇惊人的文章来衡量此地狱，参见 *Leçons sur l'Enfer de Dante*, 2008。

12　该系统的脆弱性是强调其历史性的另一种方式。在美狄亚假说中，彼得・沃德（Peter D. Ward）表明没有什么可以保护盖娅不遭毁灭（*The Medea Hypothesis*, 2009），这也是詹姆斯・洛夫洛克与怀特菲尔德（M. Whitefield）的文章“生物圈的寿命”（«Life span of the biosphere», 1982）的主题。

13　Isabelle Stengers, *L'Invention des sciences modernes*, 1993, p.98. 正是在斜面装置中，过去和未来的关系被颠倒过来：从现在开始，伽利略时间将从过去的原因下降到其结果。

14　参见上一讲，第 69 页。

15　Sigmund Freud, «Une difficulté de la psychanalyse», 1917.

只赤裸的猿猴，伤害加深；最后，弗洛伊德的无意识将人类意识从中心位置驱逐。但是，将这样的发现作为一系列自恋创伤，弗洛伊德一定忘记了所谓的“哥白尼革命”受到的热情欢迎。[16]与受伤恰恰相反，那些经历过这场革命的人感觉得以从镣铐中解放，他们长期以来被贬入地牢中，只有月上区域才能到达不朽的真理。无限的宇宙，千年的进化，曲折的无意识，而所有的这一切解放了我们：最终我们走出了监狱！最终我们解放了自己！还记得布莱希特在写伽利略的戏剧中庆祝开启伟大航行的这一步，伽利略在他的年轻助手安德烈亚面前转动了一个老式星盘的铜盘：

> 伽利略（一边擦拭）：“是的，当我第一次看到这个物体时，我的感觉和您一样。其他人也感觉到了。墙壁和轨迹静止不动！两千年来，人类相信太阳以及所有星球都围绕着它转动。……但是让我们现在开始航行吧，安德烈亚，开始一次伟大的航行。因为旧时代已经过去，这是一个新时代。……因为一切都在运动着，我的朋友。……人类很快会明白他们的住处，他们居住着的这个天体究竟是什么。古书上写的东西已经不能满足他们了。千年来被信仰统治着的地方，现在被人怀疑了……”[17]

“一切都在运动着，我的朋友。”确实如此，但不是朝着预期的方向……我们可以模仿布莱希特说：“被信仰统治三百五十

---

16 Steven Shapin, *La Révolution scientifique*, 1998.

17 Bertold Brecht, *La Vie de Galilée Brecht*, acte 1, scène 1, 1990.

年的地方，现在被人怀疑了！”“旧时代已经过去”，也许很快“人类就会明白他们的住处，他们所居住的这个天体究竟是什么”，但条件是接受另一个“自恋的创伤”，一处比弗洛伊德所想象的要痛苦得多的创伤。设想自己置身于梦中，没有障碍，没有依恋，身处广阔的空间中——而这一切已毫无意义。这一次，我们人类神色自若地知悉地球不再居于中心且在围绕太阳漫无目的地旋转；不，如果我们深感震惊，那正相反，因为我们发现自己身处它的小天地中心，因为我们被关在它那狭小的大气层中。

突然间，我们必须放弃想象的旅程；伽利略的膨胀宇宙中断，运动中止。现在必须从反方向阅读“夸黑”的标题：“从无限宇宙**回到**有限的封闭世界。”把被您遣送的所有虚构角色都召回来！通知柯克船长，进取号星舰必须返回。“您在那里找不到我们的同类；我们只能独自面对着我们在地球上的可怕历史。”至于潘多拉星，下一次对抗野蛮纳美人的前线不会往那个方向扩展！另外，在电影《地心引力》中，瑞安·斯通博士在——经历无数特效之后的——一片落脚之地上为我们概括她的处境时坦言：“我讨厌太空！”[18]

是的，当然，“疑问正在出现”。我们随时可以耗费巨额预算在一度被称为“征服太空”的计划上，但我们充其量不过是成功地将六个包裹严实的宇航员从一个有生命的星球——跨越难以想象的距离——运送到某些没生命的星球上。行动的场所是此处，是此时此刻。不要再做梦了，凡人！您没法逃往太空。

---

18 两部主流电影与行星学家关注的问题有着相同的神话：Alfonso Cuaron, *Gravity*, 2013, James Cameron, *Avatar*, 2009。

除了这里，这座狭小的星球之外，您没有别的居所。您可以将天体相互比较，但不是亲自去那里。地球对您而言，就是希腊语中的hapax——只出现一次的名字——而您这个物种，地球人，也同样配得上这个名字——或者，如果您更喜欢希腊-拉丁语中有类似词源的术语，**白痴**（idiot）。“我们是白痴；发生在我们身上的一切只发生一次，只在这里，在我们身上。”如果说伽利略设法有着一个接近加利利的神话名字，我们则必须认识到，洛夫洛克也设法拥有一个谜一般的名字“锁住的爱”“爱情之锁”“爱锁”？不管怎样，都是他的错，我们可是彻彻底底地被反锁住了……

•

“盖娅”这个名字与洛夫洛克的名字同样令人惊讶。我们都读过《蝇王》，一群年轻的英国学生遭遇失事，流落荒岛的故事。正如我们无法逃离这个蓝色星球，他们无法逃离荒岛，并且逐渐堕落至野蛮。[19]而巧合的是，此书作者威廉·戈尔丁（William Golding）与洛夫洛克在威尔特郡一个名为鲍尔查尔克的小村庄中是邻居，并且洛夫洛克提出的理论名称正是受戈尔丁的启发。[20]不是要玷污这位作家的声誉，我们怀疑当他在酒吧里几杯啤酒下肚后提出“盖娅”这个名字时，他已经有一段时间没有重读赫西俄德了。如果他重读过，他就会知道他给他朋友的理论布下了永远无法完全摆脱的诅咒。

这是因为盖娅、盖（Gè）、大地，准确来讲不是一位女神，

---

19 William Golding, *Sa Majesté des mouches*, 2008.

20 詹姆斯·洛夫洛克常常在自传（*Homage to Gaïa*, 2000）与采访中讲述这一故事。

而是一个先于诸神的力量。[21]“在赫西俄德的《神谱》中，”马赛荷·德田（Marcel Détienne）写道，“大地是一个伟大的起源力量。”伴随着卡俄斯与厄洛斯，古老的盖娅在血腥、蒸汽与恐怖的倾泻中诞生，她丰饶、危险、睿智。

> 事实上，最先诞生的是卡俄斯——混沌，然后是盖娅，广阔的大地——以冰雪覆盖的奥林匹斯山为家的诸神的永远牢靠的根基……，以及最美丽的神——厄洛斯……。至于大地，首先它生下与自己大小等同的（它必须能够隐藏它，完全包裹它）乌拉诺斯——繁星点缀的天神……。她生下了忒亚——神圣女神，瑞亚，忒弥斯——正义与法律女神，谟涅摩叙涅——记忆女神，金冠福柏——光之女神，以及可爱的忒堤斯。在他们之后，狡猾的克罗诺斯降生，他是盖娅所有子女中最年轻且最可怕的一个，他憎恨自己强壮的父亲。[22]（第65—67页）

谁是盖娅，神话中的盖娅？我们无法回答这个问题，除非按照前一讲中所学，先写出一长串的属性，从而找出它的本质。正如对万物而言，尤其对神话故事中不断涌现出的那些变化多端的角色而言，她的能力——她是什么——是从她的行为中推断出来的——她做了什么。[23]它们是多元的、矛盾的、混乱

21　Marcel Détienne, *Apollon, le couteau à la main*, 2009, p.165.

22　Hésiode, *Théogonie*, 1981，由让-皮埃·韦尔南翻译。

23　正是通过这种逐一重建语义场、仪式、神祇和概念的考古学证明的方式，而不关心它们的理念实质，法国学派的伟大注释家们才得以将古希腊的人类学从学院派手中夺回。适用于古代神话中的盖娅的东西更适用于科学中的盖娅。

的。盖娅有一千个名字。可以肯定的是，这不是一个和谐的形象。她没有任何母性，或者说，修改“母亲”的含义是非常必要的！如果她需要仪式，那它肯定不是我们用以庆祝后现代盖娅而发明的那些赏心悦目的现代舞。[24]

让我们来评判：是盖娅首先想到了可以打败她丈夫乌拉诺斯的可怕计谋：

> 若不是存在感缺失的盖娅想出了一个巧妙但罪恶的计划，世界不会有什么改变。她创造了一种锋利的白色金属，用它做成一把镰刀；她鼓动孩子们去惩罚父亲。孩子们颤抖着，犹豫不决，只有狡猾强大的克罗诺斯回应了母亲。[25]（第20页）

在赫西俄德的叙述中，她既是可怕的力量，也是中肯的建议。她的精明首先体现在，她自己从不犯下可恶的罪行，而总是借那些受她启发而报复的人之手。她不停地挑唆她庞大怪物般的神明子女，以使他们互相残杀！然而，在使她的家人陷入巨大的冲突之后，她不遗余力地为那些她密谋反对的神——乌拉诺斯、克罗诺斯、宙斯——预知未来，给出建议（传说中她是 *prôtomantis*，“第一位女先知”[26]），从而使他们最终占上风。

> 大地给出了三次决定性的忠告……：她使人明白，她

---

24 Bron Taylor, *Dark Green Religion*, 2010; Jacques Galinier et Antoinette Molinié, *Les Néo-Indiens*, 2006.

25 Hésiode, «Préface», *Théogonie*, 1981，由让-皮埃·韦尔南翻译。

26 Marcel Détienne, *Apollon, le couteau à la main*, 2009, p.161.

> 用语言而不是用符号表示，她还懂得在必要的时候“直截了当”，但她总是预见、告知并设想出引导事物发展过程的决定性计划。（第 165 页）

大地之力，包裹着黝黯棕黑的皮肤，在鼓动他的儿子克罗诺斯用“锋利的钢铁镰刀”切下她丈夫乌拉诺斯的生殖器后，她没有止步于此。盖娅与瑞亚共谋，说服宙斯挑战并击败他的父亲。而最后她狡猾地煽动她最年轻的孩子，有着一百个蛇头的怪物堤丰，去摧毁她儿子宙斯的王国。最后奥林匹斯诸神获胜，但如今倒霉的是人类，我们成了堤丰——台风，风暴和气旋的受害者。从后来的奥林匹斯诸神的角度来看，盖娅是一个暴力、创世与狡猾的形象，是永远古老且矛盾的形象。如果说它与忒弥斯——秩序和法律相关，这种联系则产生于暴力与震慑，但最重要的是她的两面性。正如德田所言，她搬弄是非，出尔反尔。

> 正是盖娅想到了用裹在襁褓中的石头代替最小的孩子，并将后者藏在克里特岛一个洞穴的底部，直到他长成宙斯。在整个神界的“考古学”中，盖娅展示了一种预知能力：她根据预见的未来衡量现在，以这种方式昭示着忠告与审慎。它在宙斯生涯的多个时刻推动了忒弥斯的行动，并且特别是当大地——这次她成了原告——来抱怨人类物种的扩散及其对她“宽阔胸膛”的大不敬时。[27]（第 166 页）

27　Marcel Détienne, *Apollon, le couteau à la main*, 2009.

抱怨人类不虔敬且权力过大的，肯定不是虔诚之辈。此外，考古学家很难找到她的祭坛，因为它们被埋藏在洞穴深处，掩盖在为更合宜且更受爱戴的神灵而建立的那些庙宇的废墟下。[28]

这个神话角色的特征同样适用于以她的名字命名的理论。毫无疑问，盖娅理论遭受了诅咒。此外，我多次被提醒不要使用这个词，不要大方承认我对洛夫洛克的书感兴趣——感兴趣到为这一主题写一篇剧作，甚至最后还以这一角色为中心进行系列讲座！他们对我说："您真的不能把这些伪科学的异想天开当真，他不过是个独立发明家老头。他在电视上冷静地宣称人类的八分之七将很快被淘汰，因为他号称计算了地球的'承载能力'——大约3亿，他就是一个新的马尔萨斯；况且他不在乎，因为反正他会死在太空旅行途中，在地球之外的火箭中，这还正是多亏了赞助人理查德·布兰森（Richard Branson）送他的免费票呢！[29] 拜托，这种科学与模糊的唯灵论直觉的混合体不能成为科学、政治和宗教新视野的中心。将他与我们前无古人后无来者的伽利略相提并论是一个多么愚蠢的想法。"

我抵制这些提醒的原因之一是，我不太确定如果我的批评者生活在1610年，当他们读到那个署名为伽利略的滑稽大胡子工程师写的《星际信使》，他们会说什么。[30] 毕竟，一个胡言乱语地讲着上帝、地球、月亮、教会、圣经和人类的命运的数学家，一个将地球和行星比作台球还同时谄媚地将其著作献给一

---

28 Marcel Détienne, *Apollon, le couteau à la main*, 2009, p.166.

29 洛夫洛克的英文介绍，参见 «Doomsday pending», Canadian Television, *The Hour*, youtube.com/watch?v=sRQ-NqaYFzs。

30 我在第六讲中会回到1610年这一时间。关于该文的接受情况，参见 Mario Biagioli, *Galiléen Courtier*, 1993。

位美第奇的人，在那个时代应该不会受到太大的欢迎吧。[31] 理查德・布兰森固然不是美第奇公爵，但在这两种宇宙观之间有一种令人印象深刻的轴对称性，因而我想去探索它。这二者所讨论的问题中心都是地球的运动与行为以及生活在地球上并宣称了解它的人的命运；这足以让两者都被认真对待。

如果说有什么诅咒会对盖娅理论产生影响，那就是现代主义强行以自然 / 文化模式对待我们与世界的关系而带来的问题——也是我们在前两讲中试图表达的问题。在很大程度上，这个模式本身就是我们可以简单命名为伽利略式 [32] 发现的继承。一旦出于最初纯粹的实际的原因被引入物理学，初性与次性之间的区别就开始在所有领域扩散。若伽利略必须消除物体的所有行为以保留其运动，则没有任何理由将其作为一般哲学，更不用说作为没有任何行为的地球政治了。对于伽利略而言只是方便的权宜之计，而到了洛克、笛卡尔及其继承者手中则转变成了形而上学基础。[33]

然而，正是从这种不适当的概括中，产生了一种奇怪的运作，即把世界的一部分去活性，宣布为客观和惰性的，而使另一部分超活性，宣布为主观、有意识和自由的。正是这种奇怪的区分——怀特海称之为自然的二分 [34]——在四个世纪之后，影响着对盖娅理论的诠释。这是因为盖娅不符合自然 / 文化

---

31 政治、宗教、外交与学术竞争的冲突与新兴经济的关系在该书中得到了详细的研究，参见 Mario Biagioli, *Galileo's Instruments of Credit*, 2006。

32 这是埃德蒙德・胡塞尔在《欧洲科学的危机》(*La Crise des sciences européennes*, 2004）中所赋予的含义。

33 Didier Debaise, *L'Appât des possibles*, 2015 复述了这一历史。

34 Alfred North Whitehead, *Le Concept de nature*, 1998［1920］，以及重要评论 d'Isabelle Stengers, *Penser avec Whitehead*, 2002。

模式——正如伽利略的运动地球不符合中世纪的宇宙观——因此必须谨慎判断。从某种意义上说，这是洛克与洛夫洛克的对决！不要急于对后者作出消极评判，正如我们急于作出对伽利略的积极评判一样！这一次，我们必须在缺乏历史回顾性判断的情况下形成观点。

我可以声称理论的名称并不重要，从而轻易地逃脱诅咒，毕竟，严肃的科学家们会尽可能避免使用盖娅之名，而更喜欢“地球系统科学”这一委婉的措辞。但从一个模糊的角色转移到另一个更难以定义的角色则是欺骗。“系统”是什么奇怪的动物？泰坦？独眼巨人？某种扭曲的神？在避免真的神话时，我们就陷入了假的神话。[35] 众所周知，神话与科学使用的只是在外表上有区别的语言，然而一旦我们接近变质带——我们学会了将其识别，这两套语言就会开始交换特征，从而能表达、扩展要表述的内容。“除了纯粹的科学理念之外，没有纯粹的神话”，赛荷会这么说。[36]

不，为了盖娅的科学理论，我们必须学习希腊文化研究者为研究神话角色——如古老的盖——所做出的出色努力。一如既往，我们必须以行为来取代神、概念、客体与事物。当然，为使地球在无限的宇宙中开始运动，伽利略必须把一切都混为一谈——神、君主、权威、物体形状，我们知道，甚至还有美丽的意大利风格。[37] 当洛夫洛克寻求将这同一个地球遣返回有限宇宙时，同样的情况也适用于他。要将这种使地球做出行为

35　在下一讲最后，我重新讨论“地球系统”这一问题，它有两个相反的含义——联系或整体。

36　Michel Serres, *La Traduction*, *Hermès III*, 1974, p.259.

37　Galilée, *Dialogue sur les deux grands systèmes du monde*, 1992.

的——使地球在外部的眼光看来有着敏感而脆弱的外壳——行动力译成一门或多或少能被理解的语言，这一发明家也必须将一切混合，将隐喻重新融合，使它们以不同的方式契合，最终使它们讲出别的东西。洛夫洛克同伽利略一样犹豫不决。他们自相矛盾吗？当然如此：从自然到世界，总是深入形而上学中，将他们的学科习惯——对伽利略而言是力学，对洛夫洛克而言是化学——埋藏于更积极、更开放、更也有破坏性的东西之中。

但洛夫洛克的问题是新颖的：如何谈论地球而**不将它当作一个已经形成的整体**，不赋予它不应有的一致性，也不使它丧失活性——不要将维持关键带生命存在的有机体仅仅当作一个物理-化学系统中的惰性被动分子？他的问题正是在于既要了解地球是如何活跃的，又**不能赋予它灵魂**；也在于明白直接的后果是什么：我们如何可以说**它反馈了人类的集体行动**？在谴责他之前，必须衡量这一问题在何种程度上是独特的，因为洛夫洛克只有继承自伽利略的形而上学可用以谈论“自然”。我们如今明白这一“自然”只是与文化、主体性、人类对称定义的一半，并且它在几个世纪以来承载着它未能摆脱的道德、政治和神学内涵。洛夫洛克既不是哲学家，也不是文人。他是一位自学成才的发明家。他不得不白手起家、事必躬亲。但他最终凭借点点滴滴所建立起来的，正是一个完全**属于尘世的**地球。换句话说，要研究地球，我们必须回到地球。

正如我们会很快看到的，尽管洛夫洛克的文章在反复摸索，但是盖娅扮演的角色与诞生于伽利略时代的“自然”概念相比没那么具有宗教性，更谈不上政治性，也不太具有道德性。我们试着面对的这一形象的悖论在于，或许是西方科学所创造的**最不具有宗教性的东西**被冠以这一原始、多变、残酷且无耻的女神之名。如果形容词“世俗”的意思是“不涉及任何外部原因或精神基础”，因而完全“在此世上”，那么洛夫洛克的洞察力可以被称为**完全世俗**的。可惜的是，“世俗”只能唤起“宗教”的对立面；“渎神”也仅仅涉及“神圣”时才有意义；至于“异教”，是只对传教士才有意义的排斥性术语。应该可以说尘世（mondain），与英语 earthly 同义。[38] 我们难以找到合适的术语，这的确是因为情况是全新的。

在本讲的剩余部分，我想强调盖娅的两个尤为令人惊讶的特征：首先，它由既没有失活，也没有超活的动因组成；然后，与洛夫洛克批评者的论点相反，盖娅是由动因组成的，它们并没有**过早地统**一在一个单一的行为整体中。盖娅——法外之徒——是反系统。[39]

•

洛夫洛克赋予了能够在地球本土史上发挥作用的有机体何种行动力？理解这一点的最好方法可能是建立一个对照——这次不是在洛夫洛克与伽利略之间，而是在洛夫洛克与路易·巴斯德之间。使这一对比如此吸引人的原因不仅在于他们对微生物作用的认识，还在于他们由此得出的医学后果。洛夫洛克不正是《地球医学》[40] 一书的作者吗？巴斯德在描述了他的微生物

---

38 不幸的是，正如我们将在第六讲中所见，“世俗”（séculier）就像无酒精啤酒，它是没有宗教的宗教。而盖娅走得更远。“尘世的”（mondain）是一个很好的术语，但如果英语保留“平凡的”（mundane），我们就会把尘世与“mondanité”联系在一起。

39 正如奥利弗·莫顿（Oliver Morton）向我指出的（2015 年 6 月 21 日通信），这就是将洛夫洛克与田斯利（A.G. Tansley）的传统联系起来的原因，“植物学概念与术语的使用与滥用”（«The use and abuse of vegetational concepts and terms», 1935）。对生态系统概念的发明者而言，对联系的系统性跟踪不代表任何整体论。

40 James Lovelock, *Gaïa. Une médecine pour la planète*, 2001.

如何工作后，就立刻试图说服外科医生，他们并没有意识到自己正在用感染微生物的手术刀杀死他们的病人。同样，洛夫洛克在描绘出盖娅的面貌之后就立刻试图说服人类，他们无意中走入了成为盖娅之疾[41]的奇怪命运。仿佛这次的挑战不是要保护人类免受微生物侵害，而是要了解微生物与人类的危险反馈！如果说巴斯德的微生物已经深刻地改变了集体生活的所有定义，那么在洛夫洛克的盖娅中，就是要学会重新划定朋友与敌人之间的战线。如同在巴斯德的时代，这些新科学的关键在于战争与和平。[42]

让我们首先看看二者如何对应。如果我们回顾新兴的微生物学与知名化学家的长期争论，那么与之形成强烈对照的则是洛夫洛克与地质学家的争论——洛夫洛克认为应从地球化学转向他所谓的“地球生理学”[43]。在这两例中，他们试图引入一种前所未有的动因，且都被指责在形而上学层面唐突地使世界超活化。巴斯德与洛夫洛克一样，他们都认为在化学反应中有当时已知的通常可能因素之外的行动者，而这一直觉受到了广泛的质疑。[44]

对于德国化学家尤斯图斯·冯·李比希（Justus von Liebig，1803—1873）而言，情况确实如此，他在19世纪50年代是巴斯德的死敌。经过一个世纪的反神秘动因与生命力的争论，化

41　“人祸！”，最后一章的标题，James Lovelock, *Gaïa. Une médecine pour la planète*, 2001。

42　Bruno Latour, *Les Microbes, guerre et paix*, 2002. 另参见热内·杜波（René Dubos）所写的精彩传记，《路易·巴斯德》（*Louis Pasteur*, 1950），该书增加了与生态危机的关联（杜波也是将地球看作共同和统一世界的畅销书作者之一——Barbara Ward et René Dubos, *Only One Earth*, 1972）。

43　这是法语译本的副标题：“地球生理学，新地球科学”。

44　Gerald Geison et James A. Secord, «Pasteur and the process of discovery», 1988.

学家们终于确立了他们的范式，学会了用“严格的化学反应”[45]来解释他们在实验室里可以分析的所有现象。这就是为什么至少在开始时，当巴斯德声称能够证明，例如，如果不添加一种不知名的动因——酵母，糖就不能转化为酒精时，他们对巴斯德这个叛徒没有任何耐心，尽管他也是一名化学家。巴斯德认为酵母的存在对发酵是必不可少的。在其他化学家的眼中，它回归了过去的生机论，甚至是一种不可靠的唯灵论。

正如我们在上一讲中所看到的，在其新生状态下，科学动因首先是一个行动清单，然后才被赋予一个概括这些行动的名字——通常是用古希腊语，现在已经没有学者会说这种语言。动因能够做的事情是从它所做过的事情中推断出来的——可以说这是一种实用主义原则。在李比希的手中，“酵母”只是由发酵衍生出来的副产品。而在巴斯德的实验室里，同样的角色被任以更加光荣的使命。这段文字十分有名：

> 如果我们仔细检查普通的乳酸发酵，在有些情况下，我们可以在碳酸钙沉淀与含氮物质上方识别出**灰色物质的斑点**，它们有时会在沉淀表面形成一个区域。这个物质被气体运动带走了。在没有**告知**的情况下，在显微镜下进行的检查几乎不能够将其与酪蛋白、**分解**的谷蛋白等区分开来。因此**没有任何迹象表明它是一种特殊的物质**，或者是在发酵过程中产生的物质。与发生该现象所需的含氮物质相比，其表观质量总是非常小。最后，它经常与大量的酪

45 Bernadette Bensaude-Vincent et Isabelle Stengers, *Histoire de la chimie*, 1992, 关于此特例，参见 Bruno Latour, «Les objets ont-ils une histoire?», 1994。

> 蛋白和碳酸钙混合在一起，以至于**没有理由相信**它的存在。然而，**正是它扮演了主要角色**。我将首先指出分离它、准备将它提纯的方法。[46]（第55页）

在这几页关于发酵的记录中，如果读者从“细致的研究尚未能发现有机体的发展”读到“然而，正是它扮演了主要角色”（第56页），这是因为巴斯德从一系列实验中提取了这个“主要角色”。新兴角色首先在一系列非常温和的行动中被揭示：一开始，它只不过是“灰色物质的斑点”，“没有任何迹象表明它是一种特殊的物质”。行动者从它的行动中一点点地显露；新物质从它所包含的属性中显现。此处，我们发现自己处于与前一讲相同的情况：酵母成为如今可以推断出属性的动因。[47]

化学家逐渐转变了观点，这不仅是因为巴斯德巧妙的实验技能，而且还因为他成功进行了同一类型的实验。这次是针对生机论者，虽然之前人们指责巴斯德正是源于此。通过一系列的精彩实验，巴斯德随后证实，那些继续相信自然发生的人——如菲利斯·阿奇曼德·波却（Félix-Archimède Pouchet），把后来被称为“微生物”[48]的东西偷偷加入肉汁中从而“污染”了它。波却认为是自主自发的行动力，在巴斯德看来只是一个“培养基”，在其中我们可以随意地“播种”微生物，也可以随意地使它保持无菌状态。在他手中，自然发生不复存在，它不

46　Louis Pasteur, «Mémoire sur la fermentation appelée lactique», in *Œuvres complètes*, 1922（由我强调）。

47　我试图在这篇文章的英文文本中使用尽可能完整的符号学清单，文本可见 bruno.latour.fr/node/257。

48　Bruno Latour, «Pasteur et Pouchet», 1989.

过是一个实验错误。

我们可以看到，不去使保有行动力的生灵一劳永逸地稳定下来为什么如此重要：在巴斯德眼中，化学家李比希过早地使混合物去灵，博物学家波却草率地给予行动者过多的发生能力。**前者太过还原，后者没有还原**。在巴斯德灵巧的双手中，反李比希的动因同时也是反波却的。借着这种双管齐下的攻击，巴斯德在不到十年的时间里设法在还原论的卡律布狄斯旋涡与生机论的斯库拉的夹击中找到求生之路。因此，他确立了既不能归属于“严格化学”，也不能归结为误导医学几个世纪的神秘“疫气”的全新动因的存在。在行动力清单中，他增加了一个元素——微生物，它将在一切生命模式的重构中发挥关键作用。

巴斯德的例子再次证明，科学不在于简单地**扩张**已有的“科学的世界观”，而是对充满世界的事物清单的**修订**。这通常被哲学家称为**形而上学**，被人类学家称为**宇宙论**。还原论并不在于以**少数**知名角色叙述**一切事物**的历史，如笛卡尔在他关于自然系统的精美小说[49]中所相信的，而是通过一系列的试验使构成集体的不寻常角色显露。世界总是超出自然，或者更准确地说，世界与自然是时间性的标志，自然是已建立的，世界是将到来的。[50]这就是为什么“形而上”一词不应使工作中的科学家感到震惊，而只令那些认为填充世界的任务**已经完成**了的人吃惊。形而上学是物理学的贮藏，并且总是需要被补充。当然，一旦您决定了哪些人类与非人类角色——如酵母——扮演“主要角色”，政治就会开始介入。

---

49 Stéphane Van Damme, *Descartes*, 2002.

50 这两个术语之间的细微差别在第一讲最后已介绍（第 40 页），从而打开“自然”概念所封存的问题。

•

与巴斯德的对照有助于更多地了解洛夫洛克是如何引入其他被赋予“主要角色”的“有机体动因”，他的批评者只看到被动的存在物，万能大自然的乘客。这一次，不再是引发“活性发酵”的“灰色物质的斑点”必不可少的存在，而是一系列化学不稳定性，它需要引入另一种动因来达到平衡。当洛夫洛克试图解开大气中不寻常比例的氧气和二氧化碳所扮演的角色时，他同巴斯德一样在发挥惊喜效应。戏剧总是或多或少以同样的方式展开：地球**应该像**火星一样是没有生命的。而它却不是。什么力量能够延缓它的死亡？[51]

> 如今，许多生物学家似乎认为，这（自然的平衡）足以解释这两种主要的代谢气体——二氧化碳和氧气——在空气中的浓度。**这种观点是错误的**。这样给出的世界**图景**是一艘小船，船中的泵仅仅在循环船底的积水而不将其排出。一旦船舱漏水，船很快会下沉……。决定大气中二氧化碳水平的这种“泄漏”的本质是什么？简单来讲，**是岩石的侵蚀**……。直到20世纪90年代，地球化学家还坚持认为，生命的存在对这一系列的反应没有影响。他们说，**唯有化学**能决定大气中二氧化碳的浓度。可是**我不同意**……。**通过生长**，植物将它们在空气中获取的二氧化碳注入土壤，观察报告指出，土壤气穴中二氧化碳富集高达

51　与适当行为（katekon）主题的联系，在世界末日的想象中推迟了灾难的发生。我们在第七讲中会再次发现它的不协调性。

十到四十倍。[52]（第 108 页）

洛夫洛克的文章总是有一点侦探小说的味道，只是侦探要解开的谜团并非来自发现的尸体，而是由一个角色没有——至少还没有——被谋杀带来的！让我们对这种情况进行测试，看看地球化学的标准定律是否可以解释这种持续存在的现象。每当测试失败时，我们将被迫添加一些东西来描述化学报告中的不平衡。然后，有必要给这个不可见的，保证数十亿年来本该消失之物——例如发生在火星或金星上——的持续存在的保护者命名。

正如巴斯德向自然发生论的支持者发起挑战，洛夫洛克挑战地球化学家："试着用标准化学定律来解释这种情况，您这些'自然平衡'的专家！"以水为例。水应该在很久以前就消失了，就像在其他星球上那样。为什么它还存在，并且如此丰富？

> 地球有丰富的海水，那是因为**它不仅是在地球物理**与地球化学力量的作用下演变而来的，而且还因为它存在于系统的框架下，在这个系统中生物体是不可或缺的部分。（同上，第 127 页）

然后，将这一法医调查应用在所有应在地球上大量存在的连续成分。空气中二氧化碳的含量应该大得多吗？它降到哪里？到土壤中。通过哪种动因的作用？通过微生物和植被的作用。现在让我们来研究一下这些微生物能否胜任分配给它们的

52 James Lovelock, *Gaïa. Une médecine pour la planète*, 2001.

新角色。大气氮不在它应有的位置上——海洋中。它会将盐度大幅增加，以至于没有生物体可以保护其细胞膜免受盐分的毒害。面对这种不平衡，人们必须要问，是什么力量将它保持在大气层中。

> 如果地球上没有生命，雷电的长期作用最终会消除大气中大部分的氮气，这些氮气会以溶解在海洋中的硝酸盐离子的形式存在……。在没有生命的大地上，这些纯粹的矿物力量似乎很可能将大部分氮气集中在海洋中，并且只在大气中留下一小部分氮气。（同上，第118—119页）

洛夫洛克［以及尤其是他的同事琳·马古利斯[53]（Lynn Margulis，1938—2011）］文章的动人之处在于，被我们这些无知的读者本应当作自然雄伟的循环**背景**——与人类历史的前景相对——来考虑的每一个元素，通过引入能够颠覆动因的秩序与等级的新隐形角色，变得活跃和机动。众所周知，山脉的很大一部分是由生物的碎片构成的，但也许云层亦是如此，它们被海洋微生物控制。[54] 甚至地质构造板块的缓慢运动也可能是由沉积岩的重量引发的。

这一场景有着动画片的元素，好像每次洛夫洛克用他的魔杖触碰背景的一部分，霎时间，如同在迪士尼版的睡美人故事

53　Lynn Margulis et Dorian Sagan, *L'Univers bactériel*, 1989, *Symbiotic Planet*, 1998, 马古利斯（Margulis）论及"盖娅"的一章被译为法语，见于艾米丽·阿什所编文集《政治生态学》（*Écologie politique*, 2012）。

54　Robert J. Charlson *et al.*, «Oceanic phytoplankton, atmospheric sulphur, cloud albedo and climate», 1987.

中，一直是被动且惰性的宫殿里的所有仆人就从睡梦中惊醒，打着呵欠，手忙脚乱地工作起来——矮人与时钟，车门把手与花园的树木。最不起眼的道具也开始发挥作用，好像主角与配角之间不再有任何区别。所有这些仅仅是用来传递紧密链接的因果的**介质**（intermédiaire），成了为叙事增添趣味的**中介者**（médiateur）[55]。对于洛夫洛克而言，在大气层顶部与沉积岩底部之间的一切——生物化学家称之为关键区域[56]——都陷入了同样的翻腾。如果不考虑有机体的所作所为，地球的行为会是莫名其妙的，正如对巴斯德而言，发酵不能在没有酵母的情况下产生一样。同样，在19世纪，微生物的行动搅动了啤酒、葡萄酒、醋、牛奶和流行病，如今，有机体不间歇的作用使得空气、水和土壤都活动了起来，并且逐渐扩及整个气候。

这让人头晕目眩。这一眩晕感比伽利略使地球围绕太阳转动带来的眩晕感更为强烈。在17世纪，要想为“无限空间的永恒的寂静”感到胆寒，需要很大的想象力，因为实际上，在地球上没有人能发现日心说与地心说在解释日常经验上的丝毫差异（这是相对论原理的巨大缺陷……）。但在洛夫洛克这里，我们很容易感受到这种新形式的地心说——我应该称其为盖娅中心说——是如何产生后果的！这一次，我们根本不在同一个世界里，并且我们每个人都能意识到这点。地球，如同葡萄收获期勃艮第酒庄中的橡木桶，完全能感受到微生物的作用。我们这些失衡者，深陷于不平衡中，正是“这些脆弱空间的不断喧哗”让我们长久胆寒！

---

55 在上一讲中介绍的这两个术语使我们能够注意到归于故事中人物的能动性。
56 Susan L. Brantley *et al.*, «Crossing disciplines», 2007.

·

您会告诉我：很好，地球的形象现在已经非常活跃了；它确实已经变成了真正的动画片。但它没有超-活吗？这是我想谈的盖娅舞台场景设计的第二个特点。洛夫洛克是如何在还原论与生机论的暗礁之间寻找生路的？他是否像巴斯德那样精明地剖析微生物，以对抗自然发生论者以及像李比希这样的化学家？

乍一看，洛夫洛克的情况并不乐观，因为盖娅理论最常见的定义是它作为一个**单一的协调动因**：盖娅——地球被看作是有生命的有机体。这往往是他向我们展示他的发现的方式：

> 盖娅是行星生命系统，它**包括**影响有机体并受其影响的一切。盖娅系统与其他有机体共享确保**稳态**的能力——在有利于生命的**范围**内**调节**物理化学环境。（第56页）

“系统”“稳态”“调节”“有利范围”，这些都是非常危险的术语。是否存在更高层的秩序？无论多么好心的读者，都很难在洛夫洛克提出的许多版本中找到方向。我们要如何理解下面这段话，即他同声断定地球不是一个统一的整体？

> 当我谈到盖娅**是一个超有机体**时，我丝毫没有认为它是**女神**或是任何**拥有思想的存在**。我是在表达我的**直觉**，即地球表现得**像**一个**自我调节**系统，适合研究它的科学是**生理学**。（第57页，强调由我所加）

但如果它不是“女神”，为什么称它为盖娅？对于“超有机体”而言，“有感知力的存在”与“自我调节系统”之间有什么区别？这将给可怜的副词“像”带来沉重的负担，它只身阻止我们将盖娅**真的视为**一个整体。然而，如果我声称洛夫洛克所关注的东西像巴斯德反李比希和波却的微生物那样新颖，这是因为他也会通过争论来阻止将他发现的任何行动力归于更高层级——整体。

为了理解为什么他在表述时遇到如此多的困难，我们要记住，社会学和生物学从未停止过交换它们的隐喻，因此很难找到解决组织问题的新方法。[57] 所有的自然科学或社会科学都被“有机体”的幽灵所困扰，这种幽灵总是或多或少地悄悄成为“超有机体”，即它被委任为实现各方面协调的调度员——或者更确切地说是神圣奥秘。[58] 然而洛夫洛克清楚看到的问题是，从字面意义上讲，在他研究的对象中，**既不存在部分也不存在整体**。

当您想象在一个整体之中“履行职责”的部分时，您就不可避免地需要想象一名负责安排它们的**工程师**。确实，只有在技术系统中我们才可以区分部分与整体。[59] 这甚至是技术行为的定义：基于一个**计划**，您可以预见依照目的而设计的元件所扮

57 我和许多作者，特别是达里奥·甘博尼（Dario Gamboni, «Composing the body politic», 2005）共同探究了这一持续性交叉。见 Bruno Latour et Peter Weibel (dir.), *Making Things Public*, 2005。自从我与雪莉·斯特姆（Shirley Strum）合作“人类社会起源”（«Human social origins», 1986）开始，这种错误方法的交流一直让我感到惊讶。

58 拒绝在两个层级上思考组织是行动者网络理论的基本点，它对社会科学来说仍然如此难以理解，对借鉴与社会学有着相同模式的政治理论的生物科学也是如此。Bruno Latour, *Changer de société*, 2006, 以及更为技术性的论文 Bruno Latour *et al.*, « “Le tout est toujours plus petit que ses parties” », 2013。

59 这是雷蒙·吕耶（Ramond Ruyer）《新目的论》[*Néo-finalisme*（1952）2013] 所展开且往往被误解的基本论点。有趣的是，考虑其设计而非结果的话，技术系统也不能用技术性隐喻来解释！关于技术主义隐喻在解释技术方面的局限性问题，参见 Bruno Latour, *Aramis, ou l'amour des techniques*, 1992。

演的**角色**。我们显然可以将技术隐喻延伸至身体、细胞、分子，使其功能**仿佛**“遵循”一个计划。这种拟技术化被大量应用于生物学，但只在动物社群研究中发挥了作用。[60]但是，如何将地球**作为一个整体**来谈？有机体的隐喻——社会理论、国家概念与机械主义的奇怪混合体——在这种规模上毫无意义，除非想象一名拙劣地伪装成神意的总工程师，能够以对全体的最大利好来安排所有这些行动者。

可显而易见的是，任何技术隐喻都不能长期应用于地球：它不是被制造出来的，没有人维护它；即使它是一艘“宇宙飞船”——洛夫洛克孜孜不倦抨击的比较[61]——它也不会有飞行员。地球有一段历史，但它不是被设计成这样的。正是因为没有工程师在工作，没有神圣的钟表匠，所以盖娅的**整体**概念无法站得住脚。由于盖娅无法被比作机器，因此无法进行任何**再造**。[62]正如活动人士所言：“没有 B 行星。”您无法依靠美国国家航天局，在发生灾难时，深陷困境的船员可以向其求助，通过无线电通讯大喊：“休斯顿，我们遇到了麻烦！”[63]

洛夫洛克理论的全部独创性——并且我也认识到，所有的困难——在于他首先陷入了一个不可能的问题：如何在不依赖于站不住脚的**整体**概念的情况下，得到行动力之间的**联系**作用。

---

60 关于不可能对细胞使用部分和整体的概念，参见 Jean-Jacques Kupiec et Pierre Sonigo, *Ni Dieu ni gène*, 2000（更易懂的形式见于 Pierre Sonigo et Isabelle Stengers, *L'Évolution*, 2003），关于猿类社群，参见 Shirley S. Strum, «Darwin's monkey», 2012, 关于蚂蚁，参见 Deborah Gordon, *Ants at Work*, 1999。

61 例如 *The Revenge of Gaïa*, 2006, p.17。由于我们已经看到，在灾难中技术系统的统一性是如何与实践不相符的，因而“宇宙飞船”的技术比喻尤为不贴切。参阅如 Diane Vaughan, *The Challenger Launch Decision*, 1996。

62 在地球工程的梦想有了让它重新正常运转的幌子时，这一点值得注意。参见 Clive Hamilton, *Les Apprentis sorciers du climat*, 2013。

63 影射朗·霍华德的电影《阿波罗 13 号》(*Apollo 13*, 1995)。

他认为将有机体的隐喻扩及地球没有任何意义，然而，微观动因确实通过维持所有生物共存的关键区域而巧妙地**共谋**。如果说他经常自相矛盾，这是因为他在奋力斗争，试图在绕开整体的情况下追踪这些联系，从而避免这两处暗礁。正是在这种斗争中，人们认识到巴斯德或洛夫洛克这类研究者的伟大之处。

特别是因为他很可能是第一个提出这一问题的人。事实上，他的对手不费力地将地球看作一个**总是已经**提前**统一**的系统：要么他们将它当作失活的版本——所有部分都“被动地服从自然法”[64]；要么就是超活的版本——各部分为生命的无上荣耀而运作，这是灵魂、精神、政府和上帝的奇怪混合体。他们毫不关心洛夫洛克所面临的问题：**如何在非整体化的情况下遵循联系**？从这个意义上来说，他的地球系统是反系统的：“只有一个盖娅，但盖娅不是一整个。”[65]

同巴斯德一样，他必须在遍布世界的能动性中创造一种新的尺度，而由于这个额外的困难，他必须能够在没有事先将它们统一起来的情况下，将所有生物都组合在这个脆弱外壳——他起名为盖娅——的范围内。一切都“像”超有机体那样实施反馈，但我们不能将它的统一性委托给任何管理者的角色。尽管此处有技术隐喻的诱惑，如恒温器或控制论——我将在下一讲中重提，但是洛夫洛克仍在玩弄言辞。他将如何解决这个问题？通过放弃部分的概念！这是他的核心直觉；因此，我们必

---

64 那些指责洛夫洛克把地球想成一个统一的整体的人，没有提到他们也使用了一个异常强大的统一者，因为他们要让万事万物都服从自然规律——在实践中就是方程。问题在于要完全摒弃服从这一主题。

65 “只有一个盖娅，但盖娅不是一整个。”（«*There is only one Gaïa but Gaïa is not One*», Philip Conway, «Back down to Earth», 2015, p.12.）

须理解这一直觉。[66]

•

如果说，作为地球生理学家的洛夫洛克在与地球化学家斗争，那么也可以说他在与达尔文主义者斗争，对于后者而言，生物只是“适应”它们的环境，而不会去考虑它们也会**调节自身**环境。对于洛夫洛克而言，任何被视为生化反应起点的生物都不会“在”一个环境中发展，而可以说是为更好地发展自身而使它**围绕**自己。从这个意义上说，每个有机体都“为了它自身利益”有意地操纵它的周遭——当然，整个问题就在于如何定义这种利益。[67]

正是在这个意义上，严格来说，部分是不存在的。地球上的任何动因都不会像垒砖头那样简单地叠加在另一个上。在一个无生命星球上，物体会以部分彼此外在（*partes extra partes*）的形式叠加；而在地球上不是如此。每个行动力——尽管非常轻微——都会改变它的近邻，以使其自身的生存可能性稍稍增加。这就是地球化学与地球生理学之间的区别所在。这并不意味着盖娅拥有某种“有意识的灵魂”，但盖娅的概念捕捉了分散在所有动因中的意向性，每个动因都改变其环境以适应自身。

到目前为止，没有什么真正出格的东西。只有当一个人将这个观点推向极端时——就像顽固的洛夫洛克所做的那样——

66 这一问题取决于另一个更根本的哲学假设，关于存在物的穿透性。它是由怀特海提出的，也使得加布里·塔德（Gabriel Tarde）在《单子论与社会学》（*Monadologie et sociologie*, 1999）中重新对单子概念产生兴趣。

67 这里的重点在于在“两个”存在物之间的词源意义。不要忘记，意向性、意志、欲望、需要、功能、力量只是不同的具象，它们沿着一个梯度交错地表达着同质的行动力——如我在第二讲中所示。

它才真正富有成效。所有历史学家都承认，人类为满足他们的需求而调节了环境：他们生活的自然自始至终都是人为的。洛夫洛克——要记住他是一名发明家——只是将这一转换能力扩及所有动因，即便它是微乎其微的。它不仅仅是海狸、鸟类、蚂蚁或白蚁，它们使周围的环境变得对自身更加有利，它还包括树木、真菌、藻类、细菌和病毒。这里是否存在拟人化的风险？当然，这就是论证的巧妙之处：人类重新安排周围一切的能力是生物的一般属性。在这个地球上，没有什么是被动的：可以说，结果会**选择**对它们起作用的原因。

正是在这一点上，我们必须加倍关注行动力的分配。如果您将意向性延及所有的动因，会发生什么？[68] 矛盾的是，这种延伸很快就消除了任何拟人化的痕迹，因为它在每个尺度上都引入了**无意向性**反馈的可能性。事实上，适用于作为分析起点的行动者的，**也同样适用于它的所有近邻**。如果A改变B、C、D与X以适应其生存，则B、C、D与X反过来同样改变A。活性随即在所有点上蔓延。假设您作为一名优秀的达尔文主义者，将利益或好处看作每个生物生存奋斗的目的因：如果“目的因”不再是“目的的”，而在每一个点上，被其他有机体的意向与利益强势介入而打断，那么“目的因”究竟意味着什么呢？

您越多地将意向性概念扩及所有行动者，您就越不会发现

68　例如，自然学家雅各布·冯·魏克斯库尔（Jakob von Uexküll）在《动物世界与人类世界》（*Mondes animaux et monde humain*, 1965）中使用符号学一词来描述生物系统。对他而言，正如对洛夫洛克而言，这不是一个为“严格意义上的物质”增加意义的问题，而是不从生物体相互之间的利益交织中拿走意义，正是为了使它们可以理解。这是凡西安·德斯佩（Vinciane Despret）在《像老鼠那样思考》（*Penser comme un rat*, 2009）以及在《如果我们问出正确的问题，动物会怎么回答？》（*Que diraient les animaux si on leur posait les bonnes questions?*, 2012）中的方法。

整体中的意向性，即便您能观察到越来越多的，或多或少无意识的反馈，不管它是积极还是消极的！[69] 道德主义者似乎从未非常认真地权衡过黄金法则的后果：如果“人人以其人之道还治其人之身”，那么结果既不是合作，也不是利己，而是我们心知肚明的混乱历史，因为我们正是活在其中！[70] 您可以看清石头扔进池塘所泛起的涟漪，但无法看清数百只鸬鹚同时潜水捕鱼的波浪。通过盖娅，洛夫洛克并没有要求我们去相信唯一的神意，而是去相信与地球上的生物同样多的神意。通过将神意推及每个动因，他确保每个行动者的利益与好处会被许多其他进程所**阻碍**。神意这一概念本身也变得混乱，变得像素化，并最终消散。这种目的因分配的直接结果不是终极目的因的出现，而是美丽的**混乱**。这混乱就是盖娅。

此处有着与巴斯德惊人的相似，因为与其说巴斯德发现了微生物的存在，不如说他发现了微生物与它所影响的且反过来影响它的场所之间的复杂相互作用。[71] 这只是因为巴斯德通过将微生物在不同的物种——兔子、鸡、狗和马——之间传播，从而成功地表明他可以改变疾病的毒性，因此最终可以说服医生认识到微生物在疾病发展中的作用。[72] 此处，还原论不是由引入历史中的动因的去活性质定义的，而是由对行动作出贡献的其

---

69 哈拉维很好地总结了马古利斯的解决方案，“生物学中取之不尽用之不竭的新知识”不再能被“我们为有限的个体添加一个背景的想法，即有机物加环境的想法”所吸收。与之相反，她说，我们应该思考“复杂的、非线性的耦合过程，这些过程构成并扩展了嵌套的子系统，但并没有加总成为部分连贯的整体”(«Staying with the trouble», 2015)。

70 这是约翰·杜威的表述：“关联的事实没有任何神秘”，John dewey, *Le Public et ses problèmes*, 2010, p.68。

71 正是这一点使得热内·杜波将巴斯德的微生物学与生态学关联，见 *Louis Pasteur*, 1995。

72 Bruno Latour, *Les Microbes, guerre et paix*, 2002.

他动因的**数量**来定义的。

严格地说，对于洛夫洛克而言，也更是对琳·马古利斯而言，我们去适应的**环境**不再存在。由于所有有生命的动因都尽可能地为遵循自身意图而改变近邻，因此不可能辨别出有机体适应的环境是什么，以及它行动的起点是什么。正如洛夫洛克的合作伙伴提莫西·伦顿（Timothy Lenton）在某篇评论中所指出的：

> 盖娅理论旨在与进化生物学兼容，并认为生物体及其物质环境的演化如此**交织**在一起，形成一个**独特且不可分割的过程**。生物体具有改变环境的属性，因为这些属性带来的（对有机体生存能力的）好处超过了个体的能量消耗成本。[73]（由我翻译）

但是，要注意，"独特且不可分割"适用于交织过程而非结果！这就是洛夫洛克与马古利斯文章特殊魅力的来源。所有边界的内部和外部都被颠覆了。并不是因为一切都以"伟大的存在链"相连；不是因为某个地方会有一个全局计划来安排动因的串联；而是因为积极操纵近邻且被其近邻操纵的存在物之间的互动定义了所谓不受任何边界限制——且更重要的是，不受任何层级限制——的行动波。[74] 这些重叠的波，无论它们通

73 Timothy M. Lenton, «Gaïa and natural selection», 1998.

74 没有公认的术语，但这一现象已在某些表述中得到认可，如塔德（Tarde）的"survol absolu"，见 Raymond Ruyer, *Néo-finalisme*, 2013, 以及沃丁顿（C.H.Waddington）的"chréode"，见 *Biological Processes*, 2012, 它是许多研究的主题，以摆脱社会学与生物学共有的常见范式。这些范式将存在物当成整体的一部分来把握——部分彼此外在（*partes extra partes*）。参见如 Deborah Gordon, «The ecology of collective behavior», 2014。

向何处，都是应该被**全程**跟踪的真正的行动者，而不应被孤立的动因——被视为存在于环境“内部”并“去”适应环境的个体[75]——的内部边界所局限。这一术语很笨拙，它不是由洛夫洛克所提出的，但是这些行动波是真正的笔触，他希望用它们描摹出盖娅的面容。

•

到目前为止，洛夫洛克的论点完全符合达尔文主义的叙述，因为每个动因都为自身工作而没有被要求“为了高等的整体利益”而放弃自身利益。而如果有一个巨型调度将功能分配给所有各方，它们就明显会这么做。没有对神圣利己主义的赞颂，就无法想象达尔文主义。[76]但是，当洛夫洛克想要为寻常的论点添加一些内容时，他就会思考动因“计算其利益”的真正含义。

进化论者对洛夫洛克进行了大量的批评，他们的反驳乍一看是无法回答的，即没有人能够告诉地球这个有机体如何能够在各为自己的生存而奋斗的行星群中生存——这是进化论叙事的标准格式。[77]因此，他们愤慨地拒绝了“有生命的星球”的观念。但这是因为他们把一个**统**一的星球、一个超级有机体的想法归于洛夫洛克，而事实上洛夫洛克一直在反对这种想法。对他来说，为了检测进化的普通行动，根本不需要标准格式。因

75 这是马古利斯“共生发源”的论点，这一观点也见于 Scott F. Gilbert et David Epel, *Ecological Developmental Biology*, 2009。

76 我们将在第八讲中再次讨论自身利益计算的问题，但这一次是为了界定国家主权。

77 进化论首先是一种叙事形式，我们从出色的叙事者史蒂芬-杰·古尔德（Stephen-Jay Gould）的《生命很美》（*La Vie est belle*, 1991）中可以得知。

此，他的对手指控他的困难完全是想象出来的。它完全取决于进化论的原始场景，它一方面基于人们可以**为**生物体**划界**的想法——人们声称可以计算其生存可能性，另一方面，它基于赋予具有选择性功能的环境以**终极意志**的职能。而对于洛夫洛克来说，生物体没有任何可以使其生存“可计算”的界限，也没有独立的仲裁者。因为他试图摒弃这两个概念，即孤立的生物计算其利益的概念，以及生物去适应的惰性整体的概念。洛夫洛克非但没有屈从于新达尔文主义者的批评，而是颠覆了他们的范式：如果神意有残余，那么达尔文主义者更有可能找到它。[78]

即使他乐意接受强制任务，借助雏菊模型[79]，表明竞争中的生物能在没有事先计划的情况下达到动态平衡的结果（这是显然的），而洛夫洛克所抨击的正是生物学家理解的适应环境的方式。这一界限显然是用作生物学模型的**经济理论**，借助这一理论我们可以区分动因的**外部**和**内部**。根据这一理论，您必须始终在利己个体与综合系统之间做出选择——这是生物学家从社会科学中借用的两难选择。[80]但是，“自私基因”观念不可靠之

78 如果我可以这么说的话，艾德华·威尔森（Edward O. Wilson）从超有机体的概念到社会生物学，再转回超有机体的演变（Bert Hölldobler et Edward O. Wilson, *The Superorganism*, 2008）很好地证明了所谓的“亲属选择”的彻底失败，它首先表现为生物原则，后来我们明白它只是将经济化扩展到生物上。生物学从未摆脱神意；与经济学相同，它仍然需要协调的奇迹。

79 一个开始相当简单，但后来变得越来越复杂的模型，以表明不同生物之间竞争中的稳态是可能的。这个论证的作用更具隐喻性而非解释性，但是洛夫洛克非常重视它。参见 Stephen H. Schneider, *et al.*, *Scientists Debate Gaïa*, 2008，以及维基百科“雏菊世界”（Daisyworld）词条下的参考书目与众多电影。

80 从伯纳德·曼德维尔（Bernard Mandeville）《蜜蜂的寓言》（*La Fable des abeilles*, 1714）开始，在试图“自然化”一个非常特殊的经济版本的过程中，借鉴就未曾停止。Karl Polanyi, *La Grande Transformation*, 1983.

处，不在于这些基因是自私的——每个动因追求自身利益，直至其悲惨结局，而是说，我们可以通过将所有其他行动者**外化**为某行动者的“环境”，从而计算出该行动者的“生存能力”。换而言之，自私基因的问题是对自我的定义。[81] 这并不意味着我们应该调动一个超有机体，行动者需要为此牺牲自己的幸福，而只是说生命比经济学家与达尔文主义者想象得更加混乱，因为每一个利己的目的被所有其他个体的利己目的所淹没。自然选择的叙事为自然历史提供了一幅太过田园诗般的画面。与盖娅的混乱相比，无情的生命斗争的本质不过如此：一种被驯化与合理化的自然宗教形式。[82]

达尔文的渎神直觉往往被描绘成几乎不加掩饰的神意，原因在于新达尔文主义者会假装遗忘，这种计算之所以在人类经济领域发生作用，这是出于会计程序的持续压力，它的目的是使某动因字面意义上应**考虑**的以及它决定**不**去考虑的事物之间的区分产生作用——技术术语是**执行**。[83] 如果没有这些会计程序，利益就不可能被计算，厘清其所谓的“环境”更无从说起。一旦我们将达尔文主义扩及所有生物，扩及每个个体对它所依赖的所有其他个体的所作所为，理想状态的计算会变得完全不可

---

81 影射理查德·道金斯为人熟知的著作《自私的基因》(*Le Gène égoïste*, 2003)，初版于 1976 年。

82 在新达尔文主义的叙述中，令人反感的并不是还原论，而是其缺失，以及对自然界平衡与生物体利益的不断呼吁。在自然选择的背后，造物主的仁慈之手在达尔文以及他的继任者身上都得到了认可。Dov Ospovat, *The Development of Darwin's Theory*, 1995.

83 这是集体经济化的分析原则，由 Michel Callon (dir.), *The Laws of the Markets*, 1998; Donald Mackenzie, *Material Markets*, 2008 及其他同事研究。参见 Michel Callon (dir.), *Sociologie des agencements marchands*, 2013; et pour le lien avec la théologie Dominique Pestre, «Néolibéralisme et gouvernement», 2014。

能。[84] 内部化与外部化都没有意义。我们所得到的是时机、巧合，以及反馈、噪音和历史的循环。不存在自私的基因是因为，字面意义上讲，自我没有限制！

•

换而言之，进化论者急于将盖娅作为一个整体来对待，甚至没有试图去理解洛夫洛克所探索的东西。他们以这种方式揭示了他们对个体与整体、行动者与系统之间经典对立的根深蒂固的依恋，这是一种政治学、社会学和宗教上的执着，但与世界上的生物所能期待的几乎没有任何关系。我们早就怀疑了：自然界的经济与人类的经济不尽相同。我将在下一讲中回归这一执念。趁本讲结束之际，我想表明洛夫洛克所做尝试的另一个后果：如果他没有用部分的概念来解释一个有机体，**他也没有用整体的概念**来解释规模的差异。

一旦我们放弃了动因外部与内部之间的边界，通过追寻这些行动波，我们就开始**改变**所思考现象的**规模**。这不是说我们会改变等级，也不是说我们会从个体生硬地跳到"系统"：我们会**将**这两种无效的观点摒弃。这是马古利斯扮演的重要角色。此外，这两位作者之间的联系应该引起批评者的注意，因为马古利斯对理解微生命体带来的变革，正如洛夫洛克对理解地球带来的变革一样。[85] 这充分证明了他们谋求解决的是有机体、规

---

84 内外拆分的计算方法缺乏合理性，这也是艾力诺·奥斯涂（Elinor Ostrom）《管理公地》（*Governing the Commons*, 1990）复兴"公地"概念的根源。

85 表明在何种程度上细胞组织远非不可分割的原子，而是在漫长历史中吸收的大量有机体构成的结果。参见 Lynn Margulis et Dorian Sagan, *Microcosmos*, 1997。没有马古利斯，盖娅假说可能无法从控制论隐喻中出现。

模、部分与整体的概念本身。他们尝试彻底摒弃等级的概念。

这种行动波的一个例子在洛夫洛克的传奇故事中扮演了标志性角色：太古宙末期，氧气逐渐出现。我们呼吸的氧气是否“高于”我们的个体规模？我们是否“在”空气中？事实并非如此，因为这种危险毒药本身就是微生物作用的意外后果，这些微生物给了其他行动者——我们出身于此——发展的机会。换句话说，空气就是我们。氧气是一个相对较新的参与者，一个大规模的污染事件，它被新的生命形式当成一个千载难逢的机会，摧毁了数十亿的旧有生命形式：

> 氧气具有毒性、诱变性和可能的致癌性，因此它限制了生物体的寿命。但它的存在也开辟了**许多前景**。在太古宙的最末期，少许自由氧的出现将会为这些原始生态系统**创造奇迹**……。氧气会**改变**环境化学。大气氮氧化产生的硝酸盐数量会增加，侵蚀加速，特别是在地表，这会**提供**先前稀缺的**营养素**，从而可以**使**生物**繁殖**。[86]（第 114 页）

我们现在生活在一个以氧气为主的大气层中，这不是由于预先设定的反馈回路。而是由于将这种致命毒药转化为新陈代谢强大促进剂的生物体**大量繁殖**。氧气不仅是环境的一个组成部分，而且是由于生物体的增殖而延续至今的事件造成的**长期后果**。同样，只有在光合作用产生之后，太阳才开始在生命的发展中发挥作用。两者都是历史事件产生的后果，它们延续的时间不会长于维持它们的生物。而且，正如引文所示，每个事

86　James Lovelock, *Gaïa. Une médecine pour la planète*, 2001.

件都为其他生物打开了“新前景”。

最关键的一点是，从局部层面到更高角度的转移中，规模并不重要。如果氧气没有扩散，它会成为古细菌**附近**的危险污染物。规模是生命形式的成功所产生的。维持生命的大气得以存在，不是因为所有生物被动地栖居于存在的广延**中**（*res extensa*）。气候是互惠关系的历史结果，这些关系在所有繁殖中的生物之间相互影响。它扩散、缩减或与它们一同消逝。[87] 经典概念中的“自然”具有等级、层次，我们可以根据有序的连续缩放从一个层级达到另一个层级。[88] 盖娅颠覆了这种层级。没有什么是惰性的，没有什么是善意的，没有什么是外在的。如果气候与生命一同演变，空间就不是框架，甚至不是背景：**空间是时间的孩子**。与伽利略所揭示的完全相反：将空间扩展到极致，从而将每个行动者置于其中，部分彼此外在。对于洛夫洛克而言，这样一个空间不再具有任何意义：我们生活的空间，关键区域的空间，就是我们所谋求的空间，它的延伸就是我们的延伸；我们的延续取决于那些维持我们呼吸之物。

从这个意义上讲，盖娅不是有机体，我们也无法将技术或宗教模式应用于它。它可能有秩序，但没有等级；它不按层级排列；它也并非无序。所有层级效果都是甚为机会主义的动因

---

87 在他关于塔德的精彩篇章中，皮埃尔·蒙特贝罗（Pierre Montebello）表明，同样的论证适用于单子的延伸和“成功”。“（塔德）认为发明的成功是一种污染，能够**逐渐**达到广大的领土范围。这就是在物质上所发生的事情，因为胜利的原子已经能够在所有星云上**传播**它们的引力。它们**形成了**这种**物理环境**，它延伸到无限空间，打破了事物的原始平衡，把引力法则施加于各地。物理层是政治统治的结果，也是一种高于所有单子的**欲望的霸权**。……政治形象在这里取代神学”（第 152 页），见《另类形而上学》（*L'Autre métaphysique*, 2003）（强调由我所加）。

88 存在物在广延空间内根据它们的大小排序，并不符合任何真实的体验，尽管由于诸如《十的次方》（Philip Morrison, *The Powers of Ten*, 1982）等影片的出现，它已经与世界的科学形象相混淆。

扩张，它即刻抓住机会发展自身：这就是让洛夫洛克的盖娅彻底渎神的原因。如果它是一部歌剧，它取决于一个既没有总谱也没有收场的不间断即兴创作，并且它永远不会在同一个舞台上演两次。如果不存在框架、目标与方向，我们必须将盖娅看作一个过程的代称，通过这个过程，可变且偶然的时机会获得机会，使**后续**事件更有可能发生。在这个意义上，盖娅是一种偶然性大于必然性的生物。这意味着它看起来类似我们所认为的**历史本身**。

·

我们终于描摹出了盖娅的面容？不，当然没有。至少，我希望我说的已经足以使您认识到，过时的表达所说的寻找“人在自然”中的位置，这一任务完全不同于参与地球的地质历史中。通过将曾经局限于背景中的所有内容置于前景，我们不是希望能最终“与自然和谐相处”。在意外事件偶然的串联中没有和谐，也没有“自然”——至少不会在我们所处的尘世中。因此，学习如何将人类行为置于这一地质历史中并不会使人类“自然化”。不存在任何统一性、普遍性、确凿性，也没有任何永存性可以用来简化人类身陷其中的地质历史。

戏剧性的是，盖娅的入侵发生在人类的形象从未如此不适应于考虑它的时刻。虽然我们应该有许多关于人类的定义，就像有许多属于世界的方式一样，但正是在这个时刻我们终于成功地在整个地球表面普及了统一的经济与计算的人形。在全球化的名义下，这种奇特转基因生物的文化——它的拉丁名称是经济人（*Homo œconomicus*）——已遍布各地……而此时我们迫切需要其他形式的同质化！真不怎么走运：我们不得不以这样的人来面对世界，他沦落到只有极少数的智力能力，被赋予了能够进行简单的资本化和消费计算的大脑，我们把极少数的欲望归于他们，且他们最终被说服，将自己看作是原子意义上的个人。在我们需要改变政治的时候，我们只能支配“管理”与“治理”的可怜资源。从未有一个对人性的更本土的定义被转化为一个普遍的行为标准。[89] 在有必要松开第一自然的束缚的那一刻，经济的第二自然将其铁笼牢牢关住。

可能是人类的旧有定义与人类现在所必须面对之物之间的脱节带来了这一令人不安的印象——历史，或者说历史性改变了方向。只要现代性一直保持着影响力，“人类”就乐于生活在“必然王国”（因果链条）与“自由王国”（法律、道德、自由与艺术的创造）之间。他们正在用大自然的约束性必然性来交换文化的扩散。一方面是“单一自然主义”，另一方面是“多元文化主义”。[90] 我试图定义的地质历史事件完全颠覆了这一划分。发明和惊喜的力量已经从人类转移到了非人类，如弗雷德里克·詹姆逊（Frederick Jameson）的妙语所指出的：“如今，世界末日似乎比资本主义的终结更容易想象！”[91]

还记得社会科学为对付生物还原论与自然化的危害所耗费的精力吗？如今，似乎很难决定我们是通过转向自然还是转向文化来获得更多的行动自由。可以肯定的是，冰川看起来收缩

---

89 以至于“公地”的概念如今看起来像是一个新奇事物！Pierre Dardot et Christian Laval, *Commun*, 2014. 关于这一悲剧性的边界丧失历史，参见 Fabien Locher, «Garrett Hardin et la“tragédie des communs” », 2013。

90 Bruno Latour, «Le rappel de la modernité», 2004.

91 确切引文如下：“有人曾经说过，想象末世比想象资本主义的终结更容易。我们现在可以更正它，见证通过想象末世的方式来想象资本主义的尝试。”Frederik Jameson, «Future City», 2003.

得更快，冰雪融化得更快，物种消失的速度超过了政治、意识与感性发展的雄伟列车。雪莱如今会非常痛苦地吟唱道：

> 万物**永无穷尽的宇宙**
> 从心灵流过，翻卷着瞬息千里的波浪，
> 时而阴暗，时而闪光，时而朦胧
> 时而辉煌，而人类的思想源头
> 也从隐秘的深泉带来水的贡品，
> 带来只有一半是它自己的声音，
> 就像清浅的小溪可能会有的那一种
> 当它从旷野的林莽、荒凉的山峦
> 之间穿过，周围有瀑布**奔腾不歇**，
> 有风和树在争吵，有宽阔的大江
> 冲过礁石，**无休无止地汹涌咆哮**。[92]（强调由我所加）

“万物永无穷尽的宇宙”？我们不应再指望于此！我们已经不再相信瀑布会“奔腾不歇”，“宽阔的大江冲过礁石”，“无休无止地汹涌咆哮”。如果仍有一种交错孕育着伴随崇高感的“忧郁”与“辉煌”的混合物，那不是因为我们看到在永恒的自然舞台上摇摆着的如蜉蝣的人类，而是因为我们被迫看到人类装聋作哑且无动于衷地坐着，一动不动，而他们古老情节的陈旧背景正在以惊人的速度消失！我不知道这是崇高还是悲剧，但有一件事是肯定的：它不再是一种可以在远处欣赏的**景观**；我

---

92 雪莱“勃朗峰。写在夏穆尼山谷的诗句”，在这段著名的旅居期，玛丽·雪莱写下了《弗兰肯斯坦》。令人高兴的是，这对著名的夫妇在这次旅居期间著作颇丰，是因为坦博拉火山的爆发将 1816 年的假期变成了一个腐烂的夏天……

们身处其中。

奇怪的是，现在的问题是人类是否能够重新获得一种历史感——被他们眼中的这个无任何反应力的框架而剥夺的历史感。怀特海如是批判的自然二分以最意想不到的方式被颠覆了；如今“初性”的特征是敏感、活动、反应、不确定性；冷漠、不敏感、麻木的是“次性”。因此，我们可以反转他的名言：“这样一来，（人类历史）的进程就被设想为物质在时空冒险中的偶然性。”[93]

您可能会抱怨这一地质历史的说明表现得太过拟人化。我希望如此！当然不是在旧有的意义上，即它“将人类价值观投射到一个缄默事物的惰性世界上”，相反，是在它“塑造人类”的意义上。或者正如英国人所说，它开始将人类形塑为更现实的形象。只有在人类在舞台上神气活现地扮演与周围环境截然不同的角色时，我们才能抱怨拟人化的危险。剧中所有旧角色都正在重新分配。无论如何，如果我们确实正生活在人类世中，又怎能避免拟人化的陷阱呢！

93　原句为：“因此，自然进程被认为仅仅是空间冒险中物质的命运”。Alfred North Whitehead, *Le Concept de nature*, 1998. 我们必须在物质与物质性之间做出选择。

第四讲 人类世与地球（形象）的毁灭

人类世：一项革新 * 思想与锤子 * 多变时代的争议性术语 * 瓦解人类与自然形象的理想时机 * 斯洛特戴克，或球体意象的神学起源 * 科学与地球之间的混淆 * 泰瑞尔反对洛夫洛克 * 反馈循环无法描绘球体 * 最终，一个不同的组成原则 *《忧郁症》，或地球的终结

我料想，在 2012 年的上半年，我们中并没有多少人期待夏季将在布里斯班举行的第三十四届国际地质大会所得出的定论。[1] 我必须承认，在此之前，我还不习惯跟进这一杰出学术机构的工作——尽管他们些微尼采式的座右铭 *Mente et Malleo*（通过思想与锤子）会非常适合我的职业！我从那一年开始关注他们的工作，是因为如同其他人一样，我正在等待国际地层学委员会，或者更确切地说，在等待由莱斯特大学的扬 · 扎拉切维奇博士主持的第四纪地层学小组委员会工作组最终确定我们身处的时期。

定义一个历史时期，并正式开展工作，这并非一件小事！他们会宣称地球已经进入了一个新时期吗？[2] 若是如此，从哪一天开始？这是极其重要的：地质历史上破天荒的一次，我们郑

---

1 本讲的另一个版本出版于 Émilie Hache (dir.), *De l'univers clos au monde infini*, 2014。

2 Christophe Bonneuil et Jean-Baptiste Fressoz, *L'Événement Anthropocène*, 2013.（我从通常意义上理解“时期”。地质学家将时间按照递减的顺序区分宙、代、纪、世、年。）

重地宣布，塑造地球的最重要力量是人类**整体的力量**。因此他们提议的名称是人类世（cenè 意为“新”，anthropos 意为“人类”）。由一个小组委员会决定时代精神（Zeitgeist）？您会明白为什么我认为这一悬念令人难以忍受……[3]

由于我期待一些郑重的东西，在读到布里斯班会议的会议记录时，我颇感失望：

> 该研究小组**目前**认为人类世是一个**可能**的地质**时期**，也就是说与更新世和全新世处于同一层级，这意味着它位于第四纪，而全新世**已结束**……[4]

“可能”并不非常具有决定性；另一方面，宣称我们不再生活在全新世，这是更为激进的，因为正是在两段冰河期之间相对稳定的这一万一千年中，人类，或更确切地说是文明，才得以发展。[5] 只要我们生活在全新世，地球就会保持稳定，处于背景中，对我们的历史漠不关心。可以说是一切照旧（business as usual）。反过来说，如果“全新世已结束”，那就证明我们已经进入了一个新的不稳定时期：地球变得对我们的行动敏感，而

3 人类世的重要性在于它给了历史学家，而非地质历史学家所研究的时期概念一个实际的——即地层的——真相。Hans Blumenberg, *La Légitimité des temps modernes*, 1999. 中世纪不知道自身是中世纪，同样古代不将自身看作古代。但是，当现代明确地将自己定义为现代时，它并不知道它最终会被地层学的一个小组委员会所精确定义。福柯没有预见到考古学概念会按字面意义来理解！这是历史规律的另一个例子，形象的变成了字面的。

4 在国际第四纪研究联盟（INQUA）大会期间撰写的报告，于瑞士伯尔尼，2011 年 7 月 21 日至 27 日。

5 长期——自智人出现以来，短期——自工业革命以来，或者更短期——自战后以来，吻合政治与道德的深刻分歧。时期越长，当前资本主义形式的影响越小，因此责任就越淡化。我们满足于说：“哪里有人，哪里就有人性。”

我们人类变得有点地质化了！

可以理解的是，这样的决定要求我们三思而后行。如果说地层学彻底改变了地球的历史，这部分归功于地质学家在术语问题上的谨慎。毫无疑问，不能让随便什么人随机地决定他所处的第一层岩石的名称。该报告继续：

> 粗略地讲，作为一个专业术语，“人类世”必须是 a）科学上证实的（即地层中形成的“地质信号”必须足够**广泛、清晰与独特**）以及 b）作为专业术语对科学界**有用**处。关于 b），专业术语人类世已经证明对**气候变化研究界**非常有用，因此会得到继续使用。但仍有待确定的是，地质年代尺度上的**专业化**是否可以使其更有用或将其效用扩展到其他科学界，例如地质学界。（同上）

在国际地质学会的官僚体系中为地质时期提议一个名称，就像由议会委员通过法律或由梵蒂冈外交促进圣人的封圣一样曲折。即使地层学家赞成赋予人类决定性的作用，他们仍然有必要就日期与标记达成一致，后者会使世界各地的所有专家能够在岩石中识别它：

> 通常估计人类世始于欧洲工业革命之初，约 1800 年左右（克鲁岑的最初建议[6]）；人们也提出了一些其他可能的

6 保罗·克鲁岑（Paul J. Crutzen）与尤金·斯多默（Eugene F. Stoermer）的文章“人类世”（«The “Anthropocene” », 2000）开启了宏大的文献运动并开创了几部专业期刊《人类世》《人类世评论》《基本原理：人类世科学》（*Anthropocene, The Anthropocene Review, Elementa: Science of the Anthropocene*）等。在法国，克里斯托弗·博讷伊与让-巴蒂斯特·弗雷索的瑟伊文集使学界了解到人类世的概念及其批评。

> 年代界限，要么更早（在全新世期间甚或在它之前），要么更晚（如在核时代来临时[7]）。技术上的“人类世”可以参考地层中的特定点来定义，即全球界线层型点位（PSM），俗称“金钉子”，或参考官方年代界限（标准全球地层纪元）。

大量的技术问题仍然无法让我们了解全新世是否已经结束，以及前几讲中确定的新气候制度在岩石中是否有对应的内容。这是因为我忘记了地质学家习惯于慢条斯理地谈论数以百万和十亿记的年代。例如，他们花了将近半个世纪来确定第四纪的时间！这就是为什么他们对于像我这样迫切想知道最新消息是否由官方证实的外行所施加的压力漠不关心，并且从容地在结论中写下，他们不得不将最终投票推迟至少四年！

> 该研究小组申请了资金，以便继续讨论并建立网络，并且希望在2016年国际地质大会上就正式化问题达成共识。

请注意这一无关痛痒的动词“希望达成共识”——以及研究人员总是要求更多资助的恼人习惯。[8] 您理解我的失望：仿佛我们有大把的时间来决定人类何时会担起地质力量的责任！

7　最近的一篇文章确认1945年7月16日是第一次核爆炸发生的日期，但并没有表明立场，只是强调新引进的人工放射性留下的痕迹便于在世界各地发现地质过渡。参见 Jan Zalasiewicz *et al.*, «When did the Anthropocene begin?», 2015。

8　参见柏林世界文化馆精彩的项目“人类世计划”（hkw.de），它包含了这一概念主要提出者的视频。另参见环境人文门户网站上的大量访谈。（在“资源”下的“访谈”标签 humanitesenvironnementales.fr）

在等待这一决定的同时，由扎拉切维奇领导的小组工作给了那些愿意阅读他们的人一个有趣的例子，关系到我们在前几讲涉及的行动力分配。这正是我之前指明的变质带：所有人类活动都变质为地质形式；一切所谓基底岩开始变得人类化——或者说，带有被野蛮改造的人类痕迹！它不再关于景观、土地利用或局部影响。现在的比较是建立在陆地现象的规模上。通过增加能源，我们可以说，人类文明正在以17万亿瓦的功率日夜不休地“运转”，最终使其能量消耗堪比火山或海啸——它们当然更为猛烈，但持续时间很短。一些计算甚至认为人类转变的力量更接近板块构造。[9]

仿佛地层学家通过想象把自己带入未来的时代，进行了一次思想实验，使他们能够从开始堆积的岩石层中回溯性地推断出所谓的“人类时代”[10]。在岩石中，一切都是可见的：大坝对河流沉积的改变，海洋酸度的变化，曾经未知的化学品的引入，闻所未闻的庞大基础设施的综合废墟，侵蚀速度与性质的变化，氮循环的变化，大气中二氧化碳的持续增加，更不用说生物学家都无可奈何的“第六次大灭绝”[11]中生物物种的突然消失。一切都可以在沉积物中更清晰地识别出来，因为从1945年7月16日开始，原子弹爆炸留下的清晰的放射性信号为著名的“金钉子”提供了一名严肃的候选者，它们在世界各地都很容易检测

---

9 Oliver Morton, *Eating the Sun*, 2007. 该书估计人类文明的瞬时能量为17 TW。如果整个星球以美国方式生活，那将需要消耗90 TW。与之相比，板块构造释放的能量（热量和运动）估计为40 TW，陆地与海洋中生物来源的初级能量估计为130 TW。与地球上仅来自太阳的13万TW能量相比，所有这一切显然可以忽略不计。

10 扬·扎拉西维茨的著作《我们之后的地球》（*The Earth After Us*, 2008）其副标题为：“人类在岩石中留下什么痕迹？”生动地描绘了这一想象中的场景。

11 Jan Zalasiewicz *et al.*, «When did the Anthropocene begin?», 2015.

到，而且它们很可能让地质学家达成共识。

最吸引人之处在于，这个清单上的每一项，都可以在整个19世纪和20世纪的叙事中找到，这些叙事吹嘘着人类为更好地统治地球而改造地球的丰功伟绩。而如今，我们不再带着得意洋洋的口气，这不再是“掌控”自然的问题，而是在沉积的废墟中寻找人类不久前**成为石头**的痕迹。正如在新主奴辩证法中，人类与石头的特征最终变得混同。关键区域的**拟人化**，人类的**拟石化**。不管怎样，这就是地质历史力量——在类似于巫婆炼药锅中——的融合。

如果事情没那么戏剧性，则会十分有趣。但让小组委员会成员犹疑不决的，是他们不得不面临时间尺度的组合。还记得学生时代我们面对地质年代的缓慢节奏时被要求表现出敬畏的样子吗？虽然我们甚至不能回忆起自己过去的二十年，老师却不顾一切地试图寻找能消除我们的时代与恐龙时代或露西时代之间巨大鸿沟的教学方式。[12] 突然间，经过一场全面逆转，我们看到地质学家瞠目结舌地面对着地球人类历史的快节奏；这迫使他们将“金钉子”打入两百甚至六十年的剖面（这取决于是否选择短或更短的时间界限，以界定人类世的到来）。“地质年代”这一用语正用于比苏联持续时间更短的事件！仿佛历史与地质历史的区别突然消失了，碳氮循环与最后一个冰川期或曼哈顿项目在宇宙尺度上同等重要。[13]

---

12 再现了18和19世纪地质学家、考古学家、训诂学家与学者延长时间的悠久历史，如马丁·路德维克（Martin Rudwick）在《地球深层历史》（*Earth's Deep History*, 2014）中所叙述的。

13 正是这种以前完全不相容的历史性的交集，从一开始就吸引了迪派什·查卡巴提，见«The climate of history: Four theses», 2009。

让地层专家们慢慢来，让我们耐心地等待他们的决定吧。鉴于其中的利害关系，我们不能责怪他们借学术官僚的庄重步伐来调整时间的加速！

•

人类世成为一个极佳的标记，一颗在地层界线外仍清晰可见的“金钉子”，是因为这个地质历史时期的名称可能成为最贴切的哲学、宗教、人类学，以及——正如我们很快就会看到的——政治概念，以开始永远摆脱“现代”和“现代性”的概念。

我发现，地质学与人类学的这一矛盾修辞是严谨的地质学家苦思冥想的结果，他们直到最近还对人类科学研究的艰难曲折漠不关心。没有任何后现代哲学家、人类学家、自由派神学家、政治思想家敢于将人类的影响**置于**与河流、火山爆发、侵蚀与生物化学**同等的程度上**。哪位致力于表明科学事实、权力关系与性别不平等“只”是人类制造的历史事件的“社会建构论者”，敢说大气的化学成分构成亦是如此？哪位文学评论家会将解构的原则扩及沉积地层，而后者在全球所有三角洲中已揭示出无可辩驳的人为**侵蚀**痕迹？[14]

甚至在带着知晓人类时代已“结束”的厌烦口气谈论“后人类”变得时髦的时候，“人类”又回来了，为了报复而回归，这多亏了那些被文化知识分子当成无知者而鄙夷的“自然主义者”所做的无用功——实证研究。尽管人文学科的各个领域纷繁复

---

14 估计可与自然力量的侵蚀相媲美！J. R. ford *et al.*, «An assessment of lithostratigraphy for anthropogenic deposits», 2014.

杂，沉迷于捍卫“人的维度”，以抵御科学的“非法侵占”与过度“自然化”的危险，却没有察觉到**自然历史学家**们所发扬的东西。[15] 通过赋予“人的维度”概念本身一个全新的**维度**，他们为终结人类中心主义与自然主义的旧形式而提出最激进的术语，同时彻底重构了人类动因的作用。《经济学人》杂志于 2011 年推出了一幅极为正确的封面，口号是：欢迎来到人类世！[16]

鉴于这一概念上的进展，唯一正确的方式是向所有地质科学家致敬。这一职业配得上它的座右铭“思想与锤子”，因为正是得益于灵巧使用这把锤子，我们才意识到，当我们娴熟地敲击我们最宝贵的价值观时，它发出的是中空的声音！“锤子哲学家”的行家德勒兹与瓜塔里有着提出“道德地质学”的先见之明，对此我不再感到惊讶。[17]

毋庸置疑，撼动最为公认的范畴定义会立刻遭到误解。而基于同样的原因，洛夫洛克从“自然”的旧有观念中提炼出盖娅的努力也遭到了讥讽。自然 / 文化的形式是如此强大，以至于我们仓促地将人类世理解为“自然”与“人类”——每一方都是独立的——的简单重叠，甚至是二者辩证的和解；甚或理解为科学家的一个巨大阴谋，通过将人类变质为石像而将其“自然化”；或者，反过来理解为科学的过度政治化。[18] 在我看来，更加有趣

---

15 几个世纪以来，从普林尼到达尔文再到布冯，“自然史”这个古老而可敬的术语一直被用作许多“自然学家”的标签，如今当“历史”一词被强调与人类历史有关时，就会呈现出全新的含义。科学家确实已成为自然界的历史学家。

16 2011 年 5 月 26 日刊封面。

17 德勒兹与瓜塔里为人熟知的篇章 *Mille Plateaux*, 1980, «Géologie de la morale（pour qui elle se prend la terre?）»。

18 如果该标签最终被拒绝，那可能是因为知识分子、哲学家、艺术家与活动家对这个术语的过度兴趣，而因为地质学家引入了人类（l’anthropos），在结构上未能保持自己的地位。我没听说有为元古宙而动员的艺术家或活动家！

的方式似乎是试图接纳科学的革新，而不是立刻再次将它批判为自然主义，我们可能会因此丧失理解新气候制度的机会。

幸运的是，在《经济学人》的四年后，著名的科学期刊《自然》也推出了人类世封面。[19] 在期刊中的一幅画为我们提供了一个很好的机会，来了解我们是否能够用新瓶装新酒。其中一篇文章的插图用到了众所周知的“阿尔钦博托效应”[20] 人物画法，其中地球科学提供主题来重绘依旧可识别的脸孔。

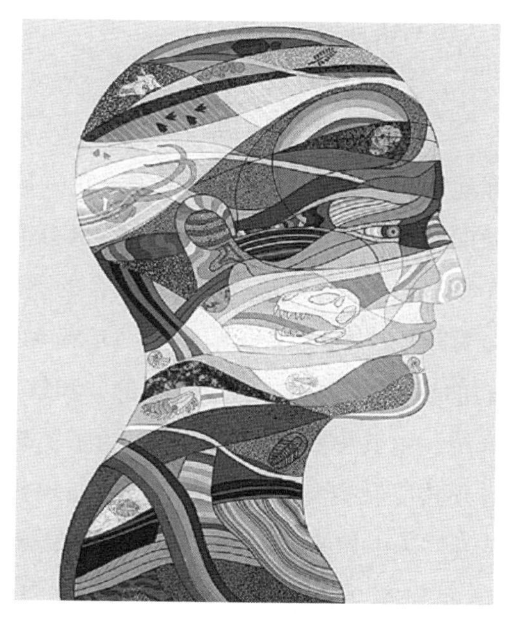

图表 4-1　© 杰西卡 · 福特纳，《自然》2015 年 3 月 11 日

我们可以将这幅图用作性格测试：您在这幅图中看到的是人脸的石化，还是与之相反的，自然的人化？乍一看，它是一

19　2015 年 3 月 11 日刊封面。
20　Collectif, *The Arcimboldo Effect*, 1987.

种混合体。然而，经过仔细审视，在混乱的特征布局中没有任何相关联的东西：它是木乃伊绷带、划痕、战争画、文身、土壤切面，还是温柔乡地图与地质清单的混合体，以描绘一个准备紧紧抓着我们的手，邀请我们参加一场新石头盛宴的巨人？《自然》期刊充分证明了它对此不得要领，因为它将专题命名为"人类时代"，而实际上这却是人类消失的郑重宣言！就我个人而言，我观察到变质带对记者与插画师们的吸引力，我们已经学会了识别变质带，它也在表象之下渐渐地带给我们另一种人类、集体、非人类与诸神形式的再分配。

•

即便国际地质协会主管机构的投票没有正式确认人类世确实是我们所处的时代，我们也值得利用这一机会关注它将旧气候制度中所有参与成分逐渐瓦解成人与物联合的形象的过程。

有一点是肯定的，"自然"旧有的角色应被彻底重新定义。人类世将我们的注意力引向自然与社会的"和解"，使之成为一个更大的系统，由其中一个统一起来。为了实现这样的辩证和解，我们必须接受社会与自然的分界线——现代史的海德先生与杰基尔先生*（由您来决定哪一个是海德，哪一个是杰基尔……）。但人类世不会"超越"这一分裂：它完全绕过了它。地质历史力量与地质力量**不再相同**，因为它们在许多地方与人类行动合并了。无论我们曾在哪里处理"自然"现象，如今都会遇到"人"（Anthropos）——至少在我们的地球上——并且

---

* 英国作家罗伯特·路易斯·史蒂文森的小说《化身博士》中的主人公，绅士杰基尔喝了自己配制的药剂分裂出邪恶的海德先生人格。——译者注

只要我们跟随人类的脚步，我们就会发现与曾认为的自然领域的事物的关联模式。例如，在追踪氮循环的时候，我们将弗里茨·哈伯的传记与植物细菌化学置于何处？[21] 在绘制碳循环的时候，谁能够说出约瑟夫·布莱克从何时参与进来，化学家何时离开这个舞台？[22] 即使沿着河川水流，您也会发现随处可见的人类影响。[23] 如果您在夏威夷见到了部分是熔岩，部分是塑料的岩石，您要如何把人类与自然分开呢？[24]

对于上述每一个自然界中的物体，诸如此类的循环迫使人们感受到手指沿着莫比乌斯带游走的效果。我们被迫一点一点地**重新分配**曾经被称为自然与所谓的社会或符号的东西。您还记得在“自然”地理学与“人类”地理学之间，或“自然”人类学与“文化”人类学之间被认为是无法逾越的鸿沟吗？社会科学与自然科学之间的分割是完全模糊的。自然与社会都无法完整地进入人类世，悄然等待“和解”。前几个世纪发生在景观上的事情，正发生在整个地球上：它的逐步人工化使得“自然”的概念与“荒野”[25] 的概念同样过时。

但是，这一瓦解在曾经的人类一边更为彻底。这就是把人类的传统面孔赋予这样一个全新形象的讽刺意味。[26] 我们荒谬地认为存在一个集体——人类社会，它将成为地球历史的新动

21　Bernadette Bensaude-Vincent et Isabelle Stengers, *Histoire de la chimie*, 1992.

22　David Archer, *The Global Carbon Cycle*, 2010.

23　Mark Williams *et al.*, «Humans as the third evolutionary stage of biosphere engineering of rivers», 2015.

24　news.sciencemag.org/earth/2014/06/rocks-made-plastic-found-hawaiian-beach.

25　William Cronon (dir.), *Uncommon Ground*, 1996; Bronislaw Szerszynski, «The end of the end of Nature», 2012.

26　我们可以在罗安清（Anna L. Tsing）关于菌菇的杰出著作《世界末日的蘑菇》（*The Mushroom at the End of the World*, 2015）中看到。

因，正如无产阶级在另一个时代那样。面对古老的自然——它本身是重组的——实际上**没有人**可以说是**应对它负责的**。为什么呢？因为没有办法将人类统一为任何具有道德或政治一致性的行动者，以使他能够在这个新的全球场景中扮演发挥作用的角色。[27] 没有任何拟人化角色可以参与到人类世中，而这正是这个概念的全部意义所在。

如果人们将“人为”理解为“人类物种”，那么谈论全球变暖的“人为因素”确实毫无意义。谁声称能够谈论人类而不引发上千次抗议活动？愤怒的声音响起，认为他们对地质层面上的这些行动不负任何责任——这是对的！亚马逊热带雨林中的印第安民族与气候变化的“人为因素”毫无关系——至少在竞选活动中的政治家给他们派发电锯之前。同样，孟买贫民窟的贫民，他们的碳足迹要超过简易住所排放的煤烟也只能是痴人说梦。[28] 还有无法在工作的工厂附近找到廉价房而不得不依赖长途通勤的工人：谁敢让她为她的碳足迹感到耻辱？

这就是为什么尽管有着人类世的名字，它并非人类中心主义的过度延伸，好像我们可以为自己彻底变成身着红蓝紧身衣飞行的超人而洋洋得意。人类作为一个统一动因，作为一个简单的虚拟政治实体，作为一个普遍概念，必须被分解为几个不同的**民族**，有着相互矛盾的利益与争夺中的领土，并被冲突中

27　这是查卡巴提的论点：“不存在作为自我意识行动者的‘人类’。由于气候变化危机分散在所有‘人类学差异’中，它只能意味着一件事：尽管全球变暖源于人类活动，却不存在与之对应的作为一个政治动因而行动的‘人类’物种。”Dipesh Chakrabarty, «Postcolonial studies and the challenge of climate change», 2012, p.15.（由我翻译）

28　烟尘在全球变暖中的作用似乎被忽略了。Jeff Tollefson, «Soot a major contributor to climate change», *Nature*, 15 janvier 2013.

的事物所召集——更不用说冲突中的神了。人类世的人类？它是倒塌后的巴别塔。最终，人类不再是统一的！最终，人类不再脱离土地！最终，人类不再游离于地球历史之外！

•

一种思想形象阻碍我们利用这一传统形象的瓦解，它在整个哲学史上一直未经触碰，它就是可以使任何人“思考整体”，并肩负着整个地球重量的球体观念——这是西方的奇怪执念，是真正的“白人的负担”。换而言之，我们必须结束所谓的“阿特拉斯诅咒”。我们知道，阿特拉斯是泰坦神之一，是盖娅计划谋杀的那些人的血液中产生的众多怪物之一（我指的是我们在上一讲中谈论的神话盖娅，赫西俄德描绘了她的面容，这位女神比奥林匹斯诸神都要古老[29]）。

为了从肩头卸去这过重的负担，我们必须沉浸在小小的球体学（sphérologie）中，这一引人注目的学科由彼得·斯洛特戴克在他研究延续生命必不可少的外壳的三卷著作中发明。[30]斯洛特戴克将魏克斯库尔[31]引入的环境（Umwelt）概念概括为所有的泡，所有围墙，所有动因发明出来以区分其内部与外部的壳。为接受这一延伸，我们必须考虑因此提出的所有哲学与科学问题，作为斯洛特戴克所思考的免疫学广泛定义的一部分，它既不是人类科学也不是自然科学，而是人类世的首个学科！

斯洛特戴克是一位认真对待隐喻并充分认识到它们现实意

29 见第 94 页及之后。
30 Peter Sloterdijk. *Globes. Sphères II*, 2010.
31 Jakob Von Uexküll. *Mondes animaux et monde humain*, 1965.

义的思想家——洋洋洒洒，妙笔生花！免疫问题在于检测某一实体是如何通过建立一种可控的内环境，在周身创造保护膜，从而保护自身免遭破坏。他十分固执地在每一个层级提出这一问题。包括他玩笑式地抓住老师海德格尔的差错，因后者未能回答这一问题："当您说此在是被'抛掷于'世界中时，他究竟被抛掷'于'什么之中？他呼吸的空气是何种成分？温度是如何调控的？保护此在不遭受窒息的墙壁包含什么物质成分？总而言之，适宜此在生活的空气系统是怎样的气候？"在他看来，这些正是各色各样的哲学家和科学家从未愿意充分精确地回答的尴尬而重要的问题。

对于斯洛特戴克而言，西方哲学、科学、神学与政治的完全奇特之处是将所有美德注入大写的球体（Globe）的形象中，而丝毫没有去关注它是如何建造、保养、维护与居住的。球应该囊括一切真与美，即使它是一种建筑上的不可能性，一旦您认真考虑它如何**立得住**，特别是**它如何被穿越**，它就会坍塌。

斯洛特戴克提出了一个非常简单的建筑学问题，它很不起眼，这个问题与锤子地质学家的问题同样重要："当您说对宇宙有'整体视野'时，您在哪里？您是如何免遭毁灭的？您看到了什么？您呼吸的是什么空气？您如何取暖、穿衣、进食？如果您的这些基本生活需求无法得到满足，是什么让您声称谈论一切真与美，仿佛是您占据了更高的道德尺度？"如果不说明它们的气候调节系统，那么您想要捍卫的美德可能已经死去，如同一直被放在过度暴晒的温室里的植物。更甚于洛夫洛克的斯洛特戴克为动态平衡与气候控制的概念赋予了更形而上的维度。这就是所谓的认真对待大气！这也是新气候制度。

一旦提出如此基本的问题，我们就不太可能得到超然物外的视角。从没有人生活**在**无限的宇宙**中**。甚至，从没有人“生活**在**大自然**中**”。那些恐惧在无限的宇宙中漫游的人，总是在尘世的小空间内，在舒适的灯火下，看着一个表面积两三平方米的小球。[32] 帕斯卡不应该说“这些无穷空间的永恒沉寂让我感到恐惧”，而应该放下心来：“在这些有限空间中的仪器杂音使我内心平静，使我深受教益。”当认识论者声称我们能够居住“在大自然中”时，他们真正在做的是斯洛特戴克所想象的一种破坏性犯罪行为：打破所有生命免疫功能所需的保护外壳（对他而言，生命也是生物学、社会学与政治学）。

维持存在所需的脆弱外壳必不可少，而每个忽视这一必要性的思想、概念与设想，只能归于矛盾（*contradictio in terminis*）。或者更准确地说是建筑与设计的矛盾：它不再具有维持其可行性的大气与气候条件。试图生活在这样的乌托邦中正如试图将所有宝贵的数据保存在云上——抱歉，在云端（Cloud）——而没有事先准备计算机与冷却塔。[33] 如果您仍然想用“理性”与“理性主义”这两个词，非常好，但是也要创造设备齐全的空间，使生活在其中的人得以呼吸、生存、装备自身与繁衍。空气调节系统不受控制的唯物主义是唯心主义的另一种形式。

因此，斯洛特戴克从头到尾都以一种新的方式重新认识

---

32 参见关于“全球概览”的展览目录，Diedrich Diederichsen et Anselm Franke, *The Whole Earth*, 2013。关于地球作为球体形象的不可能性，参见肯耐斯·奥维格（Kenneth Olwig）的研究“地球不是球体”（«The Earth is not a globe», 2011）。关于全球最近形状的历史，参见赛巴斯蒂安–文森·格雷斯姆（Sebastian-Vincent Grevsmühl）《俯视地球》（*La Terre vue d'en haut*, 2014），副标题为《全球环境的发明》——完美地与斯洛特戴克共鸣。

33 参见旨在映射所谓虚拟的硬件基础设施的网站 newcloudatlas.org。

了在空间中、在这个地球上的意义，为我们提供了首个能直接回应人类世要求我们回到地球的哲学。令我格外感兴趣的是，在第二卷的中间，作者用了上百页写了一篇名为“*Deus sive Sphaera*”（“神即球体”）的沉思之作。这是一个十分微妙的观点，但正如我们稍后将要看到的，它消除了科学与人文学科在处理超有机体问题时共同面临的主要困难。

在我看来，首先要指出的小缺陷来自尚未解决的前哥白尼时代的基督教形象与我们所看到的伽利略形象的双焦主义（bifocalisme）。[34] 这看起来像是设计上的一个简单的技术缺陷，实际上却破坏了西方宇宙论的整个架构。尽管实际上不可能将它们构思在一起，但是神学家们还是试图使两种类型的球重合：一个是上帝中心论的，另一个是地心论的。当我们将上帝置于中心时，地球则不可避免地被抛到外围，围绕着上帝转动。乍一看，这似乎并无大碍，因为我们给地球赋予了谦卑的角色，或准确地说，是**外围的**。但如果我们将地球置于中心，地狱位于中间，在月下世界之下，那么问题就很复杂了：被排斥到外围的**是上帝**。这种定位更难以接受：对于理性神学而言，上帝不能是外围的！斯洛特戴克追问，您如何能构建一个有着两个相互冲突中心的宇宙，一个围绕上帝转动，而另一个围绕地球转动？

斯洛特戴克解释道，两千年来，对于神学家、艺术家或神秘主义者而言，这个小小的建筑缺陷似乎并不构成问题。

> “世界图景”的双焦主义被潜藏了起来，在长青哲学的虚幻泡沫中，没有任何言论明确涉及地心论与上帝中心论

34　参见第90页。

的投射点之间的矛盾。[35]

或许这是永恒的哲学，但在其不存在的泡沫中却是空洞。球的诅咒如此强大，使得神学家们构想出有着两个摇摆不定的球体形式的宇宙神，而不必担心它在建筑上的不可能性。从但丁到库萨的尼古拉，从罗伯特·弗拉德（Robert Fludd）到阿塔纳斯·珂雪（Athanasius Kircher），甚至古斯塔夫·多雷（Gustave Doré）这样的现代插画家，仍然在不断否认这一明显的差异。虽然在视觉上是不可能的，却从未有人质疑上帝对人类大地缓慢散发恩典，即便没有人能够在字面意义上画出它的神秘光芒，以连续的线条穿过划分两个系统的裂缝。这就是为什么不存在历史——更没有地质历史：一旦哲学认为在进行全球思考，它就变得无法想象时间与空间。

·

您可能会提出异议，认为我们没有理由重视这一基督教神学建构中的缺陷。毕竟，严密性并非宗教思想的强项，且思想过程中的又一缺陷也不太可能被发现。但这一发现令我着迷的是，同样的不一致性恰恰符合构建**理性**的架构。

斯洛特戴克在基督教图景中所发现的，也正是科学史在科学著作中清楚地看到的。对此不必惊讶；这是同一问题的两次重复——第一次在宗教史上，第二次在科学史上，这要归功于帝权转移（*translatio imperii*），其中有诸多例子，我将在后面再谈。我们既不可能确定地球的位置，也不可能稳定其他事

---

35 Peter Sloterdijk, *Globes. Sphères II*, 2010, pp.417—418.

物所围绕着转动的中心。我们知道康德声称为哲学引发的“哥白尼革命”是多么不牢靠：他是如何让我们相信，使客体围绕人类主体转动能够意味着抛弃人类中心主义？这个隐喻是如此的不合适，以至它将一切“在自然中的人”的定义抛入令人晕眩——并令某些人恶心——的摇摆中。为了回到“革命”一词的最初含义，似乎没有一个稳定的中心可以让地球围绕它旋转。

当涉及实践中、行动中的科学时，研究人员突然必须开始谈论他们的实验室生活。在超然物外的世界漂浮的科学家们被带回到地球上的血肉之躯中，身处狭窄的空间中。当物理学家赞颂伟大的科学英雄时，他们会毫不犹豫在墙上挂一块牌匾，诸如剑桥的这个——我认为它格外有趣：

> 1897年，在前卡文迪什实验室，约瑟夫·汤普森（J.J. Thomson）发现后来被认为是物理学第一基本粒子的电子，它也是化学键、电子学与计算机科学的基础。[36]

很难找到比这更**脉络明确**的知识：从一个非常确定的地方——自由学校巷（如今是科学史的圣殿[37]），在一位伟大的科学家手中，电子成功地分散出去，遍布所有化学键和计算机！但一分钟后，同样是这些物理学家会毫不迟疑地向您解释霍金的头脑是如何畅游宇宙，与造物主亲切对话，而他们却十分天真地忽视了霍金的才智不仅来自大脑，也得益于一个“集体”，

36 此牌匾位于自由学校巷。

37 这的确是西蒙·沙弗和他的同事们的办公室，因为科学史学家们在一段时间后最终占据了科学家们的办公室，这些科学家们后来跟随他们日益繁琐的仪器搬到了更远的地方……

由计算机、扶手椅、仪器、护士、服务人员以及声音合成器组成的庞大网络，他能逐步展开方程离不开它们。[38] 这种双焦科学概念并没有将“超然物外的视角”与这些非常特殊的地方——如教室、办公室、实验室工作台、计算机中心、会议室、考察与野外研究站——和解，而当科学家真正需要**获取**数据或**撰写**论文时，他们必须在这些地方。

基督教神学中的两种世界图像不可调和，正如电子物理学存在于世界各处，也同时稳妥地保存在约瑟夫·汤普森的卡文迪什实验室中——这两个图像同样不可调和。但这一不可能性被科学家与哲学家否认，正如它也被神学家与神秘主义者否认。套用斯洛特戴克的话，我可以说：

> 长青哲学的“虚幻泡沫”潜藏着以宇宙为中心的大自然，与另一种以实验室为中心、为科学所熟知的大自然之间的矛盾。这一矛盾使得两种观念之间的任何坦诚对话都不可能，如同中世纪宇宙论的地心主义与上帝中心“世界图像”之间的调和一样。

跟随着斯洛特戴克对理性架构的研究，我们认识到，球体不是世界的形状，而是一种柏拉图式的迷恋。它**转移**到基督教神学中，然后沉淀在政治认识论中，以产生一种形象——但这是一个不可能的形象——梦想能达到整体且全面的知识。[39] 此处遭遇的是一个奇特的宿命。当您在一个失重空间中思考知

38　Hélène Mialet, *À la recherche de Stephen Hawking*, 2014.

39　关于这一“政治认识论”的构成，参见 Bruno Latour, *L'Espoir de Pandore*, 2001。

识——这正是认识论者梦寐以求的场所——它就不可避免地采取透明球体的形式，被一具无形之躯从超然之处所观察到。然而，一旦我们恢复重力场，知识就顿时失去了从柏拉图哲学与基督教神学继承而来的这个神秘球形。[40] 数据再次以其原始碎片的形式流动，等待被记述。

由于这种双焦主义，阿特拉斯的两幅肖像同样令人难以置信，阿特拉斯本应该将世界扛在肩上（而不能看到它，如斯洛特戴克所言），但它也是墨卡托的发明，是科学革命的完美象征——一个应该是把整个宇宙如足球一样掌握在手中的阿特拉斯。[41] 通过将智者的形象与更古老的上帝之手的隐喻相结合，墨卡托为它赋予人形，一个能够将一切都掌握在自己手中的真正的超人。但是，如果地球确实彻底掌握在普通人的手中，那么它就不可避免是一张地图、一个模型，一台非常朴实无华、玲珑小巧的仪器——地球仪，我相信，你们之中有不少人喜欢用手指转动它。[42]

建造一个球总是意味着重新激活一个神学主题。即使是那些由编纂者发明的高大上的教学场所、全景图、测地穹顶、游乐园等问题，也是为了给他们积累的百科全书式的知识提供一种流行的形式。当爱丁堡眺望塔的主任帕特里克·格迪斯（Patrick Geddes）[43] 为他的朋友·雷克吕斯（Élisée Reclus）——

---

40 丁丁的读者会在这个比喻中看到《月球探险》中哈多克船长的冒险，当时杜邦兄弟错误地关闭了火箭的人造重力，威士忌变成了一个球，漂浮在船舱中……

41 第一本麦卡托地图集扉画，图表 4-2。

42 关于地球仪的使用有大量文献，请见近期译作：Franco Farinelli, *De la raison cartographique*, 2009 以及非常有用的概述 Jerry Brotton, *Une histoire du monde en 12 cartes*, 2013。

43 这座眺望塔类似于发现宫与地宫，是爱丁堡参观人数最多的地方之一，距离吉福德讲座大厅只有几百米。我感谢皮埃尔·夏巴（Pierre Chabard）向我介绍这一不可思议的人物。Pierre Chabard, «L'*Outlook Tower*, anamorphose du monde», 2001。

图表 4-2 © 拍摄 BL

著名的无政府主义地理学家，曾请他协助绘制计划于 1900 年在巴黎世博会展出的比例尺为的 1:100000 巨型地球仪平面图——致悼词时，我们可以看得非常明白。这座建筑几乎比肩埃菲尔铁塔，耗资五倍，从塞纳河右岸投射出巨大的阴影。

> 与其说这个地球仪是研究所里的**科学模型**，不如说它是**地球母亲的圣殿**，是它的形象本身，它的设计师不单单是一位坐在教席上的现代教授，而是一名**德鲁伊大祭司**，在他那一圈雄伟的石头中举行祭礼，就像一名传授**宇宙奥秘**的东方魔术师……此后世界团结有了基础，也有了它所拥有的博爱于人的象征；科学是一门艺术，地理与工作在

和平与善意**的统治**下融合在一起。[44]（第34页，强调由我所加）

在宏观与微观世界之间的这种关系中，每一个词都十分重要，这奇怪转变不仅是从科学“模型”到“地球母亲的神殿”，而且也是从“教授”到“德鲁伊大祭司”，从地理到诗歌预言。通过建造模型、副本与地球仪来赞美“人类博爱”与“世界团结”，这对一个世纪之后的我们而言甚是奇怪。有一件事是肯定的：同过去一样，同样的问题也在今天出现：我们怎样才能摆脱球体的巨大负荷？

为了结束球体的宿命——我称之为阿特拉斯的诅咒——我们必须倚赖科学史或斯洛特戴克的球体学，并指出“全面/全球”是一个形容词，诚然它可以描述一种局部装置的形状，可以由一群人打量着它、审视它，但**它绝对不可能是囊括一切的世界本身**。无论它们有多大，自大爆炸以来散射的星系并不比显示哈勃望远镜像素化并着色的数据流的**屏幕**大。与“全球化思考，本地化行动”这一口号相反，没有人能够全面思考大自然——更不用说思考盖娅了。全面/全球，若它不是对**缩放模型**的仔细分析，它就无非是全球空话（globalivernes）的组织。

•

无论是人类世的观念，盖娅的理论，人类这样的历史行动者概念，还是作为一个整体的大自然，其危险性总是一样的：

---

44 关于这一项目的历史，参见 Nicolas Jankovic, *Projet de globe terrestre au 100000ᵉ*, 2012, 引言来自于该书。扬科维奇还写道：“问题不在于消遣，而是对人类感到惊奇，并促进其与地球的共融。”（第39页）

球的形象使得我们过早地跳跃到更高的层级，**混淆联系的形象与整体的形象**。这一危险的滑动不仅仅是哲学家[45]、政治家、军人[46]，或神学家[47]的工作。它还困扰着想要了解人类世的科学家。我必须得借一个典范案例向您证明这一点，这个案例将使我们能够再一次衡量洛夫洛克或扎拉切维奇等作者在寻求把握地球如何反馈人类行动时所必须攀爬的山坡。

有些书籍令人钦佩之处在于它们执拗地误解了其对象：从标题中就可以看出这种茫然不解：《关于盖娅——对生命与地球间关系的批判性研究》[48]。南安普顿大学地球系统科学教授托比·泰瑞尔（Toby Tyrrell）的案例如此引人注目，因为他声称对盖娅理论进行了恰当且“严谨科学”的驳斥。然而，泰瑞尔只能将盖娅当作某种高于地球且**包围**地球的东西，并在此情况下阐述洛夫洛克的假设。有趣的是，尽管他毫不知情，帕特里克·格迪斯归于埃利泽·雷克吕斯的所有神学幻影已来到他的笔下！

每一章都对盖娅理论所涉及的学科成果进行了教学性总结，每次都以这样的结论结束，即我们无法识别出存在一个确保系统稳定性的整体。作者的论点是，洛夫洛克必然是错的，因为没什么能确保盖娅**保护**地球上的生命，而如果她的功能真的有他认为洛夫洛克似乎在宣扬的神意，那么她**应该全身心地投入**

45　在迈克尔·鲁斯（Michael Ruse）的《盖娅假说》（*The Gaïa Hypothesis*, 2013）一书中格外令人震惊，他似乎丝毫没有怀疑洛夫洛克在谱写盖娅，也没有从一个会在它之前的球形推断盖娅的形状。

46　赛巴斯蒂安-文森·格雷斯姆在《俯视地球》（*La Terre vue d'en haut*, 2014）中对此进行考古。

47　Christophe Boureux, *Dieu est aussi jardinier*, 2014. 它假定存在一个具有共同（神圣）起源的整体，并且其初始构成不存在任何特别的问题。

48　Toby Tyrrell, *On Gaïa*, 2013.

其中。我们再次发现前一讲中遇到的问题：自始至终，泰瑞尔将洛夫洛克的观念归结为盖娅是一种**高于**她所操纵的生命形式的系统。他丝毫没有意识到，洛夫洛克的革新恰恰在于不让自己陷入这种整体与部分的寻常比喻。

即使论证是技术性的，也值得关注一个古老的政治主题——蜜蜂寓言与神意的混合体[49]——是如何完全寄生于一个有着非常可敬的理由反对盖娅理论——要是这是洛夫洛克的理论就好了！[50]——的研究人员的文章中。矛盾的是，他首先接受了主要论点：

> 洛夫洛克认为生命会**改变**环境。生命不仅仅是一个**在**不受它控制的物理与地质过程决定的环境**中**的**被动过客**。生物并不只是生活在地球环境中并利用它，而是说，它们**随着时间的推移塑造了这种环境**。……毫无疑问，洛夫洛克**是对的**，很少有研究人员会反对他。（第113页，由我翻译与强调）

而在该书结尾之前，他断言：

> 基于这些原因，我们可以得出结论，有利生命的条件的不间断持续并不能证明**存在一个全能的恒温器**，因此不

---

49 伯纳德·曼德维尔《蜜蜂的寓言》（*La Fable des abeilles*, 1714）一书的副标题相当有说服力——《私人恶德造就公共利益》——是这些动物模型的众多雏形之一，它们从个人利益的自由对抗中解释出最佳状态——实际上是市场——的出现。

50 泰瑞尔的担心是正确的，如果盖娅被认为是善良且仁慈的神，人类就会侵犯它，且相信它会原谅他们的错误。相反，"因为地球的气候系统是发生的而非进化的，所以没有理由希望它特别坚固或不会被破坏"。（第216页）

能证明盖娅的存在。（第 198 页）

我们知晓神学家们对于证明存在全能上帝的痴迷，但到底为什么要把这个想法加在洛夫洛克身上，认为他在寻找“**全能恒温器**存在”的证据?！毫无疑问，泰瑞尔被球体带偏离了。诚然，如我们所见，洛夫洛克也谈到了控制系统，但这是用以警惕技术隐喻所带来的危险内涵。在此我们要强调，科学作者对文章趋向的疏忽是十分危险的。然而，这就是彰显行动力调节的最佳场所。洛夫洛克确实如此说道：

> 我将盖娅描述为地球的控制系统——一种自调节系统，可与众所周知的暖气与炉灶的恒温器**相比较**。我是发明家。为了发明一种调节装置，我发现**便利的**方式是将它**首先**设想为**心理图像**。……奇怪的事实是，要用语言来解释一项能够发挥作用的发明是异常困难的。在许多方面，作为一项发明，盖娅**很难描述**。（第 11 页，强调由我所加）

对于洛夫洛克而言，盖娅不是全能的；它是一种“心理图像”，一种“便利”，一种“比较”，来试图以一种发明者——他认为比科学家更有天分[51]——的方式思考他一眼就看出“难以描述”的东西。泰瑞尔没有感知到所有这些语言上的迟疑。然而正是所有这些迟疑，造就了朴素的神学观念——而泰瑞尔断定它是“科学的”——与洛夫洛克世俗的、地球的、革新的说法

51 洛夫洛克经常在采访中坚称他是非常灵敏的仪器的发明者（特别是著名的电子捕获探测器），并且正是由于这些发明，他敏锐地感觉到地球的灵，因为他可以在很远的距离上检测到化学物质（在他研究污染的初期）的存在。

之间的差异。洛夫洛克以其拙朴文章的迂回来捕捉寻求自身道路的东西，如地球生命本身：它在后续阶段产生秩序，而不依赖于先前的秩序。盖娅理论，是一个**发明家**在讲述一项难以描述的**发明**。

> 我能给出的最准确的想法是，盖娅是一个**进化系统**，它一方面由所有生物组成，另一方面由它们的表面环境——海洋、大气层和地壳岩石——组成。这两个部分紧密相连，不可分割。它是一个“新兴领域”——在地球生命数十亿年的生物及其环境的**相互**演化过程中兴起的系统。在该系统中，气候与化学成分的自我调节是**完全自动的**。**随着系统的演变，自我调节也随之出现**。这意味着没有远见、预期或目的论（暗示自然中的计划或意图）。（第11页）

神意的缺席一目了然。然而泰瑞尔仍然对这一微妙之处充耳不闻。虽然洛夫洛克的所有努力都是为了尽可能地规避区分两个层面——一个用于联系，另一个用于调控性整体——他的对手仍一头扎进最糟糕的控制论隐喻中。

> 盖娅假说是大胆与挑衅的。它提出了使生物群能够自给自足的**全球调节**的存在，其中“生物群”是所有生命的集合。它认为生命**共谋参与调节**全球环境**以**维持最有利的条件。（第3页）

当一方犹豫不决时，另一方毫不犹豫，同时相信能够通过这种当机立断的方式给对方上一堂科学方法的课！如果存在全球调节，盖娅假说也不会是“大胆与挑衅的”了，无论怎样，它不值得出版：创造者——上帝，它始终拥有球形，曾经就在那里了！洛夫洛克力图将泰瑞尔作为明确出发点而强加的两个层级融合：

> 洛夫洛克认为生命**掌握了**环境控制。生命对地球调节的干预是这样的：它**促进了稳定**以及有利于生命的条件。（第4页）

阐释错误是显而易见的，原因在于它正是因为没有船舵，所以没有舵手，没有指挥，没有船长，没有工程师，没有上帝，所以盖娅是一项发明，科学的所有微妙之处必须力求解释它。而最奇怪的是，泰瑞尔反对盖娅只是因为他想把船舵交给另一名舵手，另一名船长，另一个神：进化论！虽然洛夫洛克力图通过彻底模糊两者之间的区别来结合环境与进化，因为有机体也部分地定义了其环境，泰瑞尔认为可以将盖娅置于进化的**对立面**。

> 事实上，生物与其栖息地之间的完美**契合**更多地证明了进化塑造生物的**全能**变革力量，而不是生物改变环境，使它们更适于自身的**能力**。（第48页）

这是一个绝佳的反转整体形象的案例：全能的进化应该是完全自然的，而盖娅是危险的神意……泰瑞尔完全没有意识到这两个形象恰恰是可以互相替代的。当他想科学地写作时，我们发现那根本就是神谱：进化的“力量”在争夺盖娅“力量”的霸权！或者更确切地说，这根本就是神义论，因为这关系到知道谁能更好地在邪恶面前保护地球：是全能恒温器还是最有利于其忠实信徒的达尔文进化论？泰瑞尔甚至劝告洛夫洛克像莱布尼茨一样屈服，去证明上帝给这里带来的混乱与上帝无关。[52] 当一名作者毫不迟疑地使用了新达尔文主义模型，这一模型本身借自市场那看不见的手，他的这一异议就是可笑的。

指责可怜的泰瑞尔是一个伪装的神学家，我是否太过吹毛求疵？是的，当然，因为一切都完全取决于文章的叙事线索，它要么可以遵循，要么只能切断。当然，洛夫洛克既不是哲学家，也不是诗人，既不是小说家，也不是历史学家，但他正在与一些抵制思想的东西作斗争。如果他抓住了地质史的叙事能力，那是因为他犹豫不决并**重新开始**。泰瑞尔很轻易地相信了隐喻，因此他只能通过相信一个隐喻来批评另一个隐喻，而洛夫洛克对他谨慎使用的隐喻存疑，以作为逐渐避免它们的唯一方法：

> 我们首先用诸如“生命或生物圈调节或维持大气的气候与组成，使其保持在对自身最佳的范围内”来解释盖娅假说。这个定义是**不精确**的，确实如此。但琳·马古利斯和我都没有提出地球自我调节背后**隐含**任何意图……。在盖娅的争议中，通常被抨击的是**隐喻**，而非科学。“隐喻”

52 因此有这段惊人的文字：“在我看来，这个充满氮气世界中的氮饥荒悖论是反对盖娅观点——即生物圈保持舒适是为了利于栖息在其中的生命——最有力的论据之一。”第 111 页。这听起来像是伏尔泰嘲笑从大自然的和谐中得出上帝存在的证据！

被认为是贬义的：不准确的东西，因而不科学。事实上，真正的科学充满了隐喻。[53]（第11页）

我很不公道地挑剔一名自然主义者，而我很清楚，一旦社会科学家要解释某些联系，他们也好不到哪里去，他们会毫不迟疑地跳到社会的整体层面上。当他们谈论“整个社会”“社会背景”“全球化”时，他们用双手勾画出一个不比普通南瓜更大的形状！但当我们谈论自然、地球、全球、资本主义或上帝时，问题是一样的。每一次，我们都假设存在超有机体。[54]联系的路径立即被部分和整体之间的关系所取代，我们不假思索地说整体必然**高于**部分的总和。然而它总是必然**低于**部分的。[55]更大并不意味着包含更多，而是**有更多的联系**。当我们声称有着“全球视野”时，我们从未如此有地方性……层级不是不同大小的球的接连嵌套——像俄罗斯套娃那样——而是建立或多或少的，特别是互惠的关系的能力。行动者网络的沉痛教训在于，我们没有理由将一个关联紧密的局部与全球的乌托邦混为一谈，这适用于所有的生命组织。

全球的重新定位变得如此重要的原因在于，任何人都无法再在全球范围内掌握地球本身。这是人类世的寓意。一旦我们将它统一在一个地球中，我们就将地质历史还原为中世纪神学的旧格式，进入19世纪对大自然的认识论中，然后再次转入20

53　James Lovelock, *Gaïa. Une médecine pour la planète*, 2001.

54　Bruno Latour, *Changer de société*, 2006. 令人着迷的是，无论是德波拉·哥顿《蚂蚁式的相遇》（*Ant Encounters*, 2010）中的蚂蚁还是盖娅，在所有尺度上问题都是完全相同的。塔德将这一问题视为社会科学的中心，并被从个体到集体不同层级的观念所吞噬。Gabriel Tarde, *Les Lois sociales*, 1999.

55　Bruno Latour *et al.*, «Le tout est toujours plus petit que ses parties», 2013.

世纪军事–工业复合体的模具中[56]——尽管我们可能会是南安普敦大学地球系统科学教授……尽管备受推崇的“蓝色星球”激起一致的热情，它却持久地毒害着思想。它是一个复合图像，混合了希腊诸神的古老宇宙学、基督教上帝的中世纪形式，以及美国国家航空航天局复杂的数据采集网络，最后被投射到媒体的衍射全景中。[57]可以肯定的是，盖娅的居民并不是那些将蓝色星球视为球的人。

在2015年，摆脱自柏拉图以来所产生的对球体形象迷恋仍旧是可能的：球形将知识转化为一个连续、完整、透明、无所不在的总体，它掩盖了极其困难的任务——从所有设备与学科中汇集数据点。球体没有历史，没有开始，没有结束，没有漏洞，没有任何不连续性。它不仅仅是一个观念，而是观念的典范。那些夸耀全面/全球思维的人永远不会摆脱阿特拉斯的诅咒：世界即球，即上帝，即自然（*Orbis terrarum sive Sphaera sive Deus, sive Natura*）。

•

换而言之，任何把地球看成一个球体的人总是认为自己是上帝。如果球体是我们厌倦历史时被动思考的东西，那么我们如何在不描绘球体的情况下追踪地球的联系？通过以**循环**的形式重回自身的运动。这是在行动力之间划出一条路径

---

56 绝不能忘记，环境问题首先是军事问题，气候变化引发的全面战争比反对气候变化的战争早了十年。参见 Ronald E. Doel, «Constituting the Postwar Earth Sciences», 2003。

57 如格雷斯姆在《俯视地球》（*La Terre vue d'en haut*, 2014）中所示，经典图像实际上是由一个个像素组成的，技术上来讲，没有任何“全球”图像。

的唯一方法，而无需借助只有全能的工程师——神意、进化或恒温器——的存在才能安排的部分与整体概念。这是将科学与神学世俗化的唯一途径。但是，我们不急于确定这一运动，就是我在上一讲中所说的行动波，它们有着控制论意义上的反馈环路：我们会即刻回到有船舵、总裁与世界政府的模型中！[58]

让我们先审视环境历史学家近来特别强调的奇特自反性循环：在 2015 年谈生态，意味着几乎逐字逐句地重复我们在 1970 年，在 1950 年，甚或 1855 年或 1760 年[59]抗议工业化对自然破坏时的说辞。我们在人类世的开端循环着这一主题——1780 年的版本。[60]然而，这并非意味着历史学家要屈从于自己的嗜好，即为每一个新事物寻找一些或多或少不为人知的预兆。就好像每个生态学作者真的被引导着发现了"太阳底下的新鲜事"，但由于他们用忠于旧观念的术语表达着思想，我们产生了从长远来看太阳底下又并无新鲜事的印象。[61]这也难怪，因为我们总是把我们的焦虑和希望寄托在永恒地球的词汇中。援引蓝色星球只能使我们原地打转！

如果历史学家确实有理由批判那些每次都以同样的热情宣

---

58 Andy Pickering, *The Cybernetic Brain: Sketches of Another Future*, 2011.

59 克里斯托弗·博讷伊与让–巴蒂斯特·弗雷索《人类世事件》(*L'Événement anthropocène*, 2013) 的论点难以遭反驳：我们的前辈们从未停止过以同样的措辞对同样的灾难表示惋惜，也未停止过面对同样的威胁发出警告，不论是史蒂芬·图尔敏的《宇宙之城》(*Cosmopolis*, en 1990)，热内·杜波的《只有一个地球》(*Only One Earth*, 1972)，罗马俱乐部 (Elodie Vieille-Blanchard, *Les Limites à la croissance*, 2011)，尤金·于扎 (Eugène Huzar) 的《科学的世界末日》(*La Fin du monde par la science*, 1855)，还是 1760 年反对疫苗的运动。

60 Jean Baptiste Fressoz, *L'Apocalypse joyeuse*, 2012.

61 参见 Clive Hamilton et Jacques Grinevald, «Was the Anthropocene anticipated?», 2015, 以及 John R. Mcneill, *Du nouveau sous le soleil*, 2010。

称我们刚刚进入一个截然不同的时期的人[62]，他们的谬误则在于没有看到这一重复其实是必须说明的现象之一：根据定义，地质历史永远不会以球体——我们可以**一劳永逸地**发现其包罗万象的形式——的形式被思考。这就是为什么它只是历史，而非一种“自然”。历史出其不意，并迫使我们重头来过。对相同事物的重复这一印象来自球的形式，每个人都试图用它来描绘发生在地球上的新事物。另一方面，迄今未知的行动力之间，在越来越远的规模上以越来越狂热的节奏产生新奇而戏剧性的联系，这的确十分新鲜。由于人类世消解了从远处观察地球的想法，将历史带回了关注的中心[63]。从这个意义上讲，尽管历史学家有所批判，自1760年、1945年、1970年以来，确实发生了一些新鲜事。[64]如果说自反性循环在形式上相似，但它们的内容、节奏、延伸每次都是不同的。这就是盖娅的坚持！

球的概念与全面/全球的思维包含着巨大弊端，即过快地将必须首先**组合**之物统一。此问题首先是具象的——我们必须先绘制一个圆，然后才能生成球体。它也是经验性的——只是因为麦哲伦的船归航，他同时代的人就能够在脑海中确定他们已经知道的球形地球的形象。但它也是道德的——只有当您觉

---

62 我当然有错，但有一点例外，因为我们从未现代，而且我们一直对它抱有疑虑。事实上，从来没有任何明确的断裂可以让我们依附，即便现代人只能以根本的断裂为背景生活——我们将在第六讲中探讨原因。

63 这一历史的回归很好地体现在为人类世提出的多种替代方案上：“盎格鲁世”（l'anglocène，英国与美国对二氧化碳排放量的累积贡献仍然超过新兴国家）；“资本世”（jasonwmoore.com）；还有唐娜·哈拉维在“与麻烦共存”（«Staying with the trouble», 2015）中提出的有趣的“克苏鲁世”。

64 目前，最严肃的替代方案是罗安清提出的“植物世”（*The Mushroom at the End of the World*, 2015），用以描述这一前工业时代的土地占有制度，它标志着伟大的“哥伦布交流”的开始（Charles C. Mann, *1493*, 2013），这是理查·格罗夫（Richard Grove）《天堂岛》（*Les Iles du paradis*, 2013）所分析的大分化开始的理想金字招牌。

得您的行为对自身有影响时，您才能理解自己在何种程度上是**有责任的**。正如斯洛特戴克所指出的，只有当人类看到污染向他们袭来时，才开始真正感受到地球确实是圆的。[65] 或者更确切地说，自远古就知晓的地球的球形——但每次只是表面上知晓——随着我们可以缓慢画出的环路数量的增多而越来越圆。因此，绘制任何球形所必需的循环是约翰·杜威意义上的实用主义：您必须先感受到行动的后果，才能够回忆起您真正做过的事情，并且意识到世界对您行动的抗拒。[66]

这就是为什么从球体转移到循环是如此重要，这些环路不知疲倦地以更大更密集的方式绘制它。如果不是基林在茂纳洛亚的天文台以及探测二氧化碳循环的设备，我们**所知**的会更少 [67]，我的意思是，我们不会那么强烈地**感受**到我们自身的行动可以使地球变圆。在此之前，我们必须借着多布森臭氧仪 [68] 感受臭氧层空洞，正如我们必须学会借着新的大气环流模型感受核冬天的可能性，这一模型应用于虚拟大规模核战争时期，由卡尔·萨根（及其同事）提出。[69]

这是人类世的关键。这并不意味着渺小的人类智慧应该在突然之间被传送到一个全球范围内，而后者对于前者的小规模而言太过庞大。而是说，我们必须潜入其中，将自己包裹在大量的环路中，逐渐地，在一条条联系中，人们可能会更加关心

---

65 Peter Sloterdijk, *Le Palais de cristal*, 2006, p.47 *et sq*.

66 John Dewey, *Logique*, 1992.

67 Charles D. Keeling, «Rewards and penalties of recording the Earth», 1998 rencontré déjà p.58 et 66.

68 Sebastian Vincent Grevsmühl, *La Terre vue d'en haut*, 2014.，第六章。

69 Paul N. Edwards, «Entangled histories», 2012, 以及 Matthias Dörries, «The politics of atmospheric sciences», 2011，论及核战争与新气候制度的关系。

我们居住场所以及大气条件要求的知识，并认为了解它们刻不容缓。这种被包裹在环路的传感器电路中的缓慢过程就是“属于这个地球”的含义。而每个人都得为自己重新学习它。并且这与大自然中的人或地球上的人无关。它是认知、情感与审美能力缓慢且渐进的融合，环路会由此变得越来越明显。在每经历一次循环之后，我们变得对我们所处的脆弱居所更敏感，更具反应性。[70]

在“知识”足够能让人接受，以使无形的人类成为历史的真正动因与可靠的政治行为者之前，我们还得围绕地球描绘多少条环路？假装我们早已**知晓**这些且前人已谈论过它没有任何好处。在座的某些人为了戒烟而不得不历经多少次循环？您可能“始终知道”卷烟会导致癌症，但这种“知识”与真正戒烟之间还有很长的路要走。“知道而不采取行动，这不是知道。”在我们衡量什么是知道不该吸烟之前，我们难道不应该预先感受肉体的痛苦，如香烟包装上那些令人不快的图像所预示的那样？在这一情况下，也同样需要复杂的机构与装备精良的官僚，以便让您提前感受到您的行为对自身的影响。与之相同，您需要多少次循环来彻底**感受**地球的圆？还需要多少机构、多少官僚，能够让您对乍看如此遥远的现象——如大气的化学成分——做出反应？特别是还有某些人在故意制造无知来**使**您变得麻木。[71]（资助气候怀疑论者的游说团体也长期致力于打破香烟与肺部之间的关联性，这并非巧合[72]。）

---

70 David Abram, *Comment la terre s'est tue*, 2013.

71 Robert N. Proctor, *Golden Holocaust*, 2014.

72 参见阿尔·戈尔的证据，《围困的理性》(*La Raison assiégée*, 2008)，以及更详细的 James Hoggan, *Climate Cover-Up*, 2009。

但还有另一个最终的、更有说服力的理由，解释为什么我们应该对任何全球观念都持怀疑态度：盖娅根本不是球体。盖娅仅占一层小薄膜，厚度仅有几公里，是关键区域的薄弱包层。因此，它不是全球性的，它并不像系统那样运行——控制室里有某个悬于头顶、居高临下的至高分配者。盖娅不是一个由反馈循环控制的控制论机器，而是一系列历史事件，每个事件都会进一步传播——或者不传播。理解矛盾与冲突联系的交织，并不是跳跃到更高的“全球”层级，将它们作为单独的行动整体来看待；我们只能用尽可能多的设备使它们的潜在路径交错，才有机会发现这些行动力在哪些方面相互联系。全球性、自然性与普遍性如危险的毒药那般，掩盖了建立设备网的困难，而通过这种网络，一切行动力都可以看到行动的后果。

这就是生活在人类世的意义所在：“敏感性”一词适用于这样的行动者：他们能够将探测器散播得较远，并且能使他人明白他们行动所带来的后果会回归并困扰自身。字典将“敏感”定义为“能探测或快速响应微小变化、信号或影响”，这一形容词适用于盖娅，也同样适用于人类——但前提是人类配备了足够的接收器来感受反馈。伊莎贝尔·斯坦格常说盖娅即变得**敏感的**力量。[73] 大自然，古老的大自然，很可能是冷漠、霸道、残忍的继母，但它肯定不敏感！而它的不敏感是成千上万首诗的源泉，也正是这一点让它在我们身上释放出崇高的感觉：我们是敏感的、负责任的、道德高尚的：而它不是。

而另一方面，盖娅似乎对我们的行为过于敏感，她似乎对她所感觉和探测到的东西反应极快。如果不学着对这些多重的、

73 Isabelle Stengers, *Au temps des catastrophes*, 2009.

有争议的、互相交织的环变得敏感，就不可能有斯洛特戴克所指的广义上的免疫学。那些无法“检测并迅速响应微小变化”的人注定要失败。而无论出于什么原因打断、消除、忽视、缩减、削弱、否认、模糊、损害或断开这些环路的人，已不仅仅是不敏感或不反应的。正如我们将在随后的讲座中看到的，他们即使不算罪人，也算得上是我们的敌人。这就是为什么有理由称那些否认我们和盖娅的敏感性，从而断言地球无论如何都不能对我们的行为作出反应的人为“否认主义者”。

•

为了避免整体而遵循环路，显然也是在靠近政治。伴随着人类世概念的提出，两个伟大的统一原则——大自然与人类——正变得越来越不可靠。而且，盖娅的闯入并不会统一在我们眼前分崩离析的东西。我们希望威胁的紧迫性是如此之大，它的扩张如此之“全球性”，从而使地球像具有统一力量的磁铁一样，神秘地将所有分散的人类聚集成单一的政治行动者，以重建大自然的巴别塔：这样的希望是徒劳的。盖娅并非有同情心的统一形象。“自然”才是普遍的、分层的、无可置疑的、系统的，无活性的、全球性的，并且对我们的命运漠不关心。而盖娅并非如此，她只是一个名字，指代行动力交织且难以预料的全部后果，而每个行动力通过操纵自身环境来追求自身利益。

多细胞产氧生物与释放二氧化碳的人类将基于其成就而繁衍**或不繁衍**，并将得到他们能够达到的规模。不多也不少。不要依赖包罗万象且预先制定的反馈系统来要求它们遵守秩序。我们不可能诉诸“自然的平衡”或“盖娅的智慧”，甚至不能诉诸其相对稳定的过去，将其作为一个在政治将人民过度分散时能够重建秩序的力量。在人类世时代，由深层生态学家所抱有的梦想——看到人类仅仅因转为关怀大自然而消除政治争论——破灭了。我们的确进入了后自然时代。

显而易见的是，在全球统一性的梦想背后总有科学。难道我们无法在科学之中找到最终使每个人的意见一致，并可能带给人类无可置疑的行动纲领的统一性原则？让我们都成为科学家——若不可能，则通过教育将科学传播到世界各地——然后我们就可以一致行动。“全世界的事实，联合起来！”不幸的是（我本想说幸运的是），该解决方案是不可能的，这不仅由于气候怀疑论者引导的伪争论——我在第一讲中已提到[74]——而且由于所有这些依赖仪器、模型、国际公约、官僚组织、标准化和机构的学科的独特性，这一“巨型机器”——引自保罗·爱德华兹（Paul Edwards）的某书标题——从未以积极的形象出现在公众的视野中。[75]气象学者与地球系统科学已经陷入**后认识论**处境，他们对此惊讶，公众亦然——这二者都被丢弃在“自然外”。

如果在大自然与科学中都没有统一性，这就意味着我们寻求的普遍性应该是由一个个的循环，一次次的反馈，一件件的仪器交织而成。为了使这样的组合至少是可以想象的，我在第一讲中提出基于行动力的分配，以及选择将这些行动形式联系起来的连接方式来定义集体[76]——记住，它不是社会的同义词。这就是我所谓的**形而上学**或**宇宙论**，它可以通过将我们引向诸

74 Edwin Zaccai et al., *Controverses climatiques*, 2012.

75 Paul N. Edwards, *A Vast Machine*, 2010.

76 Philippe Descola, *Par-dela nature et culture*, 2005.

如**世界**的事物，使我们彻底摆脱自然 / 文化的格式。不同之处在于，这些集体不是——如传统人类学中的——**文化**；毕竟，它们并不是作为“大自然之子”而统一起来——就像前不久自然科学所看待的那样；当然，也不是因为它们会兼顾二者——就像和解或辩证法不可能实现的梦想一样。[77]“人类世”这一术语真正的美妙在于，它使我们尽可能地接近**人类学**，并且使**集体的比较**最终摆脱单一的自然或文化图式——一方是统一性，另一方是多元性，从而显得不再那么不可信。最后，多元性无处不在！政治可以重新开始。

在人类世面前，一旦我们摆脱了只是将其看成一个新型的“面对大自然的人类”图式的诱惑，最好的解决方案或许就是将传统形象瓦解，直到我们能够看到地质历史的一种新的动因分配。对新民族来说，人类一词不一定具有意义，其规模、形状、领土及宇宙论皆要重新勾画。生活在人类世时代，就是迫使自己重新定义卓越的政治任务：您要组成何种民族，有着何种宇宙论，生活在何种领土上？有一件事是肯定的，这些在舞台上首次亮相的演员从未在如此复杂且神秘的情节中扮演过角色。我们必须这样做，我们已经不可逆转地进入了后自然、后人类与后认识论的时代！有太多的“后”？是的，但我们周围的一切都发生了变化。我们不再是老式的现代人，我们不再生活在全新世时代！

行动力的再分配——不久前还被称为“环境问题”！——不是和平地聚集利益相关者；它比过去的所有政治热情更有效地制造分裂——它总是如此。如果盖娅能够讲话，它们就会如耶

---

77 Bruno Latour, *Politiques de la nature*, 1999.

稣那样说："你们不要想，我来是叫地上太平；我来并不是叫地上太平，乃是叫地上动刀兵。"（《马太福音》，10：34）。甚至更猛烈一些，正如在多马伪福音中一样："我来是把火丢在世上；看哪！我要看守着，**直至**火燃烧起来。"[78]

·

我将以对拉斯·冯·提尔的著名电影结尾处的行星撞击的另一种解释来总结本讲。[79]部分情节是名为忧郁星的游星有着撞击地球的危险，主角们远离尘世，居住在豪宅中，这一威胁暴露了他们将如何应对灾难。为了在座未看过这部电影的人，我不打破悬念，总之结局不太好……女主角用树枝搭建的脆弱庇护似乎并不足以保护姐姐与外甥。然而，这一隐喻的寓意可以是迥然不同的：在最后崇高的末世一瞬，被游星摧毁的不是大地（Terre），而是我们的地球（Globe），是全球本身，是我们所拥有的球的观念典范，它**应该**被摧毁，这样艺术与**美学**才会呈现。[80]前提是您将美学一词理解为其本义——"感知"与"关注"的能力，换而言之，这是一种使自身敏感的能力，它**先于**科学仪器、政治、艺术以及宗教的任何区分。

在众多的语言创新中，斯洛特戴克提出我们应该从**一神论**——及其对球形的长久痴迷——转向**一地论**（monogéisme）。[81]

78　Évangile apocryphe dit «de Thomas», loggion 10.

79　Lars Von Trier, *Melancholia*, 2011.

80　"这就是为什么盖娅看起来更像是忧郁星而不是它所撞击的地球；忧郁星是盖娅巨大而神秘的超越形象，盖娅是毁灭性打击我们这个突然太过人性的世界的实体"，Deborah Danowski et Eduardo Viveiros de Castro, «L'arrêt de monde», 2014, pp.251—252。

81　不要与作为人类单一起源理论的人类同源论相混淆！"上帝的证明不可避免地承受失败的耻辱，而全球的证明却有无穷无尽的证据"，Peter Sloterdijk, *Le Palais de cristal*, 2006, p.15。

一地论者没有备用星球，他们只有一个地球，但他们不知道它的形状，正如他们不知道昔日上帝的面孔——因此他们所面临的可以被称为一种全新的**地缘政治神学**。一旦球被摧毁，历史就会重新开始运转。

第五讲 如何召集（自然中）形形色色的人民

两个利维坦，两种宇宙学 * 如何避免诸神之战 * 一项棘手的外交方案 * 不可能召集“大自然子民” * 如何给谈判一次机会 * 论科学与宗教的冲突 * “终结”一词含义的不确定性 * 比较竞争中的集体 * 摒弃一切自然宗教

当我看到书架上的这期《自然》杂志时，我相信这个困扰了我四五年的形象，这个有着我无法撼动又令人困扰的力量的庞然大物，正用它失明的双眼看着我并朝我走来，使我消融在这一比阿勒甘的戏服还花哨的综合体中。[1] 我们在讲座中试着描绘的所有属性在这一变质带之中互相交换，这具身体的内脏为矿道，手臂为植物志，手腕与肌肉为工厂，神经丛为哥伦布的航海发现，肩膀为导弹，海洋与云层是胸骨。锁骨处有原子弹爆炸，所有这一切由顶部的杂志标题《自然》与底部的期号标题《人类时代》框起来，三个世纪以来，这两个术语都是对立的，直到该期杂志力图定义并推定年代的人类世的到来，将它们融合！

---

1 *Nature*, 11 mars 2015（图表 4-1 已讨论，第 20 页）。

图表 5-1a © 阿尔贝托·赛维索，为《自然》期刊所作

看着封面，我不禁被它与另一种怪物——“可朽之神”——的相似性所震撼，这另一个拼凑而成的图像更为人所知，它出现在霍布斯的《利维坦》扉页上，这部著作在很大程度上决定了现代人的宗教、政治与科学史，而我也会在随后的讲座中用到它[2]……您一定记得这幅图像，一手持着代表世俗权力的剑，另一手执着代表精神权力的杖，这一大头巨人是皇家豪华剧团集市木偶剧当之无愧的前身，由于一个微妙的光学过程，小人儿的聚集反映在一个戴着皇冠的头颅上[3]，他凭借着巨大身躯统

2 史蒂文·夏平与西蒙·谢弗的著作《利维坦与空气泵》（*Le Léviathan et la pompe à air*, 1993）出版后，所有这些历史学倾向于区分的领域之间的联系才变得清晰起来。

3 西蒙·谢弗在“看见替身：如何编造幽灵般的政治体”（«Seeing double: How to make up phantom body politic», 2005）一文中指出，这种对头部的放大，起源于尼西龙神父那里借来的一个简单的光学手段（Jean-François Nicéron, *La Perspective* curieuse, 1663）。因此头部与超有机体无关：在这里，整体也比部分小——除了光学元件。

治着一大片城市、乡村、要塞与城堡。[4]霍布斯始终在解释这一点：这就是我们停止自相残杀所不可或缺的。只有发明一个强大到足以统一其臣民意见的国家，宗教战争才能结束。为了恢复世俗的和平，国家的“可朽之神”必须取代“不朽之神”的地位，而后者被当时的原教旨主义者以各种方式援引，用以推翻既定秩序。[5]

图表 5-1b 扉页画，霍布斯，《利维坦》

4 这一扉页画引起了艺术史学家的兴趣，如 Horst Bredekamp, *Stratégies visuelles de Thomas Hobbes*, 2003, 或者 Dario Gamboni, «Composing the body politic», 2005, 也让写作者着迷，如 Carl Schmitt, *Le Léviathan dans la doctrine de l'État de Thomas Hobbes*, 2001，我们将在第七讲中讨论他。在夏平与谢弗著作的封面上，他们将象征宗教权力的权杖替换为波义耳的空气泵，这是第一个成为新政治认识论象征的科学仪器。

5 “这就是伟大利维坦的诞生——或者更带有敬意地说，它是可朽的神，在不朽的上帝之下，赐予我们平安”，Thomas Hobbes, *Léviathan*, 1971, chapitre XVII。

扉页画展示了霍布斯对一切行动力的全新分配：惰性物质，被机械的自然法则所统治的世界，被唯一的热情——利益所支配的社会，对圣经中形象化语言解释的严格控制，对科学真理的定义如同欧几里得的命题一样无可争议。这正是我刚才讨论的期刊封图所挑战的：一个活跃的世界，在脚下颤动的地球，无可辨认的景观，没有确定的权威，可怖的混合体，大量的混杂，分散的科学、工业与技术成分。尤为重要的是这一令人沮丧的印象——这个集合体在盲目地行走，手臂垂下来，低着头，在黑色背景的映衬下清晰可见，不知道它要去哪里，也不知道它会遇见什么！面对利维坦，您知道自己是谁，应该在哪个权威面前俯首称臣；而我们应如何在这另一个宇宙巨兽面前行事？[6]

将这两个偶像并排放置，我不禁想到我们可能正在见证一场所有人对所有人战争的回归。霍布斯曾以为他已经解决了秩序问题，他通过一个庄严的契约将公民社会从自然状态中抽离出来，从而有可能从整体上构建利维坦这一人工机器。这一解决方案如今是否有可能被另一个怪物所挑战？它是地质学与人类学的混合体，被期刊简称为“人类时代”的人工与自然的新混合体。这是否意味着通过新协议、新契约、新人造物来发明我们所谓的大自然国（l’État de la Nature）？[7]

依霍布斯所言，在17世纪，这一主题必须表现得毫无生命力，以便恢复秩序，而在21世纪初，地球开始反馈我们的行

6　我最初给戏剧项目起的名字，后来称为盖娅全球马戏——参见导言。

7　大写字母用来与自然状态——霍布斯用以与国家形成对比的神话——区分，实际上，自然国是现代人生活的宪法，直到生态剧变的出现以及“自然”概念的“终结”，Bruno Latour, *Politiques de la nature*, 1999。

动，这足以使秩序彻底动摇。无论如何，如同在“光荣革命”[8]时期，我们不能自欺欺人地相信自然问题已得到解决，宗教已成为过去，科学已成为无可置疑的确定性；我们也不能自欺欺人地认为我们知道推动人类以及政治目的的原动力。我们可以怀疑人类世是否标志着新的地质时代，但毋庸置疑的是它代表了一场必须将一切重写的变革。

我乐于承认，不讨论宗教问题更让人舒服！我们多希望宗教已被抛在身后！霍布斯应该也是这么想的……但为时已晚。这不仅是因为所谓的“宗教回归”或“原教旨主义的兴起”，而且由于盖娅的突然降临迫使我们怀疑一切包罗万象的宗教，其中有些应该被称作**自然的宗教**（religions de la nature）。这一悖论相当有趣：我们指责盖娅是“被误认为科学的宗教”，而正是盖娅的闯入才迫使我们重新分配早先时代的全部特质，包括借由与宗教（Religion）**相对的**科学（Science）去认识大自然（Nature）的奇特观念（我保留大写字母不是为了显得更严肃，而是为了提醒您它们涉及的是形象，而非领域）。如果在今天，在人类世时代，我们试图将科学与宗教分开，这将会是一场真正的杀戮，因为科学与宗教是你中有我，我中有你的。如果在重新思考它们之前就试图将它们分开，我们就会失去任何将它们**最终分别**带回地球的机会。[9]这是盖娅的力量之一，它如此强烈的酸性腐蚀了所有**自然宗教**（religion naturelle）的混合体。

不管怎样，我们别无选择，因为古老的自然/文化格式的

8　它是英国人为1689年宗教内战结束和新宪法秩序的建立起的名称。

9　这是作为吉福德会议主题而提出的“自然宗教”一词的模糊性。人们可以将它理解为“通过科学证明上帝存在”，或者在一个完全物质的世界中寻找灵性的所在（这是许多吉福德讲师所做的）。但人们也可以尝试找到这种不幸问题的根源。

解体正迫使我们追溯所有集体的界限。[10] 在人类世时代，抛弃人类学是徒劳的。一切宇宙论都出现了同样的问题：对于一个民族来说，衡量、描绘与组成他们所依附的地球的形状，这意味着什么？

在本讲中，我要着手分析有些像电视剧《权力的游戏》那样的奇幻片里的运作！当然，这关系到的不是维斯特洛，不是七大王国，也不是金发碧眼的丹妮莉丝·坦格利安是否能夺回她祖先的铁王座[11]……我想描绘的是一张各民族相互争斗的领土的粗略地图。为了勾勒出这一目的，我们必须学会识别，迄今为止被自然/文化不当召集的集体如何能够通过进行所谓的战争或和平活动——另一种说法是**冒险主义外交**——来互相定义、互相阐明。我们将试图使集体具有可比性，要求它们彼此说明在某时间内定义其宇宙论的四种变量：

—它们认为自己被哪种**至高权威**所召集；

—它们给其**民众**何种边界；

—它们认为自己居住在哪片**领土**；

—它们确信自己生活在哪个**时代**？

我们还要添加第五个问题：

—分配行动力的组织**原则**是什么？——我称其为**宇宙图**（cosmogramme）。

让我们比较不同的民众，每一群都由一个不同的事物召集，

10 我重申，**集体**是取代过去不对称的社会或文化概念的术语（见第一讲）。社会（或文化）是一个单一概念的一半，另一半是自然。“集体”在一个单一的概念中收集了既非自然也非社会所定义的各种动因。关于这些定义，参见 Bruno Latour, *Changer de société*, 2006。

11 HBO 出品改编自乔治·马丁著作的电视连续剧。

这些事物定义、安排、分类、组织、构成、分配——简而言之——根据其宇宙论以各种方式**分配**各种类型的动因。

我认识到，与人类学应该考虑的所有变量相比，这份问题表非常粗浅，但我试图避免只通过询问这一个问题来召集所有集体：您的具体**文化**是什么——抛开它们必然共同的**性质**？这是我找到的唯一方法，可以打破对大自然的援引所带来的虚假一致性。多亏了它，我们才能开始绘制这个新的地缘政治——或者更确切地说——盖娅政治（Gaïa-politique），这将是我们随后讲座的重点。这没有《权力的游戏》那么血腥（且完全没有性爱场景），而只有那些企图聚集民众对抗会毁灭他们领土的人所必须学会直面的暴力。鉴于我们正身处世界大战之中，我们又怎能对此感到惊愕？

•

着手进行这一棘手召集任务的权宜之计是对**宗教**一词下一个临时定义。我在此借用米歇尔·赛荷的定义，在我看来它不会立刻就激怒当代读者[12]：

> 学者们认为宗教一词可能有两个来源或者说起源。依据第一种起源，宗教——源自拉丁语动词——的含义是：连接。……依据第二种起源——它更为可能，但不太确凿，它与前一个相似——宗教意味集合、汇集、重建、通览或重读。
>
> 但学者们从来没有说我们的语言在宗教面前放置了哪

12 Michel Serres, *Le Contrat naturel*, 1990.

个崇高的词，以否定它：疏忽。那些没有宗教信仰的人都不能称自己为无神论者或异教徒，而是疏忽大意的人。

疏忽的概念使我们理解我们的时代。（第81页）

在这一点上，宗教一词只不过是指出我们坚持什么，我们小心保护着什么，我们避免忽视什么。从这个意义上讲，我们很容易理解，**不存在无宗教信仰的集体**。然而，有些集体**忽视**了许多**其他集体**极为重视的因素，它们要不断去留心的因素。因此，重新引入宗教问题，首先并不是去操心对这种或那种奇怪现象的信仰，而是要注意到某个集体**缺乏**对另一个集体的**关注**可能代表的震惊与丑闻。换而言之，信教首先意味着关注他人所珍视的东西。因此，在某种程度上，它是在学习像一个外交官一样行事。[13]

与一个集体对话，首先是要找出它最尊重的东西，它所承认的**至高权威**。如果说一个集体在意自身，有时也在意其他集体，这意味着它调用了一个**神**——或者，为了不得罪敏感的读者——调用了一个它觉得受之召集的**神**。自人类学存在，我们就了解这点：没有仪式，就没有集体，在仪式中我们发现，要真正聚集成群体，唯一的办法是被权威召集并反过来召唤权威。这就是涂尔干告诉我们的，他证明大写的社会（Société）形象在一些现代化的民众眼中可能正是扮演着至高权威的角色[14]——并且我们在20世纪意识到，同样大写的市场

---

13 Isabelle Stengers, *La Vierge et le Neutrino*, 2005. 关于作为探究方式的外交问题，参见斯坦格精彩的讲座，modesofexistence.org，词条“外交”。

14 Émile Durkheim, *Les Formes élémentaires de la vie religieuse*, [1912]，以及我对这部著作的分析，«Formes élémentaires de la sociologie», 2014。

（Marché）也能够在广大的领土上充当最高权威。[15] 从这个意义上说，没有长久的**世俗化**集体，只有修改了召集自身的至高权威的名称与性质的集体。

但是我们也知道，将由**其**神明聚集的民众联系到被**其**民众召唤的召集性神明的往返运动，无法经得起批判的腐蚀性影响。最轻微的距离或漠不关心的迹象便足以使神灵沦为装饰性的主题。这就是不朽的古代神灵所遭遇的事情：它们与**所属**并且**拥有**的人民一同消失了。它们成为可朽的神，只有它们的鬼魂才成为娱乐或怀旧的源泉。譬如，如今用这样的赞美诗来向古代盖娅祈祷会是荒谬的：

> 噢，盖娅女神，荣福与凡人之母，滋养并恩赐一切，生产并毁灭一切，郁郁葱葱，沃野千里，……产出繁盛果实……，噢，荣福的女神啊，增添欢乐的果实，赐予幸福的时节。[16]

这样的祈祷会被视为肤浅的讽刺，或者是复活一个早已消亡的邪教的徒劳尝试。为了让它听起来真实，必须有一批真正的**民众**通过根深蒂固的仪式感到与此神明不可分割。您会理解，让您嘲笑对盖娅的祷告，或者让您相信盖娅只是昔日的形象——一个影子，一个幽灵，这绝非我的意图。这就是为什么我不会试图直接召唤这个形象，因为我们没有分享足够的文化，不属于同一群人，不能运用相同的仪式来问候古老的盖——它

15　Michel Callon (dir.), *The Laws of the Markets*, 1998.

16　*Hymnes orphiques*, XVI，勒贡特·德·列尔（Leconte de Lisle）译。

的名字是正义的大地（justissima Tellus）[17]。没有活的文化就没有崇拜；没有活着的崇拜就没有文化。

但是，当一个集体自豪地宣称**它不承认任何神明**时，如何要求它明确此类至高权威的名称、属性、功能、起源和形象？正是在这一点上，人们必须花费时间，并按照我们现在所习惯的那样[18]，从我们赋予形象的**名称**转到这些形象的**行动方式**。神明，如同概念、历史英雄、“自然世界”的客体——江川、岩石、河流、荷尔蒙、酵母，只有通过行为表现——**最终**赋予它形式的属性——才有能力，也因此才有实质。当我们在处理诸如神灵这样爆炸性的物质时以外交方式行动时，就是迫使自己始终从属性开始，从而不会即刻在实质层面交锋。

伟大的埃及学家与神话记忆历史学家扬·阿斯曼（Jan Assmann）提醒我们，在犹太教与基督教出现之前，地中海与中东的各个城市都有一种古老的传统，即制定受崇拜神明名称的**互译表**。[19] 在一个愈发世界性的时代[20]，这些翻译为温和的相对主义提供了一个切实可行的解决方案，每个本土崇拜的信徒都能借此认识到他与当时生活在他们中间的许多外乡人的本土崇拜之间的亲缘性。“您，罗马人，所说的朱庇特，我，希腊人，称之为宙斯”，诸如此类。

根据阿斯曼的说法，互译表的功能是将注意力从神明的专

---

17 “最正义的大地”，这是卡尔·施密特引用维吉尔的一段话（*Le Nomos de la Terre*, 2001, p.47），我们将在第七讲讨论它。

18 回顾第二讲中提出的方法有助于避免在面对下述内容时迷失方向。

19 “神明是国际性的，因为它们是宇宙性的。不同的民族崇敬不同的神，但没有人质疑他人的神的真实性，质疑他们崇拜形式的合法性”，Jan Assmann, *Moïse l'Égyptien*, 2001, p.20。

20 Éric C. Cline, *1177 avant J.-C.*, 2015.

有名称转移到这个名称在其信徒心中所概括的一系列特征。譬如，如果“宙斯”一词在某些人听来是无法理解的，我们就展示其**属性**表：“命运的向导”（*Moiragétès*），“祈祷者的庇护”（*Ikesios*），还有“顺风之神”（*Evanémos*），当然还有“持闪电者”（*Astrapeios*），直到外乡人在其语言中找到对应词。人们为和平共处而采取的措施是确保，如果属性表十分相似，那么他们可以将某些专有名词视为大致的同义词——或至少是可谈判的：“您这样称呼它，我的同伴那样称呼它，但是通过这些祈祷，我们指代在世界上做出相同行为的同一个神。”因此，这种互译的形式在多元化社会中为世俗和平提供政治解决：只要我们执着于名称，我们就会永无止息地进行徒劳的战争。在古城中的神明互译表既是国际大都市的外交谈判结果，也是谈判的场合。

然而，正如阿斯曼如此具有挑衅性且令人信服地证明的那样，这种允许互译的外交状况在他所说的“摩西分裂”之后变为不可能，他认为与之相关联的是摩西之神的古老形象——在这之前更为古老的形象是阿肯那顿（Akhenaton）。[21] 于是在神性问题与真理问题之间引入了一种全新的关系。从历史上的这一断裂点开始，我们便能够通过对神名表所允诺的温和相对主义的厌恶，以及偶像破坏行为的增加，来识别宗教的出现。[22] 无论神名表曾经允诺过什么，“唯一的神”再也不能成为任何其他

---

21 Jan Assmann, *Moïse l'Égyptien*, 2001，尤其是在下面这本书中（*Le Prix du monothéisme*, 2003），它回顾了第一本书中所产生的争议。“（真与假的区分）与传统历史宗教和文化格格不入，在这些宗教和文化中，基本的对立是神圣与亵渎，纯洁与邪恶。与衍生宗教不同，当务之急不是崇拜假神的风险，而恰恰是忽视重要的神灵的可能性。所有宗教都被认为具有相同的价值，并且假设神明之间存在可转换的关系。”第 81 页。

22 “一神论真理的引入并没有伴随着‘仇恨’的出现，而是仇恨的新形式，即一神论者对被视为物神的旧神的偶像崇拜式或神学式仇恨，以及对其他被摩西区分排除在外并被裁定为异教徒的人的反一神论仇恨。”第 111 页。

神明的同义词。将一个神明的名字转译成另一个的做法已经变得不仅不切实际，而且是可耻的，甚至是不敬的。“真”神变得无法译为其他名字；只有这唯一的崇拜能被容许，否则就是偶像崇拜了。就好像真神已经暴怒了：“在任何情况下，您都不可将对我的信仰与任何其他**相提并论**。”宗教一词的旧含义已不再能被理解：恰恰相反，忽视别人所坚持的东西，这就是新的命令！这就是为什么阿斯曼为宗教与真理的这一新联系提出了明显反直觉的**反宗教**术语，这一术语将在本讲与随后几讲中引导我们。[23]

您会问，这在今天对我们而言有什么关系？我们不是很久之前就从“摩西分裂”中走出，习惯于对比复数的**宗教**，而丝毫不担心每一种宗教都声称比其他宗教更真实吗？有什么能够阻止这种比较？我们不是已经再次变得多元化了吗？难道我们不是生活在一个彻底世俗化的世界中吗？当然，但我们在之前的讲座中开始明白，**认为自己**不信教是不够的。正如我们在托比·泰瑞尔这样的地球系统科学教授的例子中所看到的，拥有一个世俗的世界观并不容易。[24] 人们可能认为自己是科学的，没有任何特定的信仰，但同时又将某些属性归于进化论或洛夫洛克的盖娅，这些属性使它们与整个地球（Globe Total）的神明没有区别。我们给予至高权威的名称不如我们归于它的品质重要。

尽管外表如此，多元主义如此罕见，是因为总有埋伏着的神明，要求与其他神明相称——无论它有着什么名字。不管人

---

23 因此，反宗教或衍生宗教与初始宗教不同，Jan Assmann, *Violence et Monothéisme*, 2009。

24 参见上一讲，第 150 页及之后内容。

们怎么看待现代人，他们自认为不信教，他们相信自己摆脱了一切神明，但他们仍旧是“摩西分裂”的直接继承者，因为他们仍旧将至高权威与真理相联系，除了一点：如今分裂的**一方是信仰某种宗教，另一方是了解自然的真理**。我们现在理解了阿斯曼所说的**反宗教**这个奇怪的名字：为了简化问题，这既适用于所谓的一神教，当它们起来**反对**偶像崇拜时，也适用于**反对**一切宗教——包括一神教——的新反宗教。宣称没有任何神，这不足以使人遗忘这个至高权威的声音，它也如前一个声音一样暴怒地咆哮：“在任何情况下，您都不可将自然法则的**知识**与任何其他信仰**相提并论**。”一个奇怪的法律，要求忽视其他人所珍视的东西！无论我们喜欢与否，我们都是分裂的后代，它迫使我们将担负着我们命运的至高权威与真理问题联系起来。甚至那些唾弃一神教的人也借用了这种唾弃偶像崇拜的方式。偶像破坏是我们的共同利益。[25] 从真神怒斥一切偶像，我们已经走向了真自然怒斥所有假神。这一分裂仍然存在；闪电、雷声与风暴的气息也依然存在。

您看到了困难所在：本来召集各宗教并相互比较就足够困难，即便它们已习惯于在如今普及的多元化形式面前或多或少地屈膝；但是，如果其中一个集体愤然拒绝说出它所占的领土，是什么至高权威将它召集，它所处哪个时代，以及它所承认的组成原则，我们怎么能希望谈判不会立刻流产呢？

正是考虑到这一问题，我想提出一个新的外交问题：是否有可能重塑神名互译表的传统，目的是列出其他存在物、其他信仰、其他民族，并在各种集体中找到——只要我们还坚持过

---

25 Bruno Latour et Peter Weibel(dir.), *Iconoclash*, 2002.

于局部以及过于宗派的观点——仍被忽视的关联？如果我们必须发动战争——世界大战——我们要向自己保证，我们不是为了名号，而是为了区分真朋友与真敌人的特征而互相残杀。如果争夺的是领土，那么我们必须能够划定其边界。即使是粗略的草图也比没有任何地图更好。

·

神明互译表的相对主义——更确切地说是关系主义（relationnisme）——形式使各民族之间的谈判变得可以相提并论。我很清楚，这想法从一开始就会引起愤慨。“当这两种祈祷完全无从比较的时候，您怎么敢把那些信仰多少有些怪异神明的人与那些谈论‘大自然’的人相提并论呢？甚至‘祈祷’一词也令人震惊。如果您愿意，向盖娅、安拉、耶稣或佛陀祈祷，但您还要说向自然‘祈祷’，这就令人无法忍受了。在前四个名称与最后一个名称之间，应当存在一个没有任何谈判可以填补的鸿沟！”强烈的愤慨使我们认识到假神与真神之间的这种根本断裂所划下的痕迹，即使现在分裂的一方是关于神的说法，另一方是关于“现实”的说法。“您无法比较这些事物。”“您必须选择阵营。”“大自然不是一种宗教。”或者，戏仿一句著名的讽刺：“当有人对我这样谈论‘自然’时，我就拔出了左轮手枪！”

可是等一下！我们是来思考，而不是来打架的——至少目前如此。我们希望将注意力从名称转移到属性。在将彼此送上火刑柱之前，让我们首先列出您徽章下汇集的特征列表，以及其他人在一个不同的教派下汇集起来的特征。“但是自然，”您会说，“既不是‘徽章’也不是‘教派’；它是构成我们的物质，我们都生活在其中。”我知道，但我要求您等待，耐心等待：您在这里所表达的，是您要求别人**在与您交谈时**不要忽视的事情。很好。现在让我们接受倾听对其他难辞其咎的疏忽的愤慨。如果您暂时同意休战，我相信提出暂停敌对行动不是不可能的，因为正如我们在之前的讲座中所看到的，尽管“大自然”有无可争议的声誉，它却是最为模糊的概念，或者在所有情况下最不容易中止冲突的概念。

而且，从这个过于引人入胜的术语“大自然”中稍微退一步也不是一件坏事，即使我们加上大写字母与引号，我们也会太过快速地忘记它不是一个领域，而是一个概念。我会运用一个策略——我保证一旦它产生效果就会被抛弃——来尝试界定与这个至高权威相关联的**民族**，并尝试确定这一至高权威的特征。我们应该给这一权威起什么名字？为了避免在这种情况下显得过于无礼、过于挑衅的“上帝”一词，我提出“我们都从其中诞生”（Ce-dont-Nous-Sommes-Tous-Nés），简写为 Cenosotone。如果它听起来很奇怪，那么这正是我需要的那种奇怪，因为它使得与其他名称和召唤的互译更为简单。在一段时间内，我需要采用乔治·马丁（George R. R. Martin）的风格。就像在《权力的游戏》中一样，陌生人可以方便地互相问候，譬如：“您是 Cenosotone 的子民，我们属于宙斯的子民；那边守护北境的是奥丁的子民！”

我们如何称呼这个连接“大自然的子民”与至高存在物的循环？如果我使用“宗教”一词，即使我坚持上面给出的定义——与疏忽相反——我还是担心谈判可能会突然结束，而不会进一步对古代崇拜或“自然主义者”的崇拜进行说明。专家们会义愤填膺地喊道：“做大自然的子民不是宗教！”——他们或许没错。但是，如果他们没有错，原因很简单，即所有要构成互译表[26]左侧称号词汇的词语必须足够万能，以便将注意力集中在特征列表与属性上。这是使谈判得以持续的唯一途径。因此，让我们选择“宇宙图”一词。[27]

在我们的时代，就像在古代一样，正是因为我们生活在国际大都市中，因为我们有不同的占用地球的方式，我们才必须从事这种冒险的活动。如果我们能够坚持自己的特殊性与身份，我们就不需要发明某种工具来使集体具有可通约性。我们不需要这种相对主义——它意味着关系的建立。但是，如今我们在彻底的全球化进程中，在避免全面战争的努力与完全和谐的要求之间徘徊，坚持希望我们会成功形成某种权宜的妥协（*modus vivendi*）。无论怎样，那些准备交锋的人从未同意坐在谈判桌旁——他们已经在战争道路上走了太久，从头到脚都是武装的，而我们就是那些慢慢开始装备起来的人，希望有一天能回击他们。

•

如果我们必须首先在其不在场——从某种意义上讲的缺席（*par contumace*）——的情况下描绘Cenosotone人的肖像，这是因为他们以最奇怪的方式既存在又不存在于这个世界。他们拒绝成为一个民族，也拒绝被限制在一个领土内。他们无处不在又无处可寻，既缺席又存在，既具侵略性又极端疏忽大意。如果绘制属性表，我们就会立刻理解为什么他们不构成集体。它的拥护者通过六个限定词来描绘Cenosotone：它是**外**

26　参见图表5-2，第195页。

27　在John Tresch的《浪漫机器》（*The Romantic Machine*, 2012）中发挥了出色的作用。

部的，统一的且**无生命的**；它的法令是**无可争议的**，它的人民是**普遍的**，它所处的时代是**有史以来的**。除此之外，他们还断言 Cenosotone 是**内部的，多样的，有生命的**且**有争议的**；它的人民只剩**少数**，他们生活在一个时代，而所有其他人都被一场激进的革命所隔开。在两栏之间，没有明显的联系！我们可以理解为什么这个自相残杀的民族会如此不安、如此不稳定。我们也不会惊讶的，它对盖娅的出现与对人类世假说的反应同样糟糕。这二者迫使它找到一个锚点，定位自身，最终弄清楚它想要什么，它是什么，最后指明谁是它的朋友，谁是它的敌人。

让我们从"外部"一词开始。显然，它的信徒认为它是这样的："它不依赖于援引它的人的愿望和奇思妙想。Cenosotone 不容谈判！"这不足为奇。这是所有能够将人民聚集在其至高权威周围的事物的共同属性。正是因为它们**超越了**其人民，它们才拥有召唤并将他们聚集在一起的力量。它们的超越性是其定义的一部分。这就是至高权威确实是**无上**权威的另一种说法。

但是如果深入挖掘一下，我们就会遇到一个看起来矛盾的特性：Cenosotone 确实是外部的、超越的，但它也在精密的实践网络**内部**，这些实践网络似乎是不可或缺的，它们被称为"科学学科"。每当我们指出与 Cenosotone 的某些属性相对应的"自然世界"的特征时，我们也必须遵循产生客观知识的复杂路径。我们的目光同时集中在无限性与前景上，当然，正如我们在前一讲中所见，我们并未成功。这个存在物的外部性与内部性之间的张力是极端的：作为**结果**的集合，Cenosotone 就是**外部的**。我们甚至可以说它的法令就如称为 acheiropoïètes 的圣像画——即，“非人手所为”[28]。而作为**生产过程**，Cenosotone 的法令则在行为**内部**，许多人手借助工具一心想把它变成一个**外在的**现实。

就好像公众无法同时调节——从该词的光学意义上——这两个层级：当第二个层级处于清晰焦点时，第一层始终保持模糊。我们已经遇到过很多关于此类双焦的例子，但我不能不考虑关于所谓的“气候门”的虚假争议，这场辩论是在 2009 年哥本哈根的大型气候会议，即第 15 次缔约方会议之前出现的[29]，气候怀疑论者认为他们可以通过“揭示”科学真理是由人类创造的，从而破坏它！仿佛这样的揭露应该引起丑闻！好像不可能接受全球变暖确实是“外部的”，在自然中的，没有伪造任何数据，并且这种确定性**还是**来自科学家网络交换成千上万封电子邮件，分享有关计算机模型、卫星视图以及——从大量昂贵的探索中耗费巨大成本而获得的——沉积岩心碎片数据的解释！好像我们仍然不可能解决视觉双焦的问题，不可能遵循事情是如何精心被**制造**并**借助这一精心的**捏造而成为**事实的**。此处的矛盾正是在所谓的“自动化”技术中，工程师非常清楚，只要有一群助手协助它，**使**它自动工作，它就是自-动化的——归根结底，没有什么比自动装置更为他动的（hétéromatique）。

虽然许多其他文化都倾向于探索这一矛盾，但大自然子民却没有考虑过这个问题。就好像这些人必须让他们的宇宙学同

---

28 认识到在科学生产中起作用的那只手，而忽视它在信仰生产中的作用，是所有建构主义模糊性的根源。这是《论拜事实神的现代宗教》（*Sur le culte moderne des dieux faitiches*, 2009）一书的主题。

29 人为制造的关于人类活动与全球变暖之间存在联系的争议，只是“揭示”了研究人员的日常工作。参见 en.wikipedia.org/wiki/Climatic_Research_Unit_email_controversy。

时围绕着**两个焦点**：一个是一切皆为外部的，没什么由人类所造的；另一个是一切皆为内部的，由人类所造的。正如不稳定的哥白尼革命同时有两个太阳，地球围绕着这两个太阳无规律地摇摆，却永远找不到自己的静止中心。[30] 这里有一个明确的迹象，对于试图将这一存在物译成他们自己语言的其他人来说，该集体的行为是怪异的，甚至是危险的。他们可以问其成员："那么您在哪个地球上生活？"

当考虑到第二个属性时，这群人可以**完全**不属于**任何地球**。"Cenosotone 是统一的，所有动因都遵循其普遍规律。"然而，我们很难调和这种普遍性与科学学科、专业、副专业、专题网络以及领域的惊人多样性，这些"统一的"与"普遍的"律法在实践中被应用。当然，实践可以从描述中省略，但我们致力于从观念到实践，从名称到特征，从概念到行动力的转变。

从这个角度看，科学描述的丛林看起来更像法律机构，其复杂的案例学由不同的法典和相互交织的判例组成，而不是传统表述"自然法则"中所暗示的统一。当然，当一种现象被另一种更有说服力的解决方案解释、证明、消化、吸收并理解，在局部层面就存在一些统一的过程，并且这是幸运的。但是，整体化与包容性的过程本身总是局部且代价高昂的，并且必须通过多个组织、多种理论、多种范式的巨大努力来实现。[31] 这个过程类似于法律先例通过案例、审判、上诉与反诉的增多逐渐增加重要性，直到它们被各个法院援引为可靠的、相对普遍的原则——至少只要它们被引用、存档与解释。[32]

---

30 由彼得·斯洛特戴克所发现的不稳定性，参见上一讲，第 141 页及以下。

31 Nancy Cartwright, *The Dappled World*, 1999.

32 普遍法的逐步统一的例子，参见 Peter Galison, *L'Empire du temps*, 2005。

如果在谈判过程中，那些频繁与这一陌生人群打交道的人对 Cenosotone 的前两个属性——外部性与普遍性感到惊讶，他们会怎么看待第三个属性：Cenosotone 只涉及**无生命**的动因？所有其他民族都会认为这一点更加神秘莫测。正如我们在第一讲所见，矛盾在于词语本身：动因、行动者、行动-者，根据定义，它是**行动着的**，具有行动力的东西。

怎么可以使整个世界"无生命"？事实证明，这不是神秘化，而是一种**神秘主义**，一种在许多方面都非常有趣且值得敬佩的神秘主义，也是一种非常精神化的矛盾形式，可以说，是一种意想不到的虔诚形式。每个学科、每个专业、每个实验室、每次考察都会使构成世界的惊人动因**增多**——我们可以很容易地通过充斥于科学文章中的技术词汇的激增来关注这些动因。如果我们接纳"还原论"一词所暗示的美好愿景，这种激增可能会让我们吃惊。通常情况下，如果真的实现了该术语所许诺的**还原**，那么我们应该准备好阅读**越来越少且**越来越短的文章，它们出自越来越少的科学家的笔下，而每个科学家都会越来越好地解释越来越多的现象，直到有人达成一个极短的方程式，所有其他的东西都会从其推导出来，一个可以写在公共汽车票上的出奇强大的短信息，一个产生世间万物的真正的大爆炸！[33]

而实践中，又恰恰相反。科学文献在不断增加必须考量的动因，以便跟踪行动过程直至其终点。如果我们如最基本的

33　这是所有因果关系话语的矛盾之处：如果原因确实发挥了话语赋予它的文本作用，我们就不会真正需要之后的东西——从某种意义上说，结果是多余的。因此，文本所做的与认识论所说的之间存在差距。换句话说，认识论只有通过对文本性的漠视来维持自身。因此，任何因果关系的描述都是一种叙事：这是使它最接近世界的东西。

符号学方法所要求的那样，用每个动因所**做**的事取代它的技术名称，那么我们面对的就不是“无活性的动因”这一矛盾，而相反，我们面临着潜在行动的异常**增多**。科学学科的明确结果是移动的、摆动的、沸腾的、升温的，是复杂化之物的大量增长——总之，是使构成世界的动因活化之物的增长，是前几讲提到的**变质带**的持续深化。即使您想要解释、说明或简化，它总是需要**增添**而非**减少**动因。[34]

“为什么这三个相互矛盾的特征没有得到更好的制定，更有效地得到承认，甚至更好地被仪式化?”谈判的其他各方可能会提出这个问题，他们寻求将“Cenosotone人”互译成他们自己的语言。“面对这样的矛盾，这肯定是**我们**想要寻求的”，他们可能会说。原因在于归于该存在物的第四个属性：其法令的无可争议性。这个属性本身并不起眼。所有能够召集民众的神灵都是在毋庸置疑且无需讨论的假设基础上的。“原始事实”（faits bruts）——发明这一概念的英语称之为“不加修饰的事实”（matters of fact）——只是非常复杂的集合的最终结果，它允许可靠的证人证实实验室所做实验的证词。这些集合绝不包含在“事实”一词中——除非人们想起它的词源。孤立的，交由自身，切断其实践网络，“原始事实”是一个弱禁令，它太容易被忽视。[35] 只有当后勤团队在其整个历程中伴随着它，它才能**保持**无可争议的地位。

但是，使Cenosotone的无可争议性更为奇怪的是，争论范

34　我重述怀特海这段引文：“我们本能地倾向于相信，如果我们给它（自然）给予适当的关注，我们会发现自然界比我们第一眼所见更多。但我们不会接受发现更少”，Alfred North Whitehead, *Le Concept de nature*, 1998［1920］, p.53。

35　我试图在《我们思》（*Cogitamus*, 2010）中使这一论点更易理解。

围意料之外的扩展远远超出了专家与专业人士的狭隘范围。争议已经发展到如此程度，以至于实验室科学家不得不大幅增加有助于制造事实的人。他们不得不与广大公众中的许多其他成员交流，这些成员之前只会被要求学习、研究、重复、使用或简化既定事实，而从不讨论它，不参与其制造、评估或修正。[36] 用我的术语来讲，不加修饰的事实已成为同等数量的关注问题（matters of concern）。

我们可以理解其他民众在面对这一系列相互矛盾的禁令时的反应："他们到底是谁，竟然能够在这种截然相反的要求之间交替出现，而不自知？" Cenosotone 的信徒归于其神明的第五个属性并没有令事情好转。乍看之下，**每个人**都可以将神明称为至高权威，因为援引它的人将其定义为"我们都从其中诞生"，"我们"并且"都"：聚集的野心不容小觑！但是，从另一个角度来看，我们很快就会注意到，这场集合并不涉及所有人，而只涉及那些有时被称为"理性人"或"受过教育的公众"，甚至是以更加限制性的方式，那些研究过这些问题的人、专家、学者。然而，这种限制尚未划定实际人群的形式，因为这些"论证工作者"[37] 需要装备精良，需要拥有合适的仪器与充足的资金，需要接受多年的培训，需要隶属于评估、认证、标准化与数据验证系统，以将研究每一专业问题的人数减少为几十人。人类逐渐缩减到令人高兴的少数人！

这群人显然是无法确定的，尤其因为他们不可能在时空中定位。他们属于哪个时代？不属于任何时代，因为他们漠视历

---

36 Tommaso Venturini, «Diving in magma», 2010.

37 加斯东·巴什拉（Gaston Bachelard）的精妙表述，Gaston Bachelard, *Le Rationalisme appliqué*, 1998, chapitre III。

史，可以接触永恒存在的普遍真理。但与此同时，这群人当然有一段历史，他们认为自己是最近一次根本断裂的继承人，让他们摆脱了古老、晦涩、混乱的过去，以便进入一个更加光明的时代，能够将过去、现在与辉煌的未来之间进行根本的区分：就像一场科学革命。但是，从另一个角度来看，这又是最为困难的：简化每个科学、每个概念、每个工具、每个研究者的历史——它们都是偶然的、多样的，充满退步、曲折、损失、遗忘、再发现，这正如科学冒险在任何情况下都完全混合的历史一样。[38] 这群没有历史的人确实有一个无法处理的历史，并且认为它是可耻的，因为它只能局限在特定的时空，或只能以巨额支出换来的数据作为保证确定性的代价。

•

如果说大自然的子民无法被召集，那正是因为它不是一个集体，因为没有任何组成过程可以**集合**分散的成员。尽管它声称“完整地”掌握了地球，但它又感到无法通过知道自己身在何处，能做什么来占领地球，我们又怎能对此感到愕然。在这两个特征列表之间拉扯，它永远不会懂得如何将它们调和：它的治外法权身份使其无法界定其领土；它的普遍性使它无法理解自己必须建立的关系；它对客观性的追求使它在面对不知如何摆脱的争议时陷于瘫痪；它声称包含每个人，这使它在少数真正属于它的人面前不安；至于它的历史，它永远不知道它是否应该通过一场新的革命脱离现在，还是脱离根本革命的观念本身。最奇怪的是，也最令所有其他民族感到惊讶的是，它认

38 参见如 Simon Schaffer, *La Fabrique des sciences modernes*, 2014。

为自己独自最终存在于这个物质世界，这个真正无生命的世界，而它却来自其他地方，仍然存在于这超然物外的球形空间！这证明它本身包含一些凶猛的、危险的、不稳定的，以及——为什么不说出来？——非常悲惨的东西。是的，大自然的子民是流浪的灵魂，他们从未停止抱怨世界其他地方的无理。

这不足为奇，这个民族从不同意把自己作为一个集体，尤其是不同意作为其他集体**中**的一个集体，说出它的集合方式和它的宇宙图。然而，我们必须尽力将其带回谈判桌，设想一场和平谈判。因此，我们必须尝试解决它，使其信徒有机会理解它。让我们注意不要冒犯那些似乎对这些矛盾非常敏感，但也似乎缺乏任何资源**克服**它们的人的感受。此外，因为研究人员无法克服这些矛盾，所以他们表现得如此神经质，如此敏感，不断处于焦虑的状态，并且他们的敏感性很容易因任何“相对主义”的怀疑而被冒犯。[39]但正是因此，如果我们希望继续外交谈判，我们就不能说：“哦！您是那些同意生活在一个外部的、统一的、无生命的、无可争议的，因而也是不可毁灭的存在物之下的人。”我们不能这样做，因为这些信徒所坚持的属性也揭示出大自然是内部的，是多样的，它接受面对有生命且极具争议的事物，它有着混乱的历史，它的延伸既是有限的也是可变的。

为了安抚他们并给他们一点保证，我们要毕恭毕敬地与大自然的子民对话，**将其作为一个足以抵抗任何亵渎的存在物**。（您会明白，尽管看起来像，但这里我不是在玩讽刺游戏，而是

---

39 这种敏感性在被称为（有些夸张的）“科学战争”期间经受了考验，特别参见 Isabelle Stengers, «La guerre des sciences: et la paix?», 1998。

在着手进行一项非常微妙的组合任务。即使这些人不尊重任何人，我们也必须努力尊重他们。）

可以肯定的是，当我们用一种可能被称为**认识论**的语气来援引他们的神明时，就不可能以足够的尊重来与之对话，因为在这种情况下，只有这六个属性——外部性、统一性、无生命的动因、无可争议性、普遍性与非时间性——会被考虑在内。我们只会放纵他们的治外法权妄想。但是，如果我们只以一种可以被称为批判的或者——更恰当地——**人类学**[40]的语气来强调这六个矛盾的属性，那么这群人也不会得到足够的尊重。我们不会解决这两列之间的分割。为了成功抚慰他们，并将他们带回大地，我们需要设法以一种可称为**世俗的**——或更恰当的是，大地的（terrestre）——语气与他们对话，这将使我们同时能够汇集**十六个**特征。如果这仍不可能，那是因为在两列之间引入了根本性断裂。只要我们不了解这一断裂的起源，我们就不可能调解大自然的子民与地球的关系，以及附带地，也就不可能为科学家们提供一个不强迫他们相信认识论者为他们所画的肖像的版本。

不需要您告诉我，没有已知的目录来安抚这群无法被说服的人：我非常清楚这一点！学者——第一列，研究人员——第二列，他们是两种不同的物种。这就是为什么我抓住人类世的机会去寻找这种不可能性的起源，它就处于大自然的子民继承

---

40 科学人类学是指代科学研究领域的更好的术语，特别是因为外交转向使得它与人类学有许多联系。如 Julie Cruikshank, *Do Glaciers Listen?*, 2010，或 Anna L. Tsing, *The Mushroom at the End of the World*, 2015。学着生活在“灭绝边缘”的废墟，也是这部神奇著作带我们经历的，Thom Van Dooren, *Flight Ways. Life and Loss at the Edge of Extinction*, 2014。

却不想理清其组成部分的反宗教中。是的，大自然确实**反对**宗教，但是有两种截然不同的意义，而人们只意识到了其中一种。这个问题过于重要，我们不能操之过急。如果我们真正寻求一种权宜的妥协，那么我们就必须发明新的方式来相互容忍，或者决定谁是我们真正的敌人。特别是当前缀“geo-”越来越糟糕地掩藏盖娅强大的包容性时，谁还会说地缘政治很简单？以这三种语气中的一种——认识论的、人类学的或大地的——谈论大自然的子民，就是准备彻底**重新分配**我们的动员能力，以及前线与作战部队的定义。

•

大自然的子民无从自我定位，这是因为他们是凭借对另一群人的反应构建了自身，而另一群人则清楚地宣布自身是**一群特定的民族**，然而，当我们继续拟定互译表时，我们会注意到后者也并不一定更清楚地知晓其处境。继续沿用权力的游戏风格，让我们称之为“伟大设计之子”或“创造之子民”。这将使我们理解，“科学与宗教之间的冲突”非常类似于《格列佛游记》一书中小端派与大端派之间的著名战争，同时掩盖了另一个更为重要的冲突，即关于占领地球的直接政治冲突。当人们谈论与世界的“严格的科学视野”“根本对立”的“宗教世界观”时，人们会诉诸于下表第一栏没有太大区别的另一个至高权威：事实上，后者具有相同的特征，只是前者固执地去活而后者固执地超活了。

我们不再需要被这样的事实所绊住，即一个人决心把另一个人坚持称为“大自然”的东西称为“上帝”，因为正是它们的属性，而且只有这些属性才能让我们把这两个最高权威进

	大自然的子民	
	自然一（认识论的）	自然二（人类学的）
神明	自然法则	多重宇宙论
宇宙图	外部的	内部的
	统一的	多样的
	无生命的	有生命的
	无可争议的	有争议的
人民	所有人	科学家
领土	离地	附于网络
时代	根本断裂	多重时间性

图表 5-2

行对比。现在，宗教世界观的上帝与科学世界观的大自然有着惊人相似之处。它们的三个特征实际上是毫无二致的：真理是外在的、普遍的，并且是不可破坏且无可争议的。甚至有关人民划分的问题也相差无几，因为伟大设计之子是通过一种明确的过程——皈依的形式——招集的，这给了其子民更明确的名称——教会，就像文凭、考试和不断减少选民的数量对大自然的子民进行选择性分流一样。在这两种情况下，“所有人”至少在原则上被称为属于该族群，但在实践中，辅祭者却很少。

时代问题也不能让我们从根本上区分他们，因为这两个民族都有这样一种观点，即在一个或近或远的过去产生了根本断裂——这一断裂将他们推向了一个全新的历史，一个群体称其为光，另一个群体称其为启蒙。重要的是这两个群体都处于根本断裂——天启或革命（我们将在下一讲中回到这个关键点）——之后。在这两种情况下都缺乏与大地的联系：第一种是因为人们反正是脱离大地的，第二种是因为人们属于一个不同的世界，那个世界显然是有意义和目标的，是伟大设计的世界，人们渴望发射自身到达神意。

唯一真正的区别，也就是在他们眼里有理由进行战争与全面战争的区别，是在这个世界上出现的动因是否完全没生命力，它们是简单的因果联系，还是遵从某种目的，后者赋予它们灵魂，或者说目的、规划、计划。这似乎是根本性的对立，除非我们记起我在讲座中不断试图阐述的论点：去活或超活意味着不尊重科学对世界的发现所特有的活性。让我们回想一下，去活不是初级过程，而是争论性与辩护性的次级处理，赋予由它们描述的科学与世界以惰性与钝性事物的行为，这些行为与反对者提出的超活截然不同。

譬如，如果"创造之子民"为眼睛的构造撰写了一篇动人的挽歌，"显然它是由一个仁慈的造物主构思的，因为没有任何偶然遭遇的积累能够产生它"，那么他们就在准备与大自然之子民进行一场伟大的争论。后者同样渴望交锋，并且毫不迟疑地证明出眼睛的构造"**无非就是**几代纯粹偶然机会事件所积累的微小变化的意外结果"[41]。问题在于，根本冲突的出现完全取决于这个"无非就是"，即还原论的神秘主义——我们已经学会去质疑它的王国是否属于这个世界。

一旦我们设法确定每个论点发展了**多少**行动、活性、活动，就可以发现主角之间的一致。我们立刻注意到，这两种叙述都**失去**了关于眼睛演化的独创内容。我们正是在此重新发现将盖娅变成一个自我调节系统的行动力、叙述、历史与地质历史的丧失——正如我们在第三讲中所做的。我们不会惊讶的是，在创造的论证中，"奇妙的眼睛结构"无非是一个用来颂扬

41 在 20 世纪，这一拓扑再次被证实。Jacques Monod, *Le Hasard et la Nécessité*, 1970.

造物主仁慈的重复例证。知晓"田野之花歌颂上帝的荣耀"可以是愉悦与振奋的，除非这首歌在每个生物之间从来都不同！坚持"被设计"而非"偶然"产生的生物，除了一再展示同一造物主的同一神秘之手所做的同一创作之外别无其他的结果。**造物主**在行动：不是眼睛，也不是田野之花。用我自己的术语来说，造物主是中介者（médiateur）；田野之花仅仅是介质（intermédiaire）。在行动角色方面——对于这样一个美好的事物而言，这是一个丑陋的术语[42]——由于生灵的数量没有增加一丝一毫，因此净结果为零。确实有一个造物主，但没有创造[43]。一切都在原因中，结果中空无一物。换而言之就是字面意义上的**无事发生**。时间的流逝对世界没有任何影响。历史不存在。

但对于那些像我一样尊重那些歌颂上帝荣耀的人以及那些赞颂科学客观性的人来说，尤其令人不安的是，第二种叙述在消除我们追寻眼睛构造的历史发现的大量惊喜的同时，正努力变得与另一种叙述**同样贫瘠**。通过声称只是在连接"作为纯粹客观的动因的物质"，它丧失了沿着它的路径散落的动因的创造力。[44] 当理查德·道金斯将他的盲眼钟表匠的设计与他的敌对者的眼明钟表匠的设计对比时，他把他想从造物主那里夺来的所有创造性能力赋予第一因。[45] 在"无非就是"的还原论中，盲

42 Algidas J. Greimas et Joseph Courtès (dir.), *Sémiotique*, 1979, p.4."行动者性"(Actantialité)更加可怕，但可以翻译英文"能动性"(agency)，而不会立刻与人类不断变化的形象联系在一起。

43 与创造论相反，创造因果关系得到改变，使结果在某种程度上超过了原因。这无异于说时间从未来流向现在，而不是从过去流向现在。或者换句话说，在某种程度上，结果总是"选择"其原因。

44 除非阅读过 Stephen-Jay Gould, *La Vie est belle*, 1991, 以及 Jan Zalasiewicz, *The Planet in a Pebble*, 2010。

45 Richard Dawkins, *L'Horloger aveugle*, 1999.

眼钟表匠引入了大量步骤，逐步摧毁与道金斯所反对的神意创造行为之间的差异。

然而我们在“唯灵主义者”与“唯物主义者”之间的区别上已经花费了多少口水！在一段时间之后，我们再也看不出争议在哪里：设计图与工程师对抗设计与造物主，确实是一场精彩的较量，值得我们去互相残杀！我们对这一争端起源的了解所知甚少。

一旦我们避免了去活性，“无非就是”则充满了各种各样的事件，所有这些事件都是偶然的，但也都令人惊讶，这迫使每个追随者以他们自己的方式来考虑它们。当然，这不是从田野之花中汲取的教训，但它们也不是那些本来可以从第一因中得到的，能够“引导”一切进化的盲眼制表师智慧。谁能最好地遵循创造的过程？对于每一个行动过程得出相同结论的人，还是增加构成世界的行动力的人？显然是后者。

不幸的是，在论证的末尾，当受到“宗教”对手的挑战时，自然主义者也会努力从眼睛的构造中得到同样重复的教训，据此，进化论“再次毫无疑问地证明”伟大设计不存在，设计师也不存在。因此我们得出结论——尽管姗姗来迟，而且与实际的科学实践没有任何关系——我已引述的怀特海的凄凉总结：“以这样一种方式，自然界的进程被设想为**不过是**物质在空间中冒险的变幻莫测。”[46] 这是我们狡猾的自然主义者的悲惨胜利，他尽一切可能使自己如他的对手那样愚蠢，他的右手如此明智地增加着动因，而他的左手却试图使它们从世界上消失。科学的世界观已经实现了这样的壮举：这里发生的事情并不比造物主

46 Alfred North Whitehead, *Le Concept de nature*, 1998, 引自 p.146。

上帝的世界中发生事情要多！

我们明白，不是通过向动因添加“灵魂”一词，您就会让它做得**更多**，也不是通过称之为“无生命的”，您就会让它做得更少，就会剥夺它的行动或生机。行动力在行动！人们可以试图使它“超活”，或者相反，尽力将它们“去活”：它们顽强地作为动因存在。无论如何，**超活**与**去活**之间的差异并不是我们必须为之生活、祈祷、死亡、战斗，建造寺庙、祭坛或球体的原因。如果我们必须战斗，那么至少要为有价值的目标去战斗。

当我们思考图表 5-3 时，我们注意到“自然宗教”一词几乎没有任何意义。我们处理的是两种形式的反宗教，其中两个群体彼此基本非常接近，其中一群人认为他们理应赞颂上帝，同时剥夺了接触科学与世界多样性的机会。而另一群人则在实践中增加了世界中的事物，却剥夺了多样性，因为他们相信要通过还原论的“无非就是”为他们的神带来荣耀。“无非就是”，真的吗？为何要接受这种形式的虚无主义？

	自然宗教	
	自然 N°1 （大自然之子民）	宗教 N°1 （创造之子民）
神明	自然法则	主宰者上帝
	外部的	外部的
	统一的	统一的
	去活的	超活的
	无可争议的	无可争议的
族群	所有人	所有人
领土	离地	另一个世界
时代	根本断裂	根本断裂

图表 5-3

我们明白为什么指责科学是宗教的替代，或在自然宗教中寻求使不信神的人相信神意的存在都是徒劳的。我们既不能使科学与宗教的世界观对立，也不能使它们和解。它们的差异不足以对立，近似也不足以融合。要求科学能够为另一个“维度”——“宗教”——留下一点空间，这也是徒劳的。后者要么通过它在灵魂中的精神定位来解释，要么通过它在所谓的“创造”中的宇宙广延来理解。最好是尝试做相反的事并消除由于“反宗教”一词的模糊性所造成的两者之间的混合。大自然之子相信他们正在同与他们相似的宗教之子作斗争，他们无法与自身的人类学版本和解，而后者正是其长处。但是，正如我们现在所要看到的，创造之子相信自己正在与大自然之子作斗争，而大自然之子也忘记了他们特殊使命的意义。在与宗教的斗争中，科学失去了与自身的联系；在与科学的战斗中，宗教失去了自身的价值。

•

为什么主张肯定或否定一个对“科学世界观”与“宗教世界观”之间关系似乎至关重要的设计？我们现在明白，这两种方式都是看不到世界的方式，一种通过剥夺它所有的行动，从而使它去灵，要么加入一个对它无用的灵魂，从而使它超灵。鉴于我确信这是阻碍我们接触世界，重回大地，给科学以世俗的眼光，给自然以亵渎定义的原因，您必须同意更进一步探索这一反宗教的含义，它的出现扰动了它的继承者的命运。

设计的观念如此重要，这是因为它抓住了与**目的**问题有关的反宗教的特征之一。反宗教的直觉可以通过多种变质重构，就是说，尽管时间会流逝，但世界是**有终点的**，不是在它会结束的意义上——尽管，正如我们将在下一讲中所见，世界终点的概念可以部分地转化这种直觉，而是更为激进的意义，即**它所追求的目标将得到明确的实现**。世界有终点并不意味着它具有“为目标而创造”意义上的目标，而是有可能以已经达到终点的方式生活——这对我们同时代的许多人而言都是怪异的：它可以通过一大堆方式表现出来，而所有这些都具有相同的含义：被“拯救”，成为“关心我们的上帝的孩子”，成为“上帝的选民”“被创造出来”“处于临在中”，等等。所有表达都是临时的、笨拙的，同时被同一反宗教的其他版本抨击为不充分、不真实或不虔诚。[47]

这一直觉的问题在于，它从根本上是**不稳定的**，因为时间已结束，**但时间又是延续的！**没有任何办法能摆脱这一张力。[48]终点已达，而它又无法到达。我们得到救赎，又没有被救赎。这足以让我们发疯。反宗教是一种力量，其辐射性还没有人能够控制。几千年过去了，这力量却并没有减少。我们——现代人很清楚这一点，因为我们或多或少都是直接继承人，因为我们震惊地看到了自以为几世纪以前就退出的宗教战争的回归，以及为占领地球而进行的战争，广阔的地球将 20 世纪的世界大战缩减到局部冲突的水平。

---

47 这些表达方式的不稳定性以及不可能“很好”地谈论它们或将它们归纳为“信仰”，是其定义的核心。参见 Bruno Latour, *Jubiler ou les tourments de la parole religieuse*, 2002。

48 我们会在下一讲中讨论埃里克·沃格林《新政治科学》（*La Nouvelle Science du politique*, 2000）的这一决定性论点，它也见于不少表述中，如 Hans Jonas, «Les récoltes de la mortalité nourrissent l'immortalité», *Immortality and Modern Temper, Théologie politique de la nature, in* Clara Soudan, 2015, p.81。

在反宗教的多样性中，也就是它们所称的天启中，反宗教只有令人惊愕并不断深入地实现真理：目标已达成，目的已实现，时间被审判——**彻底**审判。阿斯曼说得没错，通过这种直觉，真理问题首次进入传统宗教。但是，该真理的使命不打算与所谓“传统”宗教中的知识真理或神明真理正面竞争。[49] 这种新形式的真理，这种新的存在模式，通过别样地分配目的与手段的关系，探索与世俗、平凡、时间的流逝截然不同的关系。若即使时间在**延续**，也能够**在时间中**并且**借助**时间达到目的，那么一切历史意义与占领地球的方式都会发生根本变化。

但是不用改变任何东西，这就是这种形式真理的神秘之处，是狂热的来源，同时也是恐惧与愤怒的来源。由于这种不稳定性，将真理带入反宗教也引入了一个强大的开端——弗洛伊德称之为“精神生活的进步”[50]，但也开启了一连串暴力程度不一的战争，仿佛这一价值不知如何与其他价值共存。我们还没有逃脱这一连串战争。由于无法实现真理的共处，如今每一种反宗教只会叠加恶意。[51]

列举反宗教的特征需要不止一场讲座，但是让我们说它不再与伟大设计之子民所赞颂的相同，正如自然的人类学版本与其认识论版本不一致。人们可以称之为“上帝”，但它也是所有神与神灵的**终结**，甚至在某种意义上说是**上帝的终结**——在众

---

49 扬·阿斯曼在《暴力与一神论》（*Violence et monothéisme*, 2009）中重新探讨了这一点，并且在我看来，这也解释了偶像破坏以及稳定建构与创造概念含义的巨大困难（Bruno Latour, *Sur le culte moderne des dieux faitiches*, 2009）。

50 评论者为 Bruno Karsenti, *Moïse et l'idée de peuple*, 2012。

51 验证模式的不可能的多元性是《存在模式调查》（*Enquête sur les modes d'existence*, 2012）的主题。

所周知的上帝之死的意义上。[52] 从这个意义上说，反宗教确实是“反对”自身，为了赋予其最高权威的形象进行持续的斗争。一旦我们开始偶像破坏，它就永远不会结束。无论如何，保护先人的主宰者上帝令人安心的形象毫无意义，因为秩序并不先于其历史存在。神意不在历史之前。

由无活性的事物，无可争议性、普遍与外在的法则构成的世界也无意义。但它也不涉及超活事物，后者将注意力转移到另一个世界，忽视了它所应试图捕捉的根本性的他者。[53] 与其他两者不同，这种反宗教深刻地具象化了，因为它不断重新参与当下的世界中，明确地判定、完成、拯救、赞颂与定位，但没有必要为了另一个世界而抽身出去，因为一切都在继续。没有离地，没有超世界，也没有低级世界。

其独创性在时间概念中尤为明显：确实有一种根本断裂的感觉，但又有着重要的细微差别，因此必须不断地**接续**断裂。我们无法摆脱这种根本的不稳定与悬而未决：“时间已结束”，是的，但它仍延续下去。而这一延续使得决定在达成之前具有同样的空洞、不完整、脆弱、可朽的特征。这一矛盾不应被克服。[54] 我们将在随后的讲座中看到，为什么**不克服这一矛盾**对于避免科学、政治与宗教的毒害至关重要——或者更确切地说，为什么当人们开始混淆它们时，科学、政治与宗教的独特优点

52　在反宗教的“反”前缀最重要表现形式中，我们既能看到杀害被钉在十字架上的上帝的主题，也能找到“上帝之死”未经修改的主题。正是在这一意义上，世俗化延续了探索反宗教愤怒之谜的运动。

53　我们在下一讲中回到这一主题，第 230 页。沃格林所说的“内在化”(immanentisation)是一种非常特殊的方式，既缺少内在性，又缺少超越性。

54　这就是佩吉通过各种风格不知疲倦地探索的神学的意义，参见 Bruno Latour, «“Nous sommes des vaincus”», 2014; Marie Gil, *Péguy au pied de la lettre*, 2011; 以及如下章节 Camille Riquier, «Charles Péguy-Métaphysiques de l’événement», 2011。

会成为毒药。

您认为这非常奇怪，非常矛盾，而且非常不稳定？是的，但我无能为力，正是这历史的终点/目的——“终点/目的（fin）”一词的每一个意义上来说——被引入历史，并且在每一个宗教概念以及在每一个超越宗教的概念中都起作用。[55] 如果说现代人——从未现代！——对自己如此不确定，这是因为他们继承了这一激烈的矛盾。

•

制定民族名单，以便相互比较，使它们不再相互对立，这种小游戏显然是简单的，甚至是幼稚的。但这是我发现能够对付两种根深蒂固的偏见的唯一方法：第一个偏见涉及单数自然与复数文化之间的联系；第二个偏见涉及时间断裂的奇特概念，它使我们陷入宗教问题已经得到明确解决的幻觉。这两种偏见是密切相关的：正是因为自然通过某种帝权转移的方式继承了（反）宗教的几乎所有特征，它才能作为一种普遍性存在于背景中，多元的文化不能摆脱它，而同时与作为事物统一体的自然又没有密切关系。反对多元文化的真正自然：这就是我们的反宗教。正是因为它没有继承过去的旧宗教，而是继承了一种特别热烈的、具有征服性的、优柔寡断的、有时甚至是狂热的反对偶像崇拜的**反宗教**，所以自然与宗教的斗争才可能被误认为是对所有宗教问题的最终否定。

我知道，这个图表是粗略的，但至少它可以让我们摆脱总

55　在诊断“世俗化”这个庞大问题上，对偶像破坏的态度比对神明的态度要好得多。“告诉我你想用什么锤子击碎哪个偶像，我就会知道你侍奉的是什么神明。”

	自然宗教			
	科学		宗教	
	自然一	自然二	反宗教一	反宗教二
神明	自然法则	多重宇宙论	主宰者上帝	有目的的神/神的目的
宇宙图	外部的	内部的	外部的	本土的
	统一的	多元的	统一的	多元的
	去活性的	有活性的	超活性的	有活性的
	无可争议的	有争议的	无可争议的	被解释的
民众	所有人	科学家	所有人	教会
领土	离地	附于网络	另一个世界	具身的
时代	根本断裂	多重时间性	根本断裂	重复

图表 5-4

是与援引“自然”观念相关的一致性，以及宗教问题已被“科学所认识的大自然”闯入历史而得到彻底解决的这一奇怪观念。如果我们现在考虑更完整的图表 5-4，我们看到**“自然”这一术语并没有定义在实践中所聚集的事物，同样“宗教”这一术语没有限定这些实践特有的人、仪式与依附的类型**。这就是我想表达的，即使它目前纯粹是否定性的。自然宗教不存在，我们不能继续援引大自然，并希望借此解决利益明显不同的民族之间的冲突。

通过将大自然视为最终的真理，它的子民所做的只不过是稍稍延续反宗教运动本身，以及它尤为有害的真理概念。霍布斯在 17 世纪提出的解决方案是通过转向国家来结束自然状态，作为摆脱宗教战争的一种方式，现在我们看来这是一种权宜之计，是一次单纯的**停战**而根本不是**和平条约**，而后者会让我们达到这些反宗教要求的目的——我们同时收获它们的暴力与成果，却无法区分它们。如果有关民众不能来到谈判桌前，我们如何才能签订和平条约？我用以开启本讲的两个宇宙巨兽形象确实发生了冲突。

我每次谈到盖娅时都会有人立即提出异议，认为我有可能“将生态或科学问题混淆为宗教问题”。然而恰恰相反。正因为我对宗教问题很敏感，所以我很快就会发现那些把宗教置于与之不相干之处的人，特别是放在科学或政治中。让我始终警惕的是，自然秩序与文化和政治的区别，它对行动力去活的执着，在多大程度上源于一种特别令人不安的宗教形式。正是生态剧变迫使我们将所有（反）宗教世俗化——甚至去亵渎它们——包括自然宗教。

无论如何，生态学都迫使那些被“大自然”召集在一起的人同时考虑表中的十六个特征。将在认识论模式中聚集的人与在人类学模式中聚集的人混为一谈是完全不现实的，即便他们都可以援引被称为“大自然”的存在物，宣布自己是“自然主义者”，并坚持与所有由其他存在物召集的人彻底分离，这要归功于他们神圣的“还原论”美德。[56] 要真正遵循这一至高权威的命令，我们不能只停留于左列，还要加入右列。我们需要深入了解科学网络，吸收动因令人眼花缭乱的多样性，注意其行动力的长串联——每次都如此令人惊讶，并掌握更多有关多种“关切事物”的争议。

56　鉴于我们现在必须像保护水、空气、土壤和食物一样，保护作为广泛污染受害者的科学，这一点就更加重要了。Isabelle Stengers, *Une autre science est possible!*, 2013.

真正令人惊讶的，不是在“大自然”庇护之下的行动力分配如此复杂，而是在“宗教”庇护之下的行动力分配几乎没有捕捉到对该存在物应该召集的人至关重要的特征。如果您认为，对“大自然”的援引不包括任何实际的属性是令人费解的，而它的实践者如此热衷于这些属性，那么我认为更令人费解的是，那些通常被称为“上帝”的存在聚集在一起的人，通过这种召唤，他们掌握的只是创造的外在性、统一性与无可争辩性——也正是他们眼中敌人的认识论（多多少少是根本上肤浅的问题：是否存在后发的设计）。这就是混合体的问题：一旦混杂在一起，就无法识别本来的价值。

•

为了长期提取混杂在这一混合体中的价值，我们必须要进行一种新的操作，即创造民族，比前一种操作更为离奇的民众创造假想。然而，在本讲结束之际，我无法抵制诱惑，把我的手伸向这个最终的怪胎。现在让我们假设——我知道这种假设是奢侈的，但我们生活的时代也概莫能外——我们将表格进行一次**重新排序**的操作！在图表 5-4 中，我只是**颠倒**了两列。我将总结科学的一列（人类学，而不再是认识论的版本）向右移动，紧挨着总结原始活跃的宗教版本。我冒昧地将认识论版本的宗教移到了左边，置于认识论版本的科学旁边！难道您没有发现这种重组使事情更合乎逻辑了吗？

当我们将它们并置时，很明显，如图表 5-3 所示，左边的两列属于同一个**自然宗教**。事实上，它们有着相同的基本前提：它们就像统一世界的任务已完成，就像毫不困难地将宇宙当成统一的整体探讨。对于这两个民族而言，宇宙——大自然或创

	自然宗教		地球化	
	自然一（认识论）	反宗教一	自然二（批判）	反宗教二
神明	自然法则	主宰者上帝	多重宇宙论	有目的的神/神的目的
宇宙图	外部的	外部的	内部的	本土的
	统一的	统一的	多元的	多元的
	去活性的	超活性的	有活性的	有活性的
	无可争议的	无可争议的	有争议的	被解释的
民众	所有人	所有人	科学家	教会
领土	离地	另一个世界	附于网络	具身的
时代	根本断裂	根本断裂	多重时间性	重复

图表 5-5

造——已经完全由相同的因果性制度组合在一起，只不过盲眼的原因统治着无活性的事物，而神意统治超活性的事物。[57] 大自然之子如同创造之子，着眼整个世界，仿佛“超然物外的视角”是一个真实的场所，它提供舒适的座位与良好的视角。两个民族都是彼得·斯洛特戴克所说的“球体时代”——用手指握住地球并不困难的时代[58]——的正式成员。他们同样远离土地，两者都位于根本断裂之后的时代，任何倒退运动都是不可能的。

我感兴趣的怪胎是去想象那些不会对**右边两栏**的特征麻木的人群。这将不再是自然宗教的问题，因为共同特征是不再具有秩序性原则。肯定会存在一个至高权威，但它不再是统一的——能够设计一个宇宙——而是联系或构成。更确切地说，每当一个

57 这一默契正是大卫·休谟《自然宗教对话录》（*Dialogues sur la religion naturelle*, 2005）的动力。

58 参见上一讲，第 141 页及以下，以及 Peter Sloterdijk, *Globes, Sphères Volume II*, 2014。

事物不得不扩展时，它应该付出扩展的全部代价。这是用另一种方式去说它有历史。换而言之，这些民族的成员不再会觉得他们生活在同一球之下，而是处在关系中，他们必须一个接一个地构成这些关系，而没有任何逃避历史性的手段。为了突出对比，我建议说，这些民族会有同样的**大地化**（terrestrialisation）感觉。如果说该词不存在，那正是因为我们还没有使它所指代的东西存在！这些民族需要共同保护彼此，避免太快地统一他们正在一步步探索的世界。事实上，这两个民族确实都在一片土地上，他们每天都会越来越多地发现这片土地的物质性和脆弱性。两者都不认为自己处于流逝的时间之外。[59]

摆脱“自然宗教”的混合体对我们如此重要的原因在于，在我的出发点——国际大都市的环境中，我们不单单要处理**两**个“动因分配”，就像大卫·休谟所写的《对话录》[60]里那样，而是有与如今召集人们的存在物一样多的分配。当自然主义者宣称自己是“我们都从此中诞生”之子，或者基督徒宣称他们是“我们都生于此神”（Celui-Dont-Nous-Sommes-Tous-Nés）之子时，人们会为了“此”与“此神”针锋相对，但我希望我们对这些话语保持敏感：“那么‘我们’是什么？这个‘都’呢？别将‘我们’算进去！我们不属于这二者之中的任一。您的存在物根本不会召集我们。我们生活在以完全不同方式分配动因的条件下。不要过早地统一处境！请不要把我们牵连到您的全球战争中，我们不想在您的阴谋中扮演任何角色。”我们还没有完成对占领地球的各种方式的吸收。人类世首先是一个机会，让我们

---

59 这意味着抓住世界、科学与宗教所共有的历史性。

60 在英文原版中，我专门用了一章来想象可怜的潘斐留斯——著名的伟大对话录中的沉默角色。

最终认真倾听人类学告诉我们的其他构成世界的方式，而同时不会使我们丧失只有在认识论版本中才与之完全不同的科学。[61]

当找到参与机构，或者更好的，找到建立盖娅的方法时，超越数字二，在行动权力分配的机制之间建立一个相当广泛的比较，避免“自然”与“宗教”的模糊，都可能是发现地球的确切形状的重要资源。毫无疑问，我们已经成为分裂的民族，通常在我们内部分裂，因为许多不同的存在物召集我们生活在迥异的地球模式之下。

作为一个初步的估计，很明显，在盖娅下聚集的人既不会像援引大自然的人那样，也不会像那些声称崇拜一个具有所有宗教外衣的神灵的人那样。到目前为止，我们已经认识到的八个属性中似乎没有一个是盖娅的属性。正如我们在第三讲中所见，盖娅不仅是外部的，也是内部的；[62]她不是普遍的，而是局部的；她既不超活化也不去活化；另外，她毫无疑问仍然是完全有争议的。盖娅可能是其他的大地，其他的球体，被其他民族所召唤，对于我们所说的“自然”和“自然主义者”，以及所谓的宗教而言都同样陌生。如何毕恭毕敬地向它祈祷？

这就是我们现在必须通过回到“时间终结”这一重大事件中——它正是反宗教思想的源头——去发现的。事实上，那些指责生态学往往是“灾难主义者”并沉迷于“末世”说的人，正是那些不满足于引发灾难，并已模糊了末世概念的人。

61　这是我们在爱德华多·维韦罗斯·德卡斯特罗的著作中所能听到的一种呼喊，特别是在《食人形而上学》（*Métaphysiques cannibales*, 2009）中——它确实是有关形而上学的。

62　我用复数来强调这个行动者的多重特征，借用某些自称为“他们/她们（they）”而非“他/她（il/elle）”的美国跨性别者的表达。（正文中作者使用法语第三人称阴性复数表示注释中的英语第三人称复数。——译者注）

第六讲

如何（不）结束时间的尽头

1610 年的命定之日 * 斯蒂芬 * 图尔敏与科学反革命 * 寻找“解禁”的宗教起源 * 在地球上建造天堂的奇特计划 * 埃里克 * 沃格林与诺斯替主义的化身 * 论气候怀疑主义的天启起源 * 经由世俗从宗教到大地 * “盖娅的子民”？* 被指责发表“天启论”时，应如何回应

在我开始上一场讲座时，提到名为“人类时代”的一期《自然》杂志将 1610 年作为人类世开端的可能参考日期之一，我怎能不大吃一惊。[1] 为什么选择 1610 年？因为截至那时，美洲大陆的重新造林造成了大气二氧化碳的大量贮存，气候学家可以将其作为最低值来衡量其规律性增长。但为什么要进行大规模的重新造林呢？根据文章作者的说法，原因非常简单，因为在哥伦布“发现美洲”之后，将近五千四百万印第安人被屠杀，其中也有大量死于传染病。“伟大发现”、殖民化、抢占领土的战争、森林、二氧化碳——这一切定义了人类世：人类学

1　2015 年 3 月 11 日刊。地层学家试图确定沉积岩的过渡，并在此打上金钉子，从而将一个地质时期与另一个地质时期区分开来。在有争议的人类世领域，问题在于它是一个非常长的时期——基本上整个全新世，还是非常短的时期——自 1945 年以来——抑或是中等的。Simon L. Lewis et Mark A. Maslin, «Defining the Anthropocene», 2015.

与残酷的土地争夺中的气候学。[2]

但正如您记得的那样，1610年也是伽利略发表《星际信使》的那一年，据说这本书将世界历史从“封闭世界”中带出，把它推向“无限宇宙”。[3] 回想一下布莱希特所写的：“今天是1610年1月10日。人类在日记中写下：天堂废除了。”[4] 我们必须承认，这两个时间产生了很好的共鸣，因为第一个将我们带回地球的界限，而正是第二个先让我们摆脱了它；当我们以为身处对人类行为无动于衷的自然中时，我们又回到了大地上，它从未停止对我们统治行为不可预见的后果进行追溯。

但我完全忘记了，1610年的这一天，更准确地说是1610年5月14日，也是亨利四世被拉瓦莱克刺杀的日子，后者在几日后因弑君罪被判处死刑——或许你会对弑君者被四马分尸的埃皮纳勒画感到不寒而栗。您可能会问，这个日子与前两个日子之间有什么联系？我承认，在我重新阅读《大都市：现代性的隐藏议题》[5]——由斯蒂芬·图尔敏（1922—2009）这位科学史学家与讽刺家[6] 所写的不太为人所知著作——之前，我也没有看到任何联系。历史上某些日期的巧合令人印象深刻，使人将它看作宿命的安排。

在这场可能比其他几讲更难的讲座中，我将尝试继续探索我们同时代人异常冷漠地对待生态剧变的宗教——或者更确切

---

2 关于查尔斯·曼恩所说的“哥伦布交流”以及随后的变革，参见 Charles C. Mann, *1493*, 2013，该书接续了《1491》。

3 暗指亚历山大·夸黑的著作《从封闭世界到无限宇宙》(*Du monde clos à l'univers infini*, 1962)，参见第三章。

4 Bertold Brecht, *La Vie de Galilée*, 1990.

5 Stephen Toulmin, *Cosmopolis: The Hidden Agenda of Modernity*, 1990.

6 Stephen Toulmin, *Les Usages de l'argumentation*, 1992.

地说是（反）宗教——渊源。使这一探索变得困难的原因在于，它要求我们将科学史、基督教史与政治史混合起来，从宗教战争的巨大危机开始，然后再追溯到——这将显得更为奇怪——诺斯替主义的历史。围绕着看似古怪的“时间尽头”主题发生着一些事情，试图逃避是徒劳的。我们会在与内在性概念的某些联系中找到对大地漠不关心的关键。这种冷漠确实具有宗教渊源，但根本不是因为通常论及的使基督教要对忽视物质世界负责的原因。[7]

•

让我们从图尔敏讨论贤明的亨利国王被刺杀的这一章开始，作者认为他可以从中觉察到一个时代的结束与另一个时代的开始，就像地质学家认为他们可以在两层沉积物之间放置金钉子，以区分全新世和人类世。

> 实际上，刺杀亨利四世向法国与欧洲人民传达了一条简单的信息：“宗教宽容的政策得以尝试，并且失败了。”在接下来的四十年里，在欧洲的所有主要大国眼中，潮流应涌向另一个方向。（第53页，由我翻译）

让我们放弃宽容吧！根据图尔敏的说法，一个糟糕的世纪开始了。17世纪，它被愚蠢地当作科学革命世纪——“理性世纪”，而实际上它是蹂躏欧洲的可怕的三十年战争的世纪——

---

7 教皇方济各的通谕《愿祢受赞颂》（*Laudato Si!*, 2015）的出版给本章带来了预料之外的帮助，这实属天意，在那时，我不抱希望能让读者理解这一章。

如今，宗教战争正在以同样的方式蹂躏叙利亚、伊拉克与利比亚，它以有争议的主权国家的发明带来的威斯特伐利亚和约而结束。如果说法王亨利四世之死可以作为一个标志，在图尔敏看来，这是因为它将两个时期分开：一个以新形式的绝对确定性为特征，另一个以多元主义与怀疑主义为特征。[8] 在战争的恐怖面前，人们不想再听到思想开明、相对主义、实验或宽容的话题：

> 从1620年起，欧洲的政治与神学精英们再也不能把蒙田的多元主义视为一种可接受的思想选择，亨利国王的宽容在实践中似乎也不可行。人文主义者在不确定性、模糊性与意见分歧中生活的能力，（在他们看来）丝毫没能防止宗教冲突的恶化；**因此**，（他们推断）实际上也正是这一能力**导致**事态恶化。如果怀疑主义让人失望，那么确定性就更加重要。人们不太明白应该确定什么，但**不确定性**已变得彻底**不可接受**。（第55页）

您在期待蒙田，还是伊拉斯谟？在科学中，您借助笛卡尔定位自身[9]；在宗教中，借助宗教改革与反改革；在政治中，借助霍布斯的理论以及被称为“威斯特伐利亚式”[10] 的主权国家。

8　在旧的积极意义上（如 Frédéric Brahami, *Le Travail du scepticisme*, 2001），而不是那些用“气候学怀疑论者”装点门面的意义上。

9　图尔敏提出了一个耐人寻味的建议，那就是在拉弗莱什学院编写的亨利国王悼词可能出自一位名叫勒内·笛卡尔的杰出青年学生……（第56页）

10　我知道“威斯特伐利亚式”这个形容词简化了重大的国家历史问题，但它便于强调那些声称要“治理气候”（Stefan Aykut et Amy Dahan, *Gouverner le climat?*, 2015）的人，不得不通过旧气候制度模型来克服所有困难。我们会在最后一讲中回到这一问题。

您希望通过适应、宽容、谈判、外交以及探索摇摆不定的组成来结束宗教战争？您会被要求在几种类型的绝对确定性中选择您的阵营：您要确定的事不重要——政治秩序、对圣经的阐释、数学、法律、实验性叙事、对教皇或太阳王的服从——重要的是有确定性。我们很难不把这段文字与当前的时代联系起来。如果四个世纪之后，“政治与神学权威”也开始将多元主义视为“完全不可接受的”，以对抗愈演愈烈的宗教战争，我们要准备应对何种新三十年战争？今日如昨日，对各种形式的原教旨主义的反应可使人盲目。

图尔敏如此坚信 1610 年这一天的重要性，因而他用它将我们通常所说的科学革命——之后被坚决地定义为反文艺复兴[11]——提前了一个世纪。据他所言，正是在这个时候，在伊拉斯谟、拉伯雷或帕利西的欢乐骚乱中，融合了科学、宗教与政治发现的各种新事物以真正的实验精神得到了尝试：

> 因此，官方对现代性的看法试图不合时宜地将 16 世纪哲学家的宽容精神，对人类福祉的关注以及对多样性的尊重归功于 17 世纪的人文主义者：所有这些立场都与怀疑论哲学相关，而像笛卡尔这样的理性主义哲学家至少在公开场合应该憎恶并拒绝它。（同上，第 80 页）

我们不会惊讶地发现，在那个时代，正如在我们的时代，一切都取决于物质的活性或去活性，在科学与政治方面皆是如此。对于绝对确定性的支持者，公共秩序必须能够与大众和物

11　这是第二章的主题。

质的彻底缄默联系起来。此处的关键术语是运动的**自主性**。人们要发明的是物质的惰性，物质会被用来形成事实。在共和国的混乱之后，在克伦威尔之后，在查理一世国王被斩首之后，只有在人民像事物一样被剥夺了任何自主行动能力的情况下，秩序才能得以统治：

> （这一时期的激进抗议者）采用（自然主义者）的全部提议，来剥夺**物理**质量（即物质）的一切自发行动或运动能力，同时提议剥夺**人民**大众（即“低级阶层”）的一切行动与社会独立的自发性。在我们看来的基本物理问题，他们将它与重新建立他们在1640年逃脱的社会不公平秩序的努力混为一谈。相反，在1660年之后，英国知识分子完全不再质疑物质的惰性，**因为害怕被指控与激进弑君者勾结**。（第121页，强调由我所加）

这听起来不耳熟吗？地球可以对我们的行为作出反应，这使如今的知识分子感到为难，正如物质的自主性一度困扰着既定秩序的维护者！随着新气候制度的出现，同样的问题展现在我们面前：如何在事物、神灵、人类与精英之间分派力量、才能与能力来分配行动力，从而将一种宇宙论强加于另一种宇宙论之上。一切都重新搅混了：自然秩序与政治秩序，以及一如既往地，关于宗教的看法和谁有权解释上帝的话语——后来变成市场的话语。捍卫事物的与人的自主性——拒绝让无论什么人把他的律法强加于您——仍然是一个重大的问题，无论在科学上还是政治上皆是如此。

图尔敏对通常的历史分期进行了很大程度的修正，他毫不犹豫地将 17 世纪描述为科学反革命的世纪。[12] 理性主义者将摒弃人文主义者所构想的东西。[13] 对特殊性的关注变成了对普遍性的痴迷；根植于时间的观念被非时间性替代，怀疑主义被教条主义替代，细微的决疑论被对一般原则的痴迷替代；为了精神，身体被驱逐，严肃将诙谐驱逐，一致性将拼贴驱逐，无可争议将有争议的驱逐。然而，这场文艺复兴受到了多大的嘲弄！认识论断裂不再如福柯所言，切断建立在“世界的散文”废墟上的理性的“古典时代”，而是反革命——思想的反改革——的开端，它会使科学、宗教、政治和艺术难以互相理解。[14] 在图尔敏手中，“认识论断裂”一词改变了含义：它不再意味着通过一场彻底清除过去的激进运动为理性奠基，而是在面对暴力时绝望地切断了所有允许思考的线索。理性变成了对应用理性的一种禁止。[15]

图尔敏的错误在于乐观主义。在他 1990 年出版的书中，他认为，由于生态问题的出现，我们可以欣喜地看到现代主义的插曲在近几年最终走向结束。[16] 据他所言，我们会抛弃绝对确定性的时代，又回到了温和的多元主义状态，关注地球与人，有着对宗教、艺术，对决疑论、巧妙的相对主义、怀疑主义，对合理性（raisonnable）而非理性（rationnel）的开放态度；在他

12　参见第 69 页。

13　Lorraine Daston et Fernando Vidal, *The Moral Authority of Nature*, 2004.

14　这是霍斯特·布雷德坎普在其所有作品，尤其在《怀旧古代》(*La Nostalgie de l'Antique*, 1996) 中，对“世界的散文”这一主题进行修改的目的，该主题与米歇尔·福柯在《词与物》(*Les Mots et les Choses*, 1966) 中所描述的与古典时代之间存在根本断裂。

15　正是这种表面上与理性主义的对立，但实际上是理性道路的延伸，是《存在模式调查》(*Enquête sur les modes d'existence*, 2012) 的主题。

16　在导致了历史新分期的 1989 年之后，他的书与《我们从未现代》同时出版。

看来，这种多元主义是16世纪的特征，它也是旧气候制度毁灭的特征。在这个长期的插曲之后，总是姗姗来迟的[17]真正的科学革命运动，最终可能会恢复。仍然根据图尔敏的说法，这特别是因为生态问题与全球公民社会的兴起使得国家边界——为了结束宗教战争而发明的怪物——已经过时了。威斯特伐利亚国家最终被包含在其他领土的无数网络中，这些网络正在以其他合法性的名义逐渐消除边界。[18]我们从相互交战的利维坦转入与国家交战的小人国：

> 如果现代性的政治形象是利维坦，那么“国家”权力与超级大国的道德权威今后将由格列佛的一个形象代表，从一个无梦的睡眠中醒来，发现自己被困在无数的小束缚中。（第198页）

四分之一个世纪之后，我们很难赞同图尔敏的乐观态度。他没有预见到人们可以在多大程度上既忽视生态剧变的快速性，又重新陷入新的战争周期。但对于他所见的，他看得很清楚：如果科学反革命暂时中断了宗教战争的进程——这是一件好事——那它的代价就是思想瘫痪。在国家的保护性权威下，政治、科学和宗教之间的职能分配不幸地冻结了几个世纪。正是由于这种瘫痪，生态问题使我们发疯。

但是，图尔敏曾感受到，并比任何人都更好地感受到的是，我们与16世纪是如此相近，由于发现**新大陆**的冲击，这一时

---

17 第四章：“现代性的另一面”。

18 自该书出版以来，历史的进程并没有遵循这一路线，至少目前还没有——这将是第八讲的重点。

期变得如此不稳定且如此富有创造力——对那些“被发现”的人来说是如此悲惨……就我们而言，或许在地球上的**新存在模式**的发现带来的冲击会使我们不稳定，但这也可能会使我们同样具有创造性——因为，这一次，我们发现自身也是“赤裸裸的”……

•

然而，面对生态剧变，我们并没有如同祖先发现新大陆时那样兴奋，而是仍然漠不关心、无动于衷、心灰意冷，仿佛实际上没有任何事情发生在我们身上。这是我们必须了解的。

人们当然可以归咎于习惯的惰性，对新事物的恐惧，消费主义令人冲昏头脑的好处，资本主义的铁笼；人们可以指出积极从事虚假信息工作的游说团体的影响；或者考虑到心理社会学对恐惧引起瘫痪而不是引发反应的研究工作。[19] 这些或许都是真的。但最终，如果有人说您家房子着火了，不管您是否懒散，心理状态如何，或者您的祖先是谁，您都要冲到户外。当您冲下楼梯时，您最不会去做的就是在两层楼之间吹毛求疵，争论搭起扶梯的消防员是否真的是消防员，以及他们将您救出去的可能性到底是90%还是95%……如果我们处于正常状态，那么关于地球状态及其反馈回路的最小警报就已经能动员我们，正如我们对任何身份、安全或财产问题所做的那样。

接下来的问题就是：为什么生态问题似乎与我们的身份、安全与财产没有**直接**关系？为什么我们不处于一个平平常常、

---

19 Mike Hulme, *Why We Disagree About Climate Change*, 2009.

普普通通的情况下？不要告诉我，是威胁的大小或与我们日常关注的问题的距离造成了差异。我们会对最轻微的恐怖袭击作出集体反应，但我们是地球物种第六次大灭绝的动因这一事实只会引起厌倦的哈欠。不，必须考虑的是反应性与敏感性。从集体上讲，我们**选择**我们敏感的东西，以及我们需要快速反应的东西。况且，在其他时代，我们能够分享距离我们无限遥远的陌生人的痛苦，无论是通过"无产阶级的团结"，以"诸圣相通"的名义，还是仅仅是出于人道主义。不，在这一情况下，就好像我们**决定**对某种类型的存在——那些与物质的奇怪形象有关的存在——**保持无动于衷**。换而言之，我们必须明白的是为什么我们不是真正的唯物主义者。

这种麻木有着古老渊源。让-巴蒂斯特·弗雷索提出称这种态度为"解禁"（désinhibition），自 18 世纪以来，每当有人对某些工业行为——制造碱液或燃气照明，某些科学发展——疫苗或接种，某些殖民地占用——砍伐森林与建造种植园——的危险性提出警告时，人们总是会以或多或少秘密但始终明确的方式做出继续前进的决定。在一场可怕的铁路事故（同类中的第一次）之后，伟大的法国浪漫主义诗人拉马丁惊呼："我们必须用眼泪偿还天赐的礼物及恩惠……文明也是一个战场，许多人为了所有人的胜利与前进倒下了。可怜他们，同情他们，让我们前进……"[20] 这"让我们前进"令人钦佩……勇敢地接受冒险行为的后果是多么英勇——特别是当它们一代又一代地落在其他

---

20 Jean Baptiste Fressoz, *L'Apocalypse joyeuse*, 2012, p. 273. 与此同时，创新与抵抗的方案被发明出来，这使得以过去考虑不周的恐惧为名而谴责所有的抵抗成为可能——每次弗雷索研究这些恐惧，它们都是不存在的！存在的只有对霸权企业的抵抗，而想要抵抗它们是完全合理的。

人的孩子的头上时！

因此，并非没有警示；甚至并非是报警系统被愤怒地切断；不，警报器嗡嗡作响，尽管如此，我们却颇有魄力地决定不让自己被危险所**抑制**。相反，如果存在抑制，那就是对后来产生的灾难的反应速度。这两种态度显然是相辅相成的：对未来的行动解禁；抑制反馈结果的记录。[21] 一面是魄力，另一面是疲软。时间对这种态度的影响很小，两个世纪后，我们在地球工程的"希望"中发现了它：灾难性的后果已十分明确，但我们指责对手太过胆怯，我们仍准备进一步发展，尽可能快地前行，以便使事实状态不可逆转——总是以"必要的现代化"[22] 为名。一次次闭着双眼投入冒险的这种奇怪行为来自何处？

在本讲中，我想探讨这种选择的宗教渊源，或者更确切地说，这种支持解禁的决定的**反宗教**渊源。要做到这一点，我们必须回溯到更遥远的过去，在科学、宗教与政治变得不可开交之前。如果您还记得前面的讲座，斯蒂芬·图尔敏所使用的"科学反革命"一词一定让您想起了扬·阿斯曼提出的"反宗教"一词，该词强调了所谓的传统宗教——它们对真假问题相对漠不关心——与那些认为真理问题至关重要的宗教之间的

21　乌尔利希·贝克（Ulrich Beck）自《风险社会》（*La Société du risque*, 2003）以来的研究就是分析这些矛盾。

22　Clive Hamilton, *Les Apprentis sorciers du climat*, 2013. 我们在"经济现代主义宣言"中看到同样的想法，即加速而非扭转现代化的方向，thebreakthrough.org。据此，模仿或批评的版本，视情况而定，由艾利克斯·威廉姆斯（Alex Williams）与尼克·斯尼赛克（Nick Srnicek）提出"加速主义政策宣言"（«Le Manifeste pour une politique accélérationniste», 2014）［不要与威尔·史蒂芬等人提出的"大加速"这一术语相混淆（Will Steffen *et al.*, «The Trajectory of the Anthropocene: The Great Acceleration», 2015）］。问题是要知道是否要继续竞争，看哪一个会是更"坚定的现代"。

对比。[23]“真正的”上帝不能与任何其他相称，而反过来，人们可以称许多其他至高权威为“上帝”——譬如，提供庇护的国家或科学所知的大自然。[24]这就是为结束宗教战争，必须将绝对确定性的来源从一个机构转移到另一个机构时所发生的事。

为避免人们以相互矛盾的绝对确定性的名义互相残杀，我们要围绕着确定性的要求稳定集体，但是，正如图尔敏饶有趣味地提出，我们没有去确定我们应该确定**什么**！[25]是政治理想？科学进步？既有的宗教？经济进步？由于恐惧暴力，我们在确定性中寻求庇护，但与此同时，我们不让自己根据每个领域的真正所需——特别是基于它可以提供的保证类型——来分配信心水平。宗教、政治、科学、自然与艺术如何以同样的方式、同样的确定性道出真实？为了发现解禁的起源，我们需要回溯得更早，远早于国家提供的解决方案。这一解决方案冻结了战线，但没有带来真正的和平；它使现代人陷入瘫痪，尤其是在对他们创造的新事物的物质性作出反应的方式上。

我们必须从宗教中寻找面对当前自然状况的警报漠不关心的奇怪形式起源。为什么我如此肯定？因为**末世**一词的重现，甚至是无所不在。一旦我们以某种程度的严肃态度谈论生态剧变，甚至没有提高声音，我们就会立即被指责为持“末世说”，

23 以更激进更精简的形式重述的主题，参见 Jan Assmann, *Violence et Monothéisme*, 2009。

24 实例的名称不如它被赋予的功能重要。这使得看似不同形式的至高实例之间得以进行转换，并绘制出地缘政治。见上一讲。

25 “目前尚不清楚我们究竟需要确定什么，但可以肯定的是，不确定性已经变得完全不可接受。”（第 55 页）

或者较弱的版本——“灾难说”。您可以直面这个问题，并回答：“是的，当然，您想让我们谈什么?！现代性完全存在于末世中，或者更确切地说，正如我们会看到的，在末世**之后**。这就是为什么现代性注定要对历史带给它的新事物一无所知。因此，我们最终必须接受**在当今**彻底持末世说。”

•

如果说谈论宗教很困难，这不仅是因为人们普遍认为宗教问题已被我们彻底抛在脑后，而且还因为我们几乎不可能回到宗教在17世纪停战前——也就是说，在它变成绝对确定性的形式之前——的含义，它在根本上并不比科学或政治更适合绝对确定性。作为对某事物的**信仰**，宗教没有什么意义，我们不再关注它也是对的。如果我们将这些形式与产生它们的运动分开，那么随着时间的推移，这些形式只能让我们感觉它是老古董的堆积，其价值不外乎道德、审美或者遗产。

然而，如果宗教——作为一种反宗教——仍然活跃，仍然繁荣，那是因为人们发现，我们可以生活，也必须生活在“终结之时”，在某种意义上——既非常明确也非常不稳定——在时间中最终达到终点，并且只能**借助**时间来实现。正如我们在前一讲中已经指出的，这一发现所表达的真理并非来自非同寻常的确定性，而恰恰相反，来自“最终的”一词的展开、重现与体现。如果它是最终的，那么实际上，我们可以将它翻译为“绝对的”“确定的”“可靠的”“在场的”；除了一点，由于这涉及**在时间中的**时间尽头，感受这一真理就是去意识它同样也是不确定的、不可靠的、相对的、脆弱的、缺席的，并且总是要重新开始的！

只要我们生活在这种张力中，我们就会明白反宗教的出现以及在历史进程中强加给自己的新历史性所象征的东西。[26]事实上，把流逝的时间作为与终结的时间完全不同的东西来体验，同时又作为实现这些终点的东西来体验，这是自相矛盾的。一旦我们失去了这种奇异的历史性，哪怕只有片刻，我们也会失去宗教真理感。直到我们再次理解它。正如其名称所示，反宗教不断地**与自身作斗争**。这就是难以理解它的原因，这也是它的力量源泉，它的力量既是解放性的——达到了目的——也是有毒的——我们每次都有弄错目的的危险！

时间终结已经在无数次不断修正的信仰中被表达出来，并且从 17 世纪开始，这些信仰变成了在科学和政治的竞争中需要捍卫的确定性，我们在此对这些并不感兴趣，它们只会让人分心。无论如何，我知道没有什么比追踪宗教创新逐渐退化为需要捍卫的简单信仰——或者更糟糕的是，道德警察[27]——更加令人沮丧的任务了。对于我们的分析而言，重要的是，在这一历史性制度不再被理解的那一刻，好像反宗教所带来的谜被一分为二。我们保留了**时间终结**，也保留了**终极真理**的观念，但是这两个概念自此以最不可能的形式汇集在一起：**一些人开始告诉自己，他们绝对确定已经达到了时间终结**，到了另一个世界，并通过绝对断裂，与旧时间分离。显然，对于这些人而言，任何严重的事情都不会再发生了，因为他们相信自己一直

26　Karl Löwith, *Histoire et Salut*, 2002 以来的经典主题。

27　这就是为什么每当我们在教会机构中听到另一种音乐时，都会仔细聆听，它让人想起产生它的运动的激进性——就像是听到通谕《愿祢受赞颂》！其原创性可以用扼杀其影响的努力来衡量。

都在“历史的终结”[28]中。因此，对他们传达末世说，向他们宣告世界末日是完全没用的！他们会傲慢地反驳说**他们已经抵达彼岸**，他们已经**不再属于这个世界了**，没有什么事情可以发生在他们身上，他们已经牢不可摧、彻头彻尾、完完全全、一劳永逸地现代化了！他们唯一的运动是继续前进，永不后退。他们的座右铭是西班牙帝国的口号：大海之外，还有领土（Plus ultra）。[29]

因为这里有一件最不寻常的事情：这些自称为非宗教信徒与无宗教信仰的人，非教会与世俗的人，都从他们之前的反宗教中汲取了其最深刻的意义——人们可以生活在时间终结中——同时将这一发现的意义逆转为其对立面：时间尽头实际上已经到来，**我们对此不再有疑问！**这一路上，什么消失了？对，时间可以终止，时间的终结要通过时间流逝来达到的根本**不可能性**的怀疑、不确定、恐惧与颤栗。一切都取决于对“最终的”一词的微小误解。现代人通过为自己挪用最危险、最不稳定形式的反宗教来保护自己不受时间流逝的侵害。他们怎么可能不被解禁？由于相信自己在与宗教作斗争，他们在上一讲所说的意义上已经变得无宗教信仰：他们将**疏忽**视为至高无上的价值。[30]不可能再有任何事发生在他们身上。他们已经并且永远处在另一个世界了！除了前方，没有其他方向，好像后路已

28　虽然本意并非如此，弗朗西斯·福山（Francis Fukuyama）在《历史的终结》（*La Fin de l'histoire*, 1992）中已经非常准确地判断出美国的后末世情形，以及过去三十年来与历史性重新联系的不可能性。那些已经终结历史的人怎么会对一个复杂地球的新地缘政治感兴趣——或者仅仅去理解它呢？

29　现代人的自豪与理想在于能够跨越海格力斯之柱，他们又如何能够得到“给自己设限”的品位、自尊、理想与政治？

30　Michel Serres, *Le Contrat naturel*, 1990, cité p. 200.

经被切断了。

正是埃里克·沃格林（1901—1985）在《新政治科学》(一本精彩却鲜为人知的书）中指出了这一逆转。[31] 犹太人与基督教翻译中的终结之时（le temps de la fin）已经以可能、可预见，当然也是期望中的**时间尽头**（fin des temps）的形式颠倒了次序。不再是在流逝时间中的终结之时，而是流逝时间**的**终点与终止。但是这一逆转导致人们对这种翻译的真实性产生了持续的怀疑。从某种历史性制度的启示意义上来讲，末世逐渐成为——特别是由于《约翰启示录》中的大量注释——对世界末日的期待的论说。[32]

现在，如果您已经理解了上述内容，那么您就会发现，我们无法预见并预测世界末日——人们只能布道或祈祷。“终结”首先意味着完成，然后是有限性，最后是启示，但它总是在时间中，伴随着时间，特别是要通过时间。它甚至给了流逝的时间以全新价值：它承载**并且独自承载着**最终的成就，而最终的成就是永远不会结束的！永恒的事物只能通过非永恒的事物延续。为了保持这种颠覆性的精神，人们最不应逃离的就是时间。于是人们开始把流逝的时间与必须结束的时间对立起来。这就是千禧一代的情况，或者，通过一个更为奇怪的反转，人们开始断定等待的时间从此结束，历史已结束，它即将结束！一旦将“终结之时”译为“时间尽头”，人们就会发现自己处于一种令人眼花缭乱的变质边缘——通过放弃有限性与死亡的时间来**到达彼岸**成为不可抗拒的诱惑。

---

31 Éric Voegelin, *La Nouvelle Science du politique*, 2000.

32 参见 Gérard Mordillat 和 Jérôme Prieur 制作的精彩剧集，*L'Apocalypse*, 2008。

沃格林认为约阿希姆·德·弗洛尔（Joachim de Flore，1130—1202）在对末世信息的逐渐误读中——我应该说，在这种渐进的现代化中，这种信息的犹太和基督教起源将被一点一点地抹去[33]——发挥了核心作用。约阿希姆确实在传统基督教的圣父时代与圣子时代——因此也是旧约与新约——的分裂中（已经相当有争议）增加了一个新的时代，他称之为圣灵王国。我敢说，就是这个王国使事情开始变糟！

请注意，分歧点在最初是微不足道的，因此教皇认为约阿希姆略显边缘化的正统教条无可指责：等待圣灵王国似乎是对道成肉身教条——其定义是时间**中**的永恒——的完美解读。但是约阿希姆使得这一无法从定义上掌握的等待变成在历史中实现历史的终结。这是相同的吗？不，请听清楚，这恰恰相反：时间尽头与时间有限性之间的关系已经被颠倒了。[34] 历史开始在其本身的运动中带有结束自身的超越性！这意味着，我们将能够逃离内在性……从而推动约阿希姆不仅建立旧约和新约形象之间的对应关系——正如他一直所做的那样[35]，而且还制定真实的历史**预测**，他意图通过令人眼花缭乱的数字命理学练习来验证它。历史的进程被赋予了永恒性，变得可以被那些能够确定地预测它道路的人**掌握**。

在约阿希姆的注释者手中，无足轻重的微妙差别扩大成了

33　参见亨利·德·吕巴克（Henri de Lubac）的概论，《约阿希姆·德·弗洛尔的精神后裔》（*La Postérité spirituelle de Joachim de Flore*, [1981] 2014）以及 Thierry Gontier, *Politique, religion et histoire chez Eric Voegelin*, 2011。

34　“在历史进程中，对于我们的救赎，‘我们没有任何期望’（这并不意味着利用、挖掘、发现、实施）；没有任何事物，特别是没有‘圣灵’能够使基督‘超越’，与他的教会一起摧毁继续依靠他的圣灵生活的手段。”Henri De lubac, *ibid.*, p. 156 et 194。

35　Erich Auerbach, *Figura: La loi juive et la promesse chrétienne*, 2004.

信息的根本转变：对圣子归来的持续等待——“那日子、那时辰，你们不知道。”(《马太福音》，25：13）——变成了圣灵王国将**在人世间**实现的确定性。但要在人世实现彼世的承诺，不可避免地意味着从一种可以被称为精神的定义转变为一种政治形式。然后，人们放弃了圣奥古斯丁明智且不确定的解答，它认为在人间之城中无可期待，所有的期待都存在于天堂之城。而后来的几代修道士——约阿希姆的热心读者——梦想着他们能通过从根本上改变人间之城来彻底**实现**天堂之城。谁来管理这个成了政治宗教的王国？就是那些在经文的启示下过着苦行生活的修道士！过渡不知不觉但又十分彻底，这一转变开始曲解宗教与政治。从那一刻开始，拙劣的政治，如此无能、如此朴实、如此具体，总是如此令人失望的政治，肩负起了使圣灵王国成为现实的重任！如此脆弱、如此不确定的宗教，将不得不承担起支配世界进程的任务！显然，政治与宗教都不能承受得起这样的负担，这释放了西方历史上的全部狂热。人们决不能让政治堕落为神秘主义，因为担心神秘主义会堕落为政治。

这是否让您想起什么？沃格林告诉我们，您完全可以在这个反宗教的形象中认识到它在现代人中不断成了什么。扯掉修道士的长袍；忘记古老的术语“圣子”“圣灵”与“王国”；忘记新约福音；在您眼前的就是一个可怖的前景，将实现人间天堂托付给受到神的真理确定性启发的激进分子。是的，正是如此：恐怖的实践。人间不再在一个只有它才能实现的天堂的存在下颤动——只要不混淆这两者，而是说，人间已经成为天堂本身（仍然是虚拟）的现实。对彼世的承诺已经变成了**乌托邦**。如果我们没有着手将它转录为现实，这也不会太糟糕！由激进分子（militant）——不要与积极分子（activiste）混淆[36]——带领的实现彻底免遭怀疑，因为他们已经走到了关于时间及其方向的**不确定性的另一边**。我们不再等待目的，而是已拥有它——当然，它也会不可避免地背叛您。

根据沃格林所言，人们不能肆无忌惮地玩弄圣灵王国。约阿希姆·德·弗洛尔是一名优秀的修道士，它相信为世界历史增添一个新时代以完成圣子时代是一件非常虔诚的事情。然而，他所做的只是结束了圣子时代，从而将基督教的程序化消亡引入基督教本身。[37] 现代化保留了所有的末世特征，却丧失了**使**科学、政治与宗教**不相混合**所必须的不确定性。根据沃格林所言，现代人开始相信，在世界的不完善性——圣奥古斯丁提出的政治神学——面前，我们最终可以摆脱颤栗，转向一种新的可能性，即通过圣灵及其替代物的闯入，达到人世的完善。生活在对末世的**期待中**是一回事；生活在其实现之**后**又是另一回事。这就是宗教改革前反宗教的势头。改革与反改革变得愈发激烈，因为它们只是对约阿希姆预言的解释者事先将宗教精神政治化的一系列不可避免的反应。一旦宗教战争开始，剩下的只有图尔敏所正确分析的那种解决办法：国家迅速得到了科学的支持——而这两者很快就被市场所吞噬了。

---

36 正是约翰·杜威的整个政治哲学，特别是《公众及其问题》(*Le Public et ses problèmes*, 2010）中，设法将与探究实践相关的实验与对真理的应用区分开。这也是激进分子与积极分子的区别。关于政治与真理的关系，参见 Walter Lippmann, *Le Public fantôme*, 2008，以及我写的前言。

37 Éric Voegelin, «Erzatz religion. The gnostic mass movements of our time», 2000，用几页文字总结其论点。

•

您可能会问，绕到政治神学史[38]与生态问题之间有什么联系。事实上，这种联系既直接又令人眼花缭乱，它完全依赖于**内在化**（immanentisation）一词，沃格林用该词来总结“最终的”一词含义的反转。这就是西方人通过切断内在性联系而失去地球的原因。事实上，沃格林详述的历史并没有从超越性到达内在性，而是从两者之间的联系保持不稳定的时代到另一个时代，后者在内在中只能看到超越最终的嵌入——及其失败。似乎内在性与物质性将会消失，被后发的超越性的重量压得粉碎。

如果现代人的历史包括从放弃对彼世的幻想转移到此世的坚实资源，这段历史就会完全**关注尘世**。但是**对于那些将天堂内在化的人而言，已经没有任何可达的人间了**。现代化的整个悖论是它越来越看不到与世俗、与物质的所有联系：它不再看到现世，而是**内在化的**彼世。这就解释了为什么现代人感到如此迷茫——以至于他们永远不知道自己是不是现代人！[39]换而言之，如果现代人错过了世界，他们的失败不是由过度的唯物主义造成的，而是由过量错位的超越性造成……

让我们来看看沃格林是如何继续的。首先，他试图了解反

---

38 卡尔·施密特提出了政治神学一词，用来指代主要政治概念的考古学，现代人认为它们已经世俗化，但其实仍然符合依旧活跃的神学图式（Carl Schmitt, *Théologie politique*, 1988）。我在这里用它强调反宗教的一个构成性特征，它涉及世俗与宗教范畴的不确定性。

39 我总是被指责没有具体说明现代人的确切限制范围，没有说明他们生活在什么国家，什么时代。我希望人们现在明白为什么这些问题无法得到回答。他们只是不知道自己在哪里。这是盖娅重新扎根的全部意义所在。

宗教（这是阿斯曼的术语，沃格林显然没有使用它，但它很好地解释了他所描述的运动）的不稳定性源于哪里：

> 具体是什么不确定性如此**令人痛苦**，以至于必须通过**错误的内在化**这一不可靠的方式来克服它？（第178页，强调由我所加）

为了理解沃格林所提供的解决方案，我们必须摆脱根深蒂固的偏见：宗教信仰——特别是基督教——只是一个被整个吞下的寓言组织。这一偏见可能是有效的，但只是在停战之后。停战将先前失败的竞争中所有不同的真理来源混淆在一起，以达到无可争议的确定性，从而将宗教推向教条主义。沃格林从这一原则出发——这是他的巨大贡献——认为人们必须能追溯反宗教与终结之时所固有的震颤的源头。难得的是，他能够接受宗教中的本体论多元主义。事实上，他要求我们认识三**种**不同类型的至高权威：

> 从术语上讲，有必要区分三种类型的真理。第一种是早期权威所代表的真理，我们称其为“宇宙论真理”。第二种出现在雅典的政治文化中，特别是在悲剧中：我们称其为“人类学真理”……基督教中出现的第三种真理称为“救赎真理”。[40]（第124页）

40　如今我们会说公民宗教、道德或人文宗教、救赎宗教。这里的术语并不重要，重要的是允许我们为自己定位的最高权威类型的多元化。沃格林的论点是，西方从来没有成功同时维持这三者。

沃格林在他的书中认为，西方历史从未成功将这三种宗教形式结合起来。西塞罗对哲学家之神一概不知。奥古斯丁对罗马众神一无所知。霍布斯对奥古斯丁的上帝毫不敏感。[41] 沃格林所感兴趣的是**敏感性丧失**的历史和恢复"最大限度的区分"——它使得人们不会忽视在历史进程中发明的任何形式的宗教[42]——的手段。因此，他非常认真地对待与基督教相关的这种特殊形式的反宗教真言（véridiction），即存在模式。但他也强调，这种方式极大地依赖于不确定性，因此它无法抗拒摆脱它的诱惑：

> 答案就在眼前：**不确定性是基督教的本质**。在一个"充满着神灵的世界"中的安全感丧失，同时神灵本身也消失[43]；当世界被去神化时，与超越世界的神的交流就沦为信仰的**脆弱纽带**。（第 178 页，强调由我所加）

古老的神明，那些能够用我在前一讲中讨论过的互译表相互比较的宗教神明，也是沃格林所说的"宇宙论"神灵，已经被反宗教的烈火所侵吞。救赎的宗教——这就是"救赎的"（sotériologique）一词的含义——从摧毁神灵开始——这就是"去神化"在此处的含义——之后它被同样反对自身的宗教运动扫地出门。[44] 在中间阶段，在消失的宇宙论宗教与新的无神论

---

41 *La Nouvelle Science du politique*, p. 138. 但这里令我们感兴趣的还是霍布斯的重要段落，第 222—223 页。

42 同上，第 127 页。"最大限度的分化"问题与《存在模式调查》中真言模式多元化研究直接相关。

43 这就是众所周知的基督教传统本身内部的世俗化论点，然后再反对基督教传统的论点。虽然它没有使用这一术语，但它是定义反宗教之"反"的另一种方式。

44 共同的主线始终是对偶像破坏的态度，而不是暴露在偶像破坏者锤子下的圣像的不同性质。

（反）宗教之间，沃格林描绘了基督徒竭尽全力坚守其使命的画面：

> 当然，联系很**脆弱，而且可能很容易断裂**。灵魂的生命对上帝敞开，……**在确定性的边缘颤栗**，而这种确定性一旦实现，就会以**丧失的方式**显现出来——对于渴望掌握经验的人而言，这一构造的轻盈是太沉重的负担。（第178—179页，强调由我所加）

如果作为一个基督徒确实需要生活在恐惧与颤栗中，那么您很容易理解诱惑人们抓住任何机会来中止恐惧与颤栗的力量有多强！[45]

如果您对这段话感到困惑，那可能是因为您已经将终结之时来临之前的恐惧与颤栗的状况变为对有两个界限分明的**世界**的**确信**——此世与彼世，根据宗教批评者的观点，信徒们只能渴求被传递到彼世。但是将超越性变成天堂并且将内在性变为人间的解决方案只是一个暂时的、撤退性的、懒惰的并且是徒劳的出路。内在性——流逝的时间，以及超越性——目的的达成，它们之间的联系是由反宗教发明的，然后被其现代化的版本所遗忘，它需要两者之间的**垂直**关系，而不是在一层精神性上叠加一层物质性的三明治式重叠。这是“唯灵论者”与“唯物主义者”之间永恒的误解：他们认为彼此对立，但他们谈论的却是完全一样的东西，他们都没有意识到，将超自然叠加到

45 正是这种停止，引发了克尔凯郭尔（*Crainte et Tremblement*, 2000）对他所处时代的宗教态度的愤怒与讽刺。

自然之上意味着已经失去了这两者。但是我们必须认识到，这种倾向是不可抗拒的：

> 被自发吸引或因压力进入基督教势力范围的人越多，他们中缺乏**必要的精神耐力**来面对基督教所要求的灵魂的**崇高冒险**的人数就越多；随着文明的进步，信仰堕落的可能性会增加。（第179页，强调由我所加）

沃格林的假设是激进的：人们确实成为基督教徒，但他们看到财富在增长，城市在不断扩张，而且从15世纪开始，他们发现了大量的新土地与新的前景，同时他们仍然背负着基督教的负担，一旦有机会，他们就会把这让人喘不过气来的重负转移到别的东西上。转移到什么东西上？一个更古老的潮流上，仍然或多或少存在于犹太教与基督教传统中，即诺斯替主义。[46] 这一术语让人想起在沃格林看来既是不可避免又是灾难性的转变：信仰是不确定性——反宗教中特有的存在与缺席的摆动，而诺斯替主义，正如它的词源所示，是**确定的知识**。信仰掌控您；而您掌握知识。

我们可以轻易理解，在图尔敏所定义的无可争议的确定性时期，诺斯替主义的诱惑将变得无法抗拒。而且，从17世纪开始，由于这种确定性真理的形式与科学提供的新形式无可争议性之间存在明显的相似之处，人们进一步向这个方向推

46　似乎是阿道夫·哈纳克（Adolf Harnack）的著作《马吉安。陌生上帝的福音》（*Marcion. The Gospel of the Alien God*, 1990）引发了德国哲学家分析诺斯替主义的兴趣。特别是汉斯·约纳斯的《诺斯替宗教》（*Gnostic Religion*, 2001）其与生态学的关系显然十分重要（Clara Soudan, *Théologie politique de la nature*, 2015）。

进。[47]从这一刻开始，宗教就像一种——显然徒劳无功的——努力，试图变得与确定且无可争辩的知识相似。

> 将存在的意义进行**内在化**的尝试从根本上是试图将我们的超验知识变得比**信仰的知识**（*cognitio fidei*）所能够提供的**更加坚实**；而**诺斯替经验提供了更牢固的把握**，因为它是灵魂的扩张，直到使上帝归入人类的存在。（第181页。强调由我所加）

对现代人的解释取决于“内在化”这一术语的含义，它使得我们有可能解释“世俗化”与“物质化”。沃格林并没有像通常的宏大叙事那样，认为我们已经从蒙昧主义过渡到启蒙运动；从对天堂的虚幻等待过渡到对人间现实的把握；简而言之，从受宗教启示的生活到世俗生活。不，他告诉我们，我们已经从一种内在性与超越性，时间的流逝与终结之时，人间之城与天堂之城之间存在相互**启示**——这是天启一词的本意——关系的境地，达到一个完全不同的境地，我们相信可以在人间把握并实现天堂存在的确定承诺。据他所言，现代人并没有世俗化——这是一个极有争议的话题[48]——而是内在化了。不可避免的结果是：**他们与大地没有任何可能的接触**，因为他们只能看

47　“最后，鉴于自17世纪以来科学的非凡进步，新的知识工具不可避免地成为诺斯替真理的象征载体……直到今天，科学主义已经成为西方社会中最强大的诺斯替主义运动之一，……特定科学通过物理学、社会学、生物学和心理学，在救赎的变体中留下了明显的痕迹。”*Nouvelle Science du politique*, p. 185.

48　关于汉斯·布鲁门伯格《现代的正当性》（*La Légitimité des temps modernes*, 1999）与沃格林的争论，参见Willem Styfhals, «Gnosis, modernity and divine incarnation», 2012。然而，在这场宏大的争论中，我感兴趣的是它对物质的蔑视——与对质料的迷恋相关——所产生的后果。

到超越的东西，后者笨拙地试图将自己折叠入内在的东西。而且必然会失败！宗教极端主义诞生了，并不断转移。

一个最近的例子可能使您更容易理解我对诺斯替主义这一鲜为人知的历史的借鉴。最近爆发的宗教极端主义将反宗教推至极端，这使我们能够掌握沃格林所指出的运动。

沃格林毫不费力地将分析线索从第一批仍被基督化的清教徒扩展到各种形式的乌托邦激进主义——这些都是暴力反基督教但又极其现代化的。虚无主义在武器库中拥有不止一种武器。

> 一条渐进式转变的路线将**中世纪诺斯替主义与当代诺斯替主义联系起来**。事实上，这种转变是如此渐进，以至于难以确定当代现象是否应归于基督教，因为它们显然是中世纪基督教异端的产物；或者中世纪现象是否应被归于反基督教，因为它显然是现代反基督教的起源。（第183页）

他的结论是：“最好是将这些问题放在一边，并将现代性的本质视为诺斯替主义的成长。”不幸的是，我们没有完成对这一“成长”范围的测量。末世主题来自我们不应该脱离的存在感，它现在已成为现代人对世界其余地方强加的缺席——现在，通过意外的逆转，也强加给了自己。

> 无论肤浅的思考看起来多么愚蠢，人们普遍认为现代文明是一种卓越的文明，在经验上是合理的；赐予**救赎意义**成就了西方的崛起，并确实构成了**文明的末世**。（第188页，强调由我所加）

关于这一点毫无疑问：对于所有文明而言，西方已经像一场结束它们存在的天启一样落在它们身上。相信自己是救赎的承载者，人们就成了其他人的天启。您是否理解我们为什么必须警惕那些指责生态论为末世说的人？相反，通过拒绝继续活在终结之时，他们对所有其他文明施加暴力的终结。约瑟夫·康拉德（Joseph Conrad）与弗朗西斯·科波拉（Francis Coppola）说得没错：我们不能说“昨日启示录”，而总是《现代启示录》。

•

如果您想知道为什么所谓的生态问题有着一定规模、紧迫性与持续性，却没有引起很多人的兴趣。只要我们将它的（反）宗教起源考虑在内，答案也许不难找到。告诉西方人——或者那些最近被不同程度暴力西化的人——时代已经结束，他们的世界已经终结，他们必须改变生活方式——这只会产生一种完全摸不着头脑的感觉，因为对他们而言，天启**已经发生了**。他们已经达到彼岸。不管怎样，至少对于那些已经变富的人而言，彼世已经实现。他们已经越过终结历史性的门槛。[49]

他们知道，他们也听到了，但在内心深处**他们不相信**。我认为，我们必须在此寻找气候**怀疑主义**的根本来源。这不是对知识可靠性的怀疑，而是对存在立场的怀疑态度。如果他们怀疑或否认，那是因为他们把那些适时或不适时地叫喊着要**彻头**

---

49 这就是为什么想要放弃分析时间尽头的主题是相当徒劳的，因为它占据了整个西方灵感的历史，直到 2015 年 6 月 22 日，这位年轻的女性在“经济现代主义宣言”研讨会上模仿拉马丁的“前进，前进！”呼喊出：“现在是时候超越世界末日情绪了！”（第 249 页）

彻尾地改变生活方式的人，当作与《神秘的星星》中吓到丁丁的预言家菲利普鲁斯同样不可信的傻瓜。“彻头彻尾地改变生活方式？”他们已经通过**坚定的现代化**达成了这一目标！如果现代性不具有如此深刻的宗教性，那么调整自己以适应地球的呼声就会很容易听到。但是因为现代性继承了启示录，并且不过是将它转移到了未来，这一呼声只引来了耸肩或愤怒的回应：“您怎么能**再次**向我们宣讲启示录？在圣经中哪里写着在第一场天启之后还会有另一场？现代性是对我们的承诺，是我们所达到的，我们所征服的，有时是暴力地征服的，您打算把它夺走？告诉我们理解错了承诺的含义！现代性的应许之地**仍是**应许的！简直是一派胡言。”

事实上，没有任何地方写着天启之后又有天启。因此，那些每天阅读各种灾难报道的人都有着难以根除的确定性，沉着镇定，心如磐石。他们觉得有**权**享受他们被许诺的地球——**他们觉得有权**——但这个地球是脱离大地的，因为被否认的是它具有历史、历史性、反馈力、能力——简而言之，行动力。一切都在颤抖，但他们没有，他们所站立的地面也没有。展开他们历史的框架必然是稳定的。世界末日只是一个观念。[50] 当一切都在他们脚下颤抖时，他们如何做到去相信这种稳定性？因为这种表面的稳定性是借自天堂的物质观念，并强加给物质性的，而他们将天堂与人间混淆。[51] 我们在这里再次发现现代性的反

---

50 巧妙的解决方案是让它成为心灵的常态，但与世界状态无关，如我们在迈克尔·福索（Michael Foessel）的著作中所见，其标题具有揭示性：《世界末日之后》（*Après la fin du monde*, 2012）。处于“之后”，就是确保不会陷入“之中”的危险。

51 质料是一种完全反对物质性的唯心论。关于广延物的谱系，参见 Alfred North Whitehead, *Le Concept de nature*, 1998，以及特别是 Didier Debaise 的评论，*L'Appât des possibles*, 2015, p. 33。

宗教观念与科学继承的反宗教观念之间令人惊讶的混合。**物质，就是物质性加**（我想说减！）**内在化**。

被关于生态突变的坏消息轰炸的人们无法理解的是，构成我们所有人居住的关键区域的材料的活动、自主性，以及对我们的行动的敏感性。他们似乎无法对它们的行动力作出反应。您还记得，自本系列讲座之始，我们经常对科学活动的认识论观点所强加的世界的去活性感到惊讶。[52] 现在我们可以理解它的宗教——或更确切地说，启示录的——起源。它源于将所有行动归因于原因——一步步地回到第一因——而把所有被动性都归于结果的因果叙述。在大自然与创造，盲眼钟表匠与全知全能上帝之间的奇怪竞争，试图尽可能地从世界中消除一切活动。因此，那些将物质性视为惰性与被动的，并且相信他们所居住的世界仅由物体，由其他同样惰性的事物造成的简单事实的人，对思考地球的活动十分反感。

然而，最严重的后果是，这些现代人在物质性上叠加了诺斯替主义的古老特征之一——对**物质的蔑视**。您肯定注意到那些对生态危机不敏感的人对任何有关道德与身份的问题都非常敏感，并且准备在他们的利益受到威胁时立刻走上街头。如果他们选择忽视，那也只是对属于“自然”王国的事物。为什么这种选择与显而易见事实背道而驰？就好像诺斯替主义让事物变得既可取又可鄙——**可取**因为它必须承载理念，**可鄙**因为它从长远来看被不适合这么做！

事实上，现世唯一不能做的事情就是立即、完全实现彼世的承诺！如果没有发生的事情只能通过发生的事情来实现，那

---

52 参见前文第 41 页与第 78 页。

么只有在时间流逝的条件下才有可能。因此它伴随着缓慢、困难、失去、老化、关心和担忧。然而，在诺斯替传统中有一个摩尼教的特征，它贯穿所有时代：对物质的不信任、厌恶甚至仇恨，这是由某个反常的造物主构思的失败项目的流产结果。[53]每当物质使乌托邦者失望时，这一传统就会被重新激活。每一次，也就是说总是这样！要寻求在人间实现天堂，人们最终只能在这里实现地狱——不总是自己的地狱，但肯定是他人的地狱……这些计划的失败——宗教的、科学的、技术的、革命的、经济的、政府的，形容词不重要——导致那些对诺斯替主义感到失望的人更加蔑视物质，因为它无法达到理念所预期的水平。[54]因此，客体处于古怪的境地，它既被认为是唯一的现实，也是最深的蔑视对象。

这是反宗教最危险的后果，它在反对神明，反对上帝的观念之后，又要再次**反对自然**。如果造物主不是诺斯替传统所描绘的那种，充斥着恶毒，将这个世界变成人们不得不千方百计逃脱的地牢，所谓的现代主义创世精神就不会重要。诺斯替主义者再也无法与尘世接触。他们渴望通过乌托邦逃至超越；他们试图彻底实现乌托邦；最终，在梦想破灭之后，他们鄙夷世界，唾弃不适合被观念改造的物质：他们发明的每一个解决方案都比上一个更有灾难性！

不出您所料，在行动力的不断再分配面前，与这些诺斯替

53　诺斯替主义的奇怪之处在于，远离了善的上帝之后，为了对创造进行解释，必须要想象一个既笨拙又乖张的造物主，以解释为什么在此世，一切都会出错。Adolf Harnack, *Marcion*, 1990, et Éric Voegelin, «Erzatz religion», 2000.

54　这是伯纳德·耶克（Bernard Yack）《渴望全面革命》（*The Longing for Total Revolution*, 1992）的兴趣所在，它追溯了革命者在物质无法实现理想情况下的绝望的政治后果。这就是内在化使我们对内在的可能性视而不见。

教徒谈论生态学、世俗世界、不确定性或恐惧与颤栗是徒劳无功的。不要指望他们对这六场讲座所谈论的变质带感兴趣！他们最终陷入了令人难以置信的状态，但是，唉，却又非常真实。他们确信自己的救赎，即使居住在一个他们实际上鄙夷的物质世界中！失去垂直的同时，他们也失去了水平。这就是为什么——在前一讲中已经指出——这些人惊人地声称自己是唯一生活在真实的无生命世界中的人，而这个世界对他们来说既是唯一理想的世界，又是唯一完全失去意义的世界。在这里，我们找到了被大多数哲学惶恐排斥的卑劣客体的起源，这些哲学急忙离开，以便回归自由与主体性的海市蜃楼。我们很容易理解，在蜕变为物质的树根上，罗昆丁 * 只能呕吐。

•

生态危机的宗教起源是无可争议的；我希望您理解这一点，但根本不是因为林恩·怀特那篇众所周知的文章中提到的原因，即指责基督教将物质物化，并且使人类对生物有绝对主宰权。[55] 确实发生了一些事情，使得大量虔诚的头脑对一种特定类型存在的命运漠不关心，这些存在通常与被理解为物质的物质性有关。但是，如果生态危机有一个历史渊源，那也不是因为基督教使被创造的世界变得可鄙[56]，而是因为该宗教在 13 世纪到 18 世纪之间的某个时候，通过变成诺斯替主义而失去了它最初的

---

* 罗昆丁，是法国存在主义哲学家与作家萨特的小说《恶心》（*La Nausée*，又译《呕吐》）中的主人公。——译者注

55　Lynn White, «Historical roots of our ecological crisis», 1967.

56　Hélène Bastaire et Jean Bastaire, *La Terre de gloire*, 2010; Christophe Boureux, *Dieu est aussi jardinier*, 2014; Michael S. Northcott, *A Political Theology of Climate Change*, 2013.

使命，然后把火炬传给了表面上非宗教形式的反宗教。

然而，如果怀特没有错，那是因为基督徒已经输掉了争夺最无可争议的确定性的比赛，已经逐渐放弃了对宇宙的任何关注，以便全身心地投入人类的救赎之中，然后只能拯救人类的灵魂，最后为了道德放弃灵魂本身。这种缓慢的衰退导致他们失去了世界，不仅是在琐碎的意义上，即越来越少的创造性思想对他们的信息感兴趣，而且在更严重的意义上，即他们对宇宙的命运变得越来越无动于衷。[57] 相信自己与圣灵联系在一起，他们失去了地球。相信自己捍卫宗教，他们驱使每个人由于疏忽而动武。被超自然——对“自然”入侵的延迟反应——引入歧途，他们不再有能力通过**捍卫被不公正指控的物质性，反对被不适当地精神化的物质**，来履行自己的职责。人们需要让他们想起著名的福音派禁令，倒过来说：“如果这意味着失去世界，拯救您的灵魂有什么用处？”[58]

然而，与迫使物质性成为物质所造成的意义丧失相比，基督教的命运并不太重要。这里才是主要的不公所在，这也最终解释了现代人对他们所作所为的不敏感。在思考沉积层——它们逐渐覆盖在行动力上，使它们无法进入意识——的积累时有一些可怕的事情。活跃的、历史的、多重的、复杂的、开放的物质性，首先是通过内在化的过程，成为天堂的替身。然后，被与宗教斗争的认识论所掌控，它随后经受了一层理念化，以

57 这是对从事斗争的（反）宗教的奇怪误解，他们认为对宇宙论宗教的斗争是必要的。在长期将生态学与“异教”——这种幻想——联系起来之后，教皇方济各将地球称为“姐妹”与“母亲”，这难道不令人惊讶吗？见《愿祢受赞颂》，第一段。

58 Bruno Latour, «Si tu viens à perdre la Terre», 2010 以及 Pasquale Gagliardi, Anne-Marie Reijnen et Philipp Valentini, *Protecting Nature, Saving Creation*, 2013。

成为“无非就是”严格服从“自然法则”的因果串联。在被剥夺了任何自主行动的能力之后，在充当人类聪明才智的游乐场之后，物质性最终被谴责为不适合于理想。现代人只是在这个意义上不信教：他们忽视了物质性。

三四个世纪以来情况一直如此，而科学，真正的科学，只是大量增加了行动力！四十年来，我一直在衡量这个将大写的科学（Science）与科学（sciences），物质与物质性区分开的间隙，而我不断地被它震惊。只有宗教热情才强大到足以使正在发现世界的人失去它。是否有机会将它归还给那些发现了它的人以及为其发现的人？我们必须要回到1610年，寻找一种方法使人们不再混淆科学、宗教与政治截然不同的优点。如果我们跟随图尔敏，这意味着我们必须接受重回文艺复兴的漩涡——包括“伟大发现”与宗教战争。这不是很吸引人吗？不，当然不是，但这是我们唯一的希望，可以弥补在这样一个时代因这种对无差别的确定性的要求而失去的东西，这也是1610年以后阻止宗教战争的唯一办法。

为了向前推进，我们必须要能在一方面是**宗教**或**世俗**这两个术语，另一方面是**大地**这一术语之间建立新的对比。大地是**摆脱了内在化的内在性**。如果我们能够达到这点，我们就最终可以摒弃宗教，但不是在使存在世俗化的意义上。与之相反，这会是一个重新激活反宗教这一古老主题潜在积极且多产方面的问题：目的的不确定性。大地既不是亵渎的，也不是古老的，既不是异教的，也不是物质的，更不是世俗的，它正是我们面前的东西，就像是新的地球。但不是说它是一个可发现与测量的地理空间，而是这一旧地球的更新，它再次是未知的，有待构成的。这确实是盖娅可能的命令之一。这会是实现沃格林所说的“最大分化”——简而言之，就是文明——的唯一途径。这相当于通过回归物质性，对物质概念解毒，从而恢复所有行动力及其分配的自主性、时间性与历史。

然而，为了重新发现历史，我们必须要能够摆脱一个奇特主题，即历史已经结束，存在一种彻底的断裂，好像我们已经彻底烧毁了身后的大船。这是众所周知且无法抗拒的陈词滥调——“向前逃离”[59]。生态突变让那些已经现代化的人无法理解的是，没有回头的可能，因为现代人相信，他们正处于一个末世的时代——无论这是启示的光芒，科学的启蒙，还是革命的荣光，都无关紧要。从最深刻的意义上说，历史对他们而言总是已经结束。如果没有办法恢复当下，就没有出路，因为他们会将每一次回到地球的呼唤，当作回归古老或野蛮。[60]

这似乎很矛盾，但为了打破天启——从而防止它落在我们身上，就像我们西方人如天启的雨落在其他文化上一样——我们必须回到启示录的话语，再次出现在扎根大地的情境中。我们将会明白，这不再意味着回归（或尊重）“自然”。为变得敏感，即感受到我们的责任，从而回归我们自身的行动，我们应该通过一系列完全人为的运作，来将自己定位为**仿佛处于**时间尽头，并因此赋予使徒保罗的警告以意义：

> 哀哭的，要像不哀哭；快乐的，要像不快乐；置买的，要像无有所得；用世物的，要像不用世物；因为这世界的

59 Deborah Danowski et Eduardo Viveiros de Castro, «L'arrêt de monde», 2014. 这 是“夺回世界”。

60 这使得退化的主题不被听闻（Nicholas Georgescu-Roegen, *La Décroissance*, 2011）。

样子将要过去了。[61]（《哥林多前书》，7：30—31）

•

趁本讲结束之际，我想在我上一讲中开启的哲学“权力的游戏”地图上再介绍一个民族，他们不是“大自然之子民”或“创造之子民”，而是“盖娅之子民”。其他人可能会因为将“女神”引入应该是“严格自然主义的描述”而感到震惊，但这不会再使我们感到为难。为这一存在物赋予一个适当的名称并不困难，因为这个民族乐于被召集。我们现在理解了，盖娅比起大自然**更不像**是一个宗教形象。因此，我们没有必要隐藏这一拟人化：让我们给它一个大写字母和它应得的性别，同时为“大自然”保留大写的人称代词“她”（Elle）。盖娅**结束了**援引**大自然的虚伪**，自然是神明之名的事实被隐藏了；她没有提到她是凭借什么权利召集了人民；尤其是她特别去活性地分配一系列因果关系的方式。

“大自然”拥有一种奇特的能力，既是“外部的”又是“内部的”。她具有迷人的能力，既保持沉默，又可以通过事实表达——好处在于，当自然主义者说话时，我们永远不知道到底是谁在说话。更令人惊讶的是，她按照连续的层级组成，从原子、分子与生物体开始，一直到生态系统与社会系统，这井然有序的排列让那些援引她的人始终知道他们在哪里以及谁为下一级保证了最好的基础。根据如今看起来难以置信的“还原论”，这种建筑学的性质使她（或她们）用紧挨着的下一层级排

61 诺斯替者的悲剧是，因为忘记与其所反对的（反）宗教传统的所有联系，他们也失去了可以从这一传统中获得的所有好处。他们吞下了毒药，却放弃了注射解药的机会。

除（或“解释”，如他们所言）一个特定的层级。更令人惊讶的是，她令他们能够规定世界上的事物**应该是**什么，同时他们声称永远不会混淆应然与实然。这是一种动人而又相当虚伪的谦虚，好像说某事物的“应然”比定义其“本质”更危险。

在宗教史的宏大剧目中，我们很难找到一个神明，其权威性比大自然可以迫使万物服从她的法则更容易受到争议。[62] 难怪政治家、伦理学家、布道者、法学家与经济学家仍然渴望获得这种不容置疑的权威来源。啊！要是我们能利用自然法则提供的模式就好了！归因于气候变暖的干旱的另一个权威来源似乎已经干涸了。

因此，如果我们现在忠实地比较大自然与盖娅所拥有的属性，我认为断言“我属于盖娅”比“我属于大自然”更为渎神，更为世俗，更为大地化。（我刚才要说“更自然”！）至少您知道那些用这样的召唤来向您致意的人聚集在一个拟人化的存在下，他们能够列出属性——就像古代的宙斯或伊西斯的名字一样。如果您遇到一个来自盖娅的人，您可以肯定这个人不会推销给您一个完全难以置信的话语机制，或者预先建造好的，井然有序的建筑，从而它就可以告诉您在实然的面纱下您的应然是什么。从事实 / 价值的鸿沟中解放，摆脱从 A（如原子）到 Z（如时代精神）这样令人头痛层级，您可以清楚地陈述您的目标，描述您的宇宙，最后辨别您的敌友。

我们还可以赋予盖娅之子民其他什么美德？他们可以摆脱严重折磨大自然之子民的**双焦视觉**。[63] 让他们的处境如此不可

62 Nancy Cartwright, *How the Laws of Physics Lie*, 1983.
63 参见第 205 页图表 5-4。关于双焦视觉，参见第四讲，第 144 页及以下。

思议的是，他们似乎漂浮在太空中，没有身体，甚至没有嘴巴；有时与客观认知的事物完全混淆，有时是完全独立的观众，从超然物外的角度思考着大自然。但科学家们无法在这样的虚空中生存，正如宇航员没有太空服就无法在星际真空中生存。这两个概念是不可调和的，正如互联网服务提供商声称将我们的数据存放在冰冷的、虚无缥缈的“云”中，同时小心翼翼地隐藏了必须建在地球上的大量发电厂，用以冷却众多有着过热危险的服务器库。显然，正是这种分歧使得科学——至少从 17 世纪开始——如此难以融入一般文化，这也使得许多科学家在道德上朴素，在政治上无能。如果，对于“大自然”之子民而言，这两种概念似乎是不可调和的，对于“盖娅”之子民来讲，**情况并非如此**。

在这里，地球系统科学也可以为我们提供一个特别清晰和精确的基准来引入决定性的变化。例如，当我们之前提到的查尔斯·基林[64]必须捍卫他以日、月、年为周期，长期收集的大气中二氧化碳系列数据时，如果他没有把在夏威夷莫纳罗亚火山上工作四十年所用的仪器带到前台，这就是没有意义的。他不得不与政府机构，与国家科学基金会，与石油游说团体长期斗争，这是为了拯救他的仪器与仪器提供的数据。没有它们，团队中的其他人就不可能探测到二氧化碳正以飞快的速度积聚。[65]

客观地谈论气候与部署气候学家的“庞大机器”是同一回事，或者，用保罗·爱德华兹的术语来讲，这是创造了“认识

64 Charles D. Keeling. «Rewards and penalties of recording the Earth», 1998.
65 参见赛巴斯蒂安-文森·格雷斯姆《全球环境的发明》(*L'Invention de l'environnement global*, 2014) 中“臭氧空洞”的漂亮案例。

论文化”与伴随它的“知识结构”的同一运动。[66]气候怀疑论者越是持有旧观念，认为科学多少能无成本地传播至各处，气候学家就越是被迫要将他们所依赖的科学机构置于前景；他们就越是要认为自己是一群拥有特定利益的人，与另一群人在一系列相关数据的生产方面发生冲突。

在科学史上前所未有，科学家网络的可见性能让他们更加可信，我这么认为是否有错？正是因为气候怀疑论者以认识论的名义对他们猛烈攻击，他们首次不得不依靠科学机构作为获得客观真理的方式。也许他们最终会愿意承认，他们的知识越是处于有利地位，就会越牢固？因为他们用一个接一个的仪器、像素、参考点，将数据集扩展，他们才可能有机会**构成**普遍性——并为此扩展付出全部代价，而不是在不可能的普遍性与他们“观点”狭隘的有限性之间生硬地交替。如果地质学家、地球化学家与其他地理学家愿意称自己为盖娅学家，盖娅化学家与盖娅理学家，那么他们就没那么精神分裂了！如果说构成问题如此重要，那是因为我们在气候科学中找不到尼采所提到的“快乐的科学”，而是最终会与人类学和我们必为之斗争的政治相容的**盖娅科学**。

当我们谈论科学所认识的大自然或宗教所布讲的创造时，为什么定义民族如此重要？为了能够为其他民族，对土地的其他占用，在世界上的其他存在模式提供空间。新气候制度令人惊讶，因为它在受害者与责任方之间施加了一种可怕且完全无法预见的团结性，对此我们强调得其实还不够。自此，在博斯的中心，在新几内亚、加利福尼亚以及孟加拉国，在北京，在

66 Paul N. Edwards, *A Vast Machine*, 2010.

因纽特人居住的广袤土地，土地争夺最为激烈，地球的反馈也最为令人目眩。[67] 我敢说，新气候制度令人耳目一新，因为它开始将同样受到影响的人们聚集在一起。正如达维·柯本纳瓦（Davi Kopenawa）所言："与我们不同，白人不怕大难临头。但是有一天他们可能会像我们一样对此惧怕。"[68] 今后，所有集体都如赞同"我们的祖先高卢人"那样，赞同"他们什么也不怕，就怕天塌下来砸到他们的头上"的确定性，这提供了一个完全不同于普遍团结性的观念，它不再是曾经的人类占领曾经的"自然"。

人类学家花了很长时间才意识到"自然"不是一个普遍范畴；大多数人从来没有"与自然和谐相处"[69] 过；更令人费解的是，即使是所谓的"自然主义者"也从未在自然中生活过，因为他们没有成功地将科学的认识论版本与其实践相协调。换句话说，"自然主义者"从未成功生活在理想化的物质性中。对他们中的某些人而言，这种物质性解释了"唯物主义"以及他们的"还原论"。至于宗教信徒，他们还没有注意到与所谓的异教徒的战斗是多么徒劳，后者早已先于他们进入大地，而他们也无论如何要继续在这里生活。

不要自以为是地希望您能把现代人从反宗教的影响中解救出来。它长久以来使他们不安，就像灼热岩石上的托勒密之鹰一样，反宗教一直让他们反胃！您认为放弃这一问题也许会更好？但这相当于继续反宗教运动，为前人增添了另一种偶像破

67 参见 Nastassja Martin 精彩的论述，*Les Âmes sauvages*, 2014。

68 David Kopenawa et Bruce Albert，引自 Deborah Danowski et Eduardo Viveiros de Castro, «L'arrêt de monde», 2014, p. 286。

69 Philippe Descola, *Les Lances du crépuscule*, 1994.

坏行为。我们所能做的最好的事情就是敏锐地意识到神学、科学与政治之间的联系——我所谓的行动力分配——并试图恢复事物与人的历史线索。

•

如果您理解我说的，您就会明白，对付那些谴责生态学家“持有末世说”的人，反驳必须采取问题的形式：“而您，您将自己置于天启之前，之中，还是之后？”这会是让您理清对世界的关注形式的准则。如果您将自己置于**之前**，您就生活在甜蜜的天真或彻底的无知中——除非，有着不可思议的运气，您仍然避开了所有形式的现代化，因此没有经历反宗教的中伤。如果您将自己置于**之后**，启示录的号角就不会将您从沉睡中唤醒，您会像梦游者一样朝着或多或少舒适的毁灭方式走去。只有您身处终结之时**中**，我才对您感兴趣，因为您知道您不会脱离流逝的时间。存在于终结之时中，这就是全部。

> 我们有机会扮演新型天启预言者的角色，即“预防性的天启预言者”。我们将自己与经典的犹太-基督天启预言者区别开，这不仅仅是因为我们**害怕**（他们所**希望**的）末日，还尤其因为我们的天启热情的目标只是**阻止**天启。我们成为天启预言者只是为了**出错**。为了每一天重新享受存在于此的机会，**荒唐**但仍然站立着。[70]（强调由我所加）

这段文字出自京特·安德斯（Günther Anders），他是一位

70 Günther Anders, *Le Temps de la fin*, 2007, pp. 29—30.

被过度忽视的作家，最常被定义为他著名的妻子汉娜·阿伦特的第一任丈夫。在1960年出版的一本名为《终结之时》的书中，他对政治神学在蘑菇云时代的命运进行了惊人的分析。[71]我们经常会遗忘，我这一代人实际上已经经历过所谓的“核浩劫”威胁（著名的MAD，相互保证毁灭）到生态剧变。正如气候学家基于同样的原因从最早探索核冬天（幸好是虚拟）的模型，转为行星效应对全球变暖（非常现实）的影响。[72]

如果不把威胁**人为地**显现出来，就没有办法让我们采取行动。这就是京特·安德斯所说的对天启的“预防性”使用；它与克莱夫·汉密尔顿的论点具有相同的内容，即我们必须首先放弃希望——它将我们**从**现在投**向**未来——从而回过头来——通过虚拟未来**的**强大再现来重新定向**以**改变现在。[73]所有一切都在力图将遥远未来的末世论转向现在，却没有意识到他们对话的对象认为自己对任何末世论都有免疫力，因为他们已经达到彼岸。最终的结局？并不是的，他们不知道那意味着什么……

尽管如此，末世论与生态学的融合并非是堕入非理性，失去冷静，或对某种过时宗教的神秘依附；如果我们要对抗威胁，停止扮演调解者，以及一再推迟走上战争道路的绥靖者，那么这一融合就是必要的。**天启呼吁理性，让人脚踏实地**。只有那些听过末世号角声的人，才能听到卡珊德拉的警告。

在我看来，这就是试图面对盖娅的全部意义，盖娅既不是宗教形象也不是世俗形象。通过迫使我们重新审视诺斯替主义在反宗教上的寄生，盖娅**禁止我们再物质化对世界的从属**。或

71　在《核威胁》(*La Menace nucléaire*, 2006) 中进一步说明。

72　Spencer Weart, *The Discovery of Global Warming*, 2003.

73　Clive Hamilton, *Requiem pour l'espèce humaine*, 2013.

者，换句话说，盖娅是**历史化的力量**。甚至更简单，正如其名称所示，盖娅是回到地球的信号。如果有人想总结它的影响，我们可以说，通过要求现代人最终开始认真对待**现在**，盖娅提供了让他们再次颤栗的唯一方法——为不确定他们是谁，他们生活的时代以及他们所处的土地而颤栗。

第七讲 战争与和平之间的（自然）国

卡斯帕·大卫·弗里德里希的《大保护区》* 自然国的终结 * 适当剂量的卡尔·施密特 *“我们寻求地球的规范性意义”* 论战争与警察行为的区别·如何转身面对盖娅？* 人类对地缚人 * 学习识别陷入冲突的领土

尽管我眼下有一幅卡斯帕·大卫·弗里德里希（Caspar David Friedrich）画作的复制品，但直到我的朋友，艺术史学家约瑟夫·科尔纳（Joseph Koerner）用手指在图中再次描绘出易北河蜿蜒的形状，我才终于意识到了——就像在格式塔测验中那样——我起初当作前景的反射着太阳光线的沼泽地与淤泥，实际上就是地球本身，好像它被埋在大地中一样。这不是地球仪——19 世纪初弗里德里希唯一能用指尖旋转的地球仪，而是气象学上的地球，令第一批宇航员在凝视它时感到惊讶的地球。它与地图不同，有着略过地平面的光线，高低起伏的山脉，色彩斑斓的海洋，以及大陆谜一样的存在，没有一个是可以辨认的，仿佛它们属于另一个星球。当然，人们必须住在另一个星球上才能拥有看到难以辨认的地球——以地球的名义嵌入在德累斯顿附近的一个普通景观的范围内——逐渐下沉或者是正在升起的视角。同一名观者应该能迎面直视的景观，但他却不能在其中居住，正如他不能穿透金色的天空。天空中云层的对称曲线给人以巨大球体的印象，但这广阔天空一边被扩大，另一边被收拢、缩小，被前景中交错混杂的水塘与水注所颠覆。

图表 7-1　卡斯帕·大卫·弗里德里希：《大保护区》
新大师画廊，德累斯顿国家艺术收藏馆。© 约根·卡品斯基

一艘顺风航行的驳船缓缓驶下，或者也许是逆流而上，它与约瑟夫指出的蜿蜒相反，绘出《大保护区》——就是这幅画的名字——的范围，而我们不知道是什么被划了界：是地球，其边缘陷入河流；是划分牧场、田野与森林——但我们看不到人或动物——的易北河；还是说树木上方的边界，在地平线上的这条微小黯淡的线——它再一次标志着，太阳从整个景色中渐渐消失，将整个画面倾覆至夜色的终极保护？

但最不同寻常的是，我们似乎不可能平静安稳地将目光锁定在岸边的树林下，因为这处田园诗般的场所，这世外桃源，在视觉上和前景的景色一样不可触及；正如科尔纳所指出的，它对应视线的消失点——无限远。[1] 此外，不要奢望能田园般地回归到栖息地，因为蜿蜒的河岸看起来很拥挤，好像是由两个巨大的滚轮层压而成：前景的地球似乎正在下沉；另一个在背景中日落或日出的天空，似乎像印刷机的两个螺丝一样围绕着前者旋转。不，这不是人们可能会凝视的景色。它没有提供可能的稳定性，除非可能在驳船上，但那是在运动中的。

如果说我对这幅画如此着迷，那是因为只需要稍不留神，就会忽略约瑟夫·科尔纳确信在这幅画上所觉察到的东西。作为证据，他指出雕刻家约翰·菲利普·维斯（Johann Philipp Veith）认为他可以纠正这幅画的虚拟观者的不可能视角，使其变得更合理、更连贯：略微缩小前景的弧度，使地球变成易北河的河岸，有泥泞、水洼与溪流，他成功地破坏了整体效果。[2] 不要模仿这位雕刻家：看这幅画的人不应该试着简化观视者身处的地方。相反，让他沉浸于自己，最终质疑自己。在“自然”**中**，没人占有一席之地……两个世纪后，但出于与浪漫时期完全不同的原因，我们也逐渐理解了这一点。

当然，我不知道卡斯帕·大卫·弗里德里希用这幅画作以及它的标题——《大保护区》(大围栏，*Das Große Gehege*）想要封闭什么。我选择它作为本讲的起点，因为在我看来，它比其他任何艺术作品都更好地总结了先前讲座的论点之一：如果人们把盖娅的闯入——或许，这里是它的喷出——与凝视地球混为一谈，那人们就不能理解前者。以为能从高处看地

---

1 Joseph Leo Koerner, *Caspar David Friedrich*, 2009.

2 菲利普·维斯（1768—1837），“易北河大保护区”（Das große Ostra-Gehege an der Elbe）摹本，1832，德雷斯顿博物馆。

球的人将自己视为上帝——而且当然，由于上帝本身并不以这种方式看地球，因此全球视野既不真实也不虔诚。那些认为自己可以躲开广阔的天空与大地，躲在树林中，脚踏入水中，在河岸上作为旁观者凝视世界的人也要倒霉了：他们会被压碎！

这幅画作的天才之处在于它记录了每一种视角的不稳定性，无论是从上方，下方还是从中间看世界。大保护区（大围栏），巨大的不可能性，这不是被囚禁在地球上，而是相信地球可以被理解为一个合理且连贯的整体，从最局部到最全球的尺度——并反过来——层层堆叠，或者认为人们可能满足于自己的小牧场，在其中培育自己的花园。换而言之，那些企图将地球各个方面整齐排列的人不配具有地缚人的品质。

·

在这些讲座中，我们试图一个个地学习能摆脱与我所说的旧气候制度相关的思想习惯，以回应盖娅的闯入。我们力图使我们的存在重新物质化，这意味着首先将其再领域化，或者更贴切的是——尽管这个词不存在——**再地化**（reterrestrialiser）。对于那些抱怨过于“脚踏实地”的人而言，这显然是一件令人惊讶的事情，但归根结底，他们几乎没有“脚踏实地”过！这意味着重新将我们的生态概念**再政治化**。这是我们现在必须处理的任务。

在前两讲中，我主张以新定义的民族形式相互介绍彼此的外交义务，从而为再政治化做好了准备。这些民族应该尽可能清楚地明确至高权威如何召集他们，他们认为自己处于哪片土地上，他们将自己置于哪个时代，以及他们按照哪种宇宙图——或宇宙论——分配他们选择加入的行动力。[3] 这是变质带的重要性，通过更深入地探索**能动性**概念[4]，我在开始的两讲中试图让您感觉到它。

正如我们现在将要看到的，旧制度并没有真正带来政治，因为它从来没有遭遇真正的反对者；人们满足于与**非理性**的人或**异教徒**作斗争——他们需要接受教育或**皈依**，但从未战斗过。不管怎样，没有激进意义上的战斗，即他们可能会使我们处于失去自己价值观的危险之中。在大自然中，在不可避免的进步中，在历史的意义中，在无可争议的科学中，这些价值观受到了保护。对我们而言，真的，不，没有任何事情可以发生。我们可能会遭遇挫折，但没有遭遇真正的危机。没有质疑。最后的审判已经发生了。从根本上说，我们在历史上同在政治上一样缺乏。因此，我们惊愕，我们措手不及，我们对第三、第四讲中介绍的这奇怪的对子表示怀疑：首先是盖娅，然后是它最近的并发症，人类世。

为了理解随后要讲的生态再政治化，我要请您“进行一些反思”，问自己如下问题：“您曾经有过敌人吗？”如果您愿意深入了解自己并反思您所进行的斗争的含义，我几乎可以肯定，您会意识到您从来没有过。是的，您当然有**对手**，但是不会有**敌人**。您无疑与气候怀疑论者或资本家斗争，后者的影响正在摧毁地球，也许是银行，或者是眼界无法超出他们下一次竞选活动的政治家；还是说您同生态学家作斗争，那些“想要禁止所有革新的”扫兴的家伙，衰退的拥护者，甚至是那些变成

---

3 参见第五讲，第 174 页，我用以想象召集人民的特征表。
4 与第二讲相关，尤其是第 78 页及以下。

“对现实毫无把握的建模者的游说集团”的科学家们。是的，对手，我们都有很多对手。

然而，如果我们以其名义战斗的至高权威——派遣我们完成任务，使我们成为部长、激进分子和武装分子——已经明确知道这段历史的走向与确定的评判，那么无论我们加入哪个阵营，都必然要承认我们没有敌人。我们只是在进行清理。我们只是一场不可避免的运动的先锋。时间对我们所支持的事业没有影响，因为它无法改变内容。历史可能前进得比预期速度更慢；它不能从根本上改变方向。从字面意义上讲，我们所支持的事业超越了历史。[5]

您是否有时间进行这个小测试，看看哪些对手有能力让您对自己价值观的可靠性感到胆战心惊？别担心，我不会要求您把结果公之于众！而只是要求我们对每当“自然”出现在舞台上时所希冀的政治强度下降变得敏感，就好像我们以为在喷水灭火——而事实上我们在火上浇油。

对“自然”的援引具有**去政治化**的力量，正是因为那些为之战斗的人——在哪个阵营中无关紧要——只能在时间中实现不依赖于变化无常的时间的计划。“自然”不会被政治风险所左右。它是为此而创造的。这就是为什么在真正意义上，政治生态学从未存在过。[6]对这一术语，我们最常用的名称就是在现实中对原则的**应用**，这些原则的证明来自另外的来源，通常是科学，对付由于没有真正理解这些原则而不遵守它们的人的顽强抵抗。他们的抵抗没有什么能迫使您彻底改观：这些人只是过

5 我们在前一讲中跟随沃格林的论题讨论过这一错误的超越性，第 226 页。

6 Bruno Latour, *Politiques de la nature*, 1999.

时的、落后的、没文化的，或许是被收买的，当然是带有恶意的。没人能迫使您去从头到尾重新设计您所谓的生态学，也不去会决定它最终的组成。即使您声称与这些对手“处于战争状态”，它也不会是真正的战争，因为它仍将是**教育性的**。如果您没有输掉的可能性，如何称它为战争？您基本确信，只要您能够向他们清楚地解释，他们就会相信您战斗的合法性。当人们以这种方式援引“自然”时，这几乎总是因为人们想在教室的虚拟墙内对笨学生再次解释他们最终会理解的内容。

从某种意义上说，如果没有政治，我们就永远不会遇到敌人，而只有那些陷入谬误的人，以及我们要惩罚或平反的人，这表明我们不仅在学校中，而且也在**准国家的边境线内**。这样一个国家的公民当然会对细节进行争吵，但他们在实质上达成了一致。民族国家可能相互冲突——且不乏例子！但这并不能妨碍它们受到权威的支持，后者有能力将其带回理智，并应被称为**主权者**。证明这一点的是，如果科学已经证明了大自然的某些东西，那么显然，全体民族国家只能一致符合其法则！（如果您怀疑这是物理学、医学或生物化学的情况，那么想想经济的主权：哪个帝国曾经享有过如此绝对的权威？）既然我们已经失去了这个协议，我们就会认识到，我们确实存在于所谓的自然国中，任何理性人都可以援引其普遍法则来结束争端，并促使他的对手悔改。

理性人同意生活在国家的庇护下，这个国家的具体形式从未被明确规定，但履行了这一基本职能：作为所有争端最后的仲裁者。正如我们在第一讲中所见，正是在这种奇特的制度下，“自然”扮演了每一个道德决策的最高法院的角色。[7] 处于大保

7 特别参见第 54 页及以下，关于区分描述与规定的不可能性。

护区内的事实解释了生态学讨论的迟缓：这是令人惊讶的想法——如果我们转向“自然”及其法则，我们必然会达成一致，**好像**我们是**同一政治体**的公民。**从这个意义上讲，每一个理性主义者都是自然国的公民**。谁敢挑衅其法律的精神？

在人类世之前，我们并没有清楚地意识到这个虚拟穹顶的存在，因为我们仅仅将国家的存在局限于人类的集合体。如果人类的集合体有生态学，则它在他们外部，在环境中，而且只是为了在地图上的某个地方定位。随着地质历史的卷入，争议的激增——其中气候怀疑主义的普遍化只是一种症状——简言之，随着盖娅的闯入，这一假想已经消失。我们史无前例地清楚认识到，法律的普遍性、事实的有力性、结果的可靠性和模型的质量，即使是在梦中，也不能确保思想上的一致，并使民族国家屈服于同一枷锁之下。这是因为盖娅不是“自然”或任何自然的替代品，它迫使我们重拾政治问题并寻找别样的主权原则。盖娅具有如此强大的政治杠杆作用，是因为它重新提出了这一问题：以哪个至高权威的名义，我们愿意付出生命——或者更常见的是，夺走他人的生命？

这就是为什么我在前两讲中做了件奇怪的事，即用能够建立外交关系的不同民族与集体的聚集，取代——不管怎样都无效的——自然国的虚假普遍性。我们在一边失去的——对大自然科学无可争议的援引，我们也许会在另一边重新获得，只要我们**同意从表面的和平制度转变为可能的和平制度**。在两者之间，确实如此，没有必要隐瞒，我们必须接受谈论战争。如果不首先接受确实存在一场世界性的战争状态，并且旧气候制度只不过是停战，是对没有到来的和平条约的期望——因为它迫使我们准确区分宗教、政治与科学迥然不同的真理——我们就永远无法使生态学再政治化。在强调这一点时我有些犹豫，但从这个意义上来讲，“恢复战争状态”可能会是我们的好兆头。最后，全靠有关气候以及如何治理气候的争议，我们才能在生与死的方面再次提出政治问题：我准备捍卫什么？我准备牺牲谁？

通过对霍布斯著名概念出乎意料的扭曲，我们进入了**自然状态**，他将它置于社会契约**之前**的神话般的过去，其模型来自美洲印第安人（被误解的）习俗：

> 在没有一个共同权力使大家慑服的时候，人们便处在所谓的战争状态之下，这场战争是所有人对所有人的战争。[8]（第124页）

如今，奇怪的是，这一自然状态并不像霍布斯所说，存在于过去：**它向我们走来，它是我们的现在**。更糟糕的是：如果我们没有足够的创造力，它也很可能成为我们的**未来**。如今不再有自然国及其法则的“共同权力”使所有实体“慑服”，这是一场所有人对所有人的战争，今后战争的主角可能不仅仅是狼与羊，还有金枪鱼与二氧化碳、海平面、根瘤或藻类，以及几乎对一切都意见不合的众多人类派系。

> 自然竟然会使人们如此分化瓦解、易于大动干戈，这在一个没有好好考虑这些事物的人看来是很奇怪的。（同上，第125页）

---

8 Thomas Hobbes, *Léviathan*, 1971, chapitre 13.

与霍布斯所言相反，“自然”在任何情况下都无法使“政治动物”和解，如今我们对此不再感到惊讶！我们现在明白，“自然”使人四分五裂、分崩离析。因此这就不足为奇了，我们害怕失去伟大利维坦所提供的安全感，并且发现自己正面对着这另一个宇宙巨兽，我们从本系列讲座伊始就在追随着它的冒险：人类世。[9]

如果说我们不应在尚未发明的另一个利维坦之下放弃寻求安全与保护，和平与确定性，那是因为实际上我们从未实现过自然国提供的安全。建立共和国——真正的理想国——的愿望，始终摆在我们**面前**。由于盖娅的闯入，我们开始意识到我们甚至没有**开始**起草一个现实的契约，至少是一个可能会维持我们所居的地球的契约。这就是为什么我们如此强烈地感到自己是霍布斯的同时代人，正面对着如何结束内战与宗教战争的老问题。不同之处在于他想要在真正的（在普遍性的词源学上的）**天主教**宗教保障消失之后重建公民社会，而我们应该做同样的事情，因为被统一的科学所熟知的真正的天主教大自然的权威也已经崩溃了。在新利维坦中，关于科学文献解读的唇枪舌剑正在取代对圣经文本解读的门户之争。请您回想一下《盖娅全球马戏》剧本中的台词，气候学家弗吉妮回应了气候怀疑者的喉舌泰德：“去告诉您的主人，科学家正在进行战争。”[10]

•

为了在这些棘手且危险的问题上取得进展，我将转向这

---

9 与第五讲相关，第 169 页及以下。

10 Pierre Daubigny, *Gaïa Global Circus*, 2013, 引自第 43 页。

个最不容易让您安心的作者，即虽然有毒性却不可或缺的卡尔·施密特（1888—1985）。这个纳粹法学家就像一种毒药，当需要足够强的活性成分来平衡其他甚至更危险的毒药时，就会被保存在实验室里：这完全是剂量问题！在这种情况下，我们要中和的毒药十分猛烈，因此我请您谨慎地用小剂量的施密特对抗这种毒性，谨慎服用……不管怎样，我们怎么能少了这个在20世纪中叶写出如此完美贴合我们现在所经历的危机的语句的人？

> 在神话语言中，大地被称为**法律之母**……这就是诗人谈到根本上正义的大地所指的含义，并将其称为正义的大地（*justissima tellus*）。[11]（第47页）

“非常正义的大地”！对于正努力面对盖娅，并试图了解它可能产生什么法律的人，请承认您必须更仔细地研究它。况且，施密特令我感兴趣之处不在于他发明了太过有名的**例外原则**。[12]

在想要对被管理、组织与经济（如今称为“治理”）所取代的政治的逐渐消失作出反应时，施密特似乎将政治例外当作罕见时刻，专门留给凌驾于律法之上的首脑。这个想法显然是正确的——政治不是预先制定的规则的简单应用。然而施密特以偏概全，只强调政治话语非常特殊的轨迹中的一个环节——首脑采取断然措施的时刻。而政治存在模式在**所有环节**中都是例外，因为它勾画的曲线当然永远不会变为直线。[13] 因此，一旦我

---

11 Carl Schmitt, *Le Nomos de la Terre*, 2001，歌德的拉丁语表述。
12 Carl Schmitt, *La Notion de politique*, 1972.
13 Bruno Latour, «Et si l'on parlait un peu politique?», 2002.

们同意遵循政治在每时每刻区分真实与虚假的具体方式，我们就不再有例外原则。

不幸的是，施密特没有通过对比它与科学信息、道德或法律的存在模式来接受这种模式的独创性，而仅仅强调了其中的一个时刻——并且将其与元首的角色联系起来，因此掩盖了其自相矛盾的平庸性。换句话说，施密特混淆了例外状态与这种模式的特殊性。为了避免感染到这种有限的例外原则，他的读者佯装惊恐，开始用善治规则的应用来取代政治中的迂回话语。[14] 通过试图挽救正在被驱逐的政治的奇特性，施密特提供了一个异乎寻常的日耳曼版本，而他最终只是成功地加速了它的消亡！

相反，我们应该感兴趣的是一本有着奇特标题的书：《欧洲国际公法中的大地法》，这本书写成于战时，并在不久之后出版。[15] 您问我政治生态学与这位传统保守思想家之间有什么关系？完全没有！[16] 正是因为施密特丝毫没有思考过生态问题会怎么样，他谈论大地及其律法——如他所言，大地法——的方式，对那些**试图减少“自然”概念**对地球、法律、主权、战争与和平问题——随着盖娅的降临，这些问题已经与我们息息相关——影响的人显得格外有用。正是因为施密特没有考虑过

14 关于组织与政治之间的范畴错误，参见 *L'Enquête sur les modes d'existence*, 2012, 以及网站上的相关词条。

15 关于本书的撰写，请参阅彼得·哈根马赫（Peter Haggenmacher）所写的法文版介绍。

16 我受益于 2015 年 5 月举办于巴黎政治学院的关于大地法在政治生态学中应用的研讨会，感谢与会者激动人心的发言：皮埃尔–伊夫·孔德（Pierre-Yves Condé）、诺阿·菲尔德曼（Noah Feldmann）、多罗茜娅·海兹（Dorothea Heinz）、布鲁诺·卡森缇、约瑟夫·科尔纳、迈克尔·诺斯可特、克罗迪欧·闵卡（Claudio Minca）、肯耐斯·奥维格与罗里·罗安（Rory Rowan）。

地球（Globe），大地法才能被用来思考“自然”这一政治、科学与神学概念的**继承者**。[17] 当施密特看着大地时，他看到了可能的法律制度的模型。对自然如此漠不关心的人正是我们所需要的！

如果在适度剂量的条件下，施密特可以帮助我们，这也是因为作为一名优秀的法学家，他明白如果我们不回到现代形式——它带来了自然法与实证法，自然（*phusis*）与约定（*nomos*）[18] 之间的分歧——之前，就不能区分事实与价值。而这也是因为施密特明白——尽管没有沃格林那么清楚——启示录在任何历史哲学中的重要性，并且也因为，与现代人不同，他不认为我们彻底摆脱了宗教。在他毫无章法的神话背后，他完全明白，如果人们试图避开**终结之时**[19]，就无法思考政治。

对于他所处时代的某些人而言，更令人惊讶的是施密特并没有将科学，特别是制图学，当作从外部客观地描述世界的方式，而是当作在**世界内部**形式化、丈量、计算、绘制——简而言之，以特定的方式再现世界的方式。换而言之，施密特并没有让自己被地球（Globe）夺目的形象所欺骗：当他论及全球时，这总是因为他在其中看到了扩张中——或者如他所言，“土地侵占”[20] 中——的科学、经济或制度霸权之手。正如在弗里德里希的画作中，对于施密特而言，地球已被嵌入世界中。通过

17 Dorothea Heinz, *La Terre comme l'impensé du Léviathan*, 2015.

18 “尽管古典时期开始，思想和表达方式发生了这种变化，但仍然可以看到 nomos 一词的原始范围，它绝非沦为一种简单的规则，一种实然与应然可分离的规则，且具体秩序的空间结构可被忽略的规则”，Carl Schmitt, *Le* Nomos *de la terre*, 2001, p. 73。

19 Heinrich Meier, *La Leçon de Carl Schmitt*, 2014. 关于施密特在生态学中的宗教甚至精神用途，参见这部振聋发聩的著作 Michael S. Northcott, *A Political Theology of Climate Change*, 2013。

20 Carl Schmitt, *Le* Nomos *de la terre*, 2001, p. 89.

所有这些特征，施密特抵御了他所处时代的科学主义。

正如我们所见，这足以使他有利于我们的探索，但我最感兴趣的还是他对空间的理解所得出的结论。施密特或许是唯一一个**不让自己**被空间框架所**迷惑**的政治思想家。对他而言，空间是扩张、间距与土地侵占现象的临时结果，这取决于其他政治与技术变量。对于他而言，正如对于最近的科学史学家而言，广延不是政治**所处**的空间——每个地缘政治地图的背景——而是由政治行动本身与其技术器材所产生的东西。换句话说，对他而言，空间也是历史的后代。施密特因此坚决漠视了"自然"地理学与"人类"地理学之间的标准区分。[21] 正是因为他既是法学家又是政治神学家，他试图研究领土——它被认为是主权者从他宫殿的窗户所见的透明空间——发明**之前**的阶段。[22] 我说的确实是"之前"而非"之后"。事实上，与许多对空间的批评形成鲜明对比的是，施密特不谋求将"经验"的空间感添加到"客观"空间中——这相当于扩大了人类地理学与自然地理学之间的分歧——而是生成尽可能多的空间，多如政治情境与具体技术。他将被视为场所的领土，与被视为**空间**的领土对立。前者是——无差别的内容，后者是**无差别的容器**。

因此，当施密特谈到大地（Terre）时，他所说的并不是地球（Globe）——人们会在地球上将交战的民族国家像棋子一样摆放在棋盘上，而是多重领域化，其中一些会通过扭曲棋盘，

21 在 2015 年，两本书也利用《大地法》在空间概念与生态政治之间建立联系：Claudio Minca et Rory Rowan, *On Schmitt and Space*, 2015; Federico Luisetti et Wilson Kaiser (dir.), *The Anomie of the Earth*, 2015, 它接续了 Stephen Legg (dir.), *Spatiality, Sovereignty and Carl Schmitt: Geographies of the Nomos*, 2011。不幸的是，自然 / 社会二分未在此遭批判。

22 Kenneth Olwig, «Has "geography" always been modern?», 2008; Stuart Elden, *The Birth of Territory*, 2014.

暂时产生特定的**间距**关系。因此，包括技术史在内的历史，对于他而言是空间实践的起源。而这也是我们在洛夫洛克的理论中所认识到的基本点[23]，同样基于对于全球的不信任——它必须由一个个有机体组成，您会明白为什么我被施密特的这本书深深吸引。况且，向一位公认的地缘政治与国际法大师求助，以重新探讨盖娅政治与新气候制度提出的问题，这有什么好惊讶的呢？在被认为是球体的地球法和被设想为盖娅——反地球——的大地法之间，施密特会允许我们做出选择。

•

同许多读者一样，我曾尽可能地推迟阅读《大地法》，但是有一天我翻开了它并看到了以下段落，它是前言中的最后一段：

> 如今，一直盛行的以欧洲为中心的传统万国法秩序将要结束了。与之一同消失的还有古老的大地法。它源于对新大陆的**童话般的**且无法预料的**发现**，源于一个**不可重复**的历史事件。人们只能在我们的时代以梦幻般的形式想象一个类似的事件：假设人们在前往月球的途中发现**一个新的、前所未有的行星**，而且人们可以随意地利用它**来缓解他们在地球上的竞争**。这样的幻想不会解决新大地法的问题。新的科学发现也不会解决这一问题。（第 46 页，强调由我所加）

“童话般的”显然不是我们今天用来谈论那些被“发现”的

---

23 在第三讲末尾，第 122 页及以下。

人所遭受的大屠杀的词语！让我们回顾一下1610年，由于对美洲印第安人的屠杀与随后的重新造林，这一年被当作人类世的金钉子。[24]施密特感兴趣的并非印第安人的命运，而是欧洲国家之间的竞争与空地侵占——也就是说，没有事先被帝国与国家所占领的土地。而这一问题从一开始就以不同的形式在困扰着我们：人类是否还可以进一步向新的土地扩张？施密特的回答是否定的。我们只能在科幻小说之中发现“新天体”。这就是大围栏！无论是征服空间还是“科学发明”都不再会为我们提供缓解民族国家之间竞争的机会。我们再一次被囚禁在地球空间中。我们的征服梦想从此就像协和式超音速飞机一样，被悬挂在戴高乐机场跑道尽头，这是对过往未来主义的一种不由自主的纪念。古老的大地法——我恢复它的开头大写——取决于发现**广度上的**新世界，而未来的大地法取决于发现**强度上的**新大地。

施密特显然错误地认为人类没有发现新的土地。他们以同样的狂热，与发现新大陆同样暴力的方式去开发新土地。它不在地球与月球之间，而且也不是火箭所能抵达的；它存在于**地球表面以下**，各国为了缓解竞争，通过采矿、勘探、钻井、开采与水力压裂在此深入探索——而最终更加剧了竞争。我们甚至可以说，煤炭、石油与天然气确实是“新天体”，如果我们还记得它们是被生物体所捕获的阳光，而这些生物的残骸最终沉积在岩层中。[25]这就是他们的**新**新大陆。而这个新大陆无疑被当

24 Simon L. Lewis et Mark A. Maslin, «Defining the Anthropocene», 2015，于第六讲开头重述，第211页。

25 提莫西·米切尔（Timothy Mitchell）的《碳民主》（*Carbon Democracy*, 2013）将经济的无限化与这片似乎可以无限量汲取的石油“新土地”相联系——这对应于“大加速”的开始。

成无主物（*res nullius*）："钻吧，孩子们，钻吧！"[26] 直到我们跨越了 400 ppm 的二氧化碳阈值，达到目前的状况。

然而，施密特是正确的：这场新的土地侵占，虽然是童话般的且无法预料的，它也是"不可重复的"。自从他这本书出版以来，围栏一直处于关闭状态，将我们束缚在此类开采的无法预料的影响中。这些权力因陷于征服行为的后果中而受到限制。结论是明确的：再也没有什么可以缓解被封闭在这个大围栏中的民族国家之间的竞争。[27] 我们因此再次走向所有人对所有人的战争，而没有办法通过占领新的土地来缓和大国之间的竞争，从而推迟冲突。

但最令我惊讶的是段落的结尾：施密特的结论是一个在方向与语气上完全不同的祈求：

> 人类必须再次转向思考其尘世的基本秩序。我们寻求理解大地的意义域（*Sinnreich der Erde*）。[28] 这是本书的挑战，也是我们工作的至高渴求。大地已被许诺给和平缔造者。大地法**只属于他们**。（第 46 页）

尽管施密特一直在把我们的注意力转向一场无休止的战争，但他在这里谈到的是"和平缔造者"，他们寻求的东西应更准确

26　"钻吧，孩子们，钻吧！"的呼声伴随着美国共和党人的集会，表达了对无限期获取石油的几乎宇宙般的热情和对任何限制的激进反对。

27　以由威尔·史蒂芬等人提出的"地球限度"（«Planetary boundaries», 2015）为主题的意外形式。关于这一争夺，参见 Dorothea Heinz, *La Terre comme l'impensé du Léviathan*, 2015。

28　英语为："我们寻求理解大地的规范秩序。"（*We seek to understand the normative order of the earth.*）"Sinnreich der Erde：是大地意义的帝国 / 王国 / 统治"。

地翻译为“大地意义的统治”。而令人惊讶的是，这位第三帝国的法学家，为此引用了登山宝训！施密特确实微微改动了它。[29] 但是我们知道，崇尚战争的卡尔·施密特不可能把这样的“启示”委托给“温柔的人”！因此，他将发现“新大地法”，“挑战”以及他工作的“至高渴求”托付给“和平缔造者”。

不寻常的术语——律法（*nomos*）：“使一个族群的社会与政治秩序变得空间上可感知的直接轮廓”[30] 不应给我们带来麻烦。虽然施密特凭借其博学来追溯它的词源[31]，但他实际上是出于其他原因使用这个词。他在寻找一个能够赋予一个概念足够尊严的术语，这个概念可以让人们找到自己在自然/政治的区别发明之前的位置。[32] 而且一如既往地，当人们想要上溯本源时，必须依靠神话——最好是希腊神话。在实践中，术语 *nomos* 在技术上实现了与我在这些讲座中使用的更严格的术语相同的功能：行动力的**再分配**。通过这个概念，我也试图将自己置于自然与文化，初性与次性，科学与政治的区分之前。如果 *nomos* 被认为是国际法神话历史的一个要素，那么其真正的概念作用就是使集体再次具有可比性。换而言之，*nomos* 是**宇宙图**——我曾经用它想象过为地球而斗争的人民的外交大会——更具法律性且更博学的术语版本。

---

29 《马太福音》中说：“使人和睦的人有福了！因为他们必称为神的儿子。”（《马太福音》，5: 9），而“占有土地”的人，或者说“承受地土”的人，他们是“温柔的人”（《马太福音》，5: 4）。普世的翻译避免占有，并说：“温柔的人有福了，因为他们必承受地土。”

30 *Nomos*, 2001, p. 47.

31 Emmanuel Laroche, *Histoire de la racine Nem en Grec ancien*, 1949.

32 加拿大法学家理查德·扬达（Richard Janda）洞察了这一联系：“这就是说，施密特隐瞒了这样一个事实，即他最终称之为 nomos 的东西，与土地的占有有关，与其说是与地球的原始根源关系，不如说是与地球的早期关系，对他而言，这种关系有着最大的能量与威严。”（私人通信，2013 年 3 月 22 日）

我们是否应该严肃对待这令人惊讶的要求，将地球的宇宙图（或律法）“揭示”并只揭示给“和平缔造者”？如何相信一个参与了如此多恐怖事件的思想家可以这样说出和平、天启以及共享地球的方式呢？正是在这一点上，我们应该做出自己的判断：施密特认为，如果人们不首先决定把目前的情况看作是一种战争状态，并因此接受有敌人，那就永远不会谈及和平。我坚持认为，至少在这一点上，我们的决定偏向于他。“这里就是罗得岛，就在这里跳吧”（*Hic est Rhodus, hic est saltus*）。

•

在研究能明确界定领土的事物之前，让我们试着理解为什么进入和平谈判需要事先承认战争状态。这都取决于施密特在一本更为人所知的著作《政治的概念》中所引入的警察行为与战争状态之间的区别。正如我们所知，这一区别基于敌友的区别。真正的敌人不应该与人们因道德、宗教、商业或美学原因而厌恶的对手混淆。正当的敌人会仅仅变成一个恶棍，或者，用拉丁语说，公敌（*hostis*）会被误认为是仇人（*inimicus*）。

> 政敌不一定在道德上**邪恶**或美学上**丑陋**，他不需要扮演经济**竞争者**的角色，与他进行**商业交易**甚至可能是**有利的**。他仅仅是他者，是**外敌**[33]，为了界定他的本质，只需要他就其存在本身，并且**在一种特别强烈的意义上**，是**他者**、**外敌**。因此在不得已的情况下，与他产生冲突是**可能的**。

33　不妨说，在人类世的时代，伴随着非人类的参与，外敌的概念已经得到极大延伸。

> 这些冲突既不能被事先制定的规则所解决，也不能被中立而公正的第三方判决所终结。[34]（第64—65页，强调由我所加）

只要存在“中立而公正的”“第三方”，能够运用“实现制定的规则”来判断对错，就不存在敌人，不存在战争状态。根据施密特的说法，也因此不存在政治。只要存在一个被所有人认可的仲裁、法官、神意、至高分配者——国家，产生分歧的人之间成千上万不可避免的战斗只不过是内部斗争，可以通过应用简单的组织规则来解决。“如果遇到麻烦，请报警！”但是，如果可以通过报警来解决冲突，就没有战争，因为即使争论不休的人也一致认为国家有权以这种方式界定局势。在管理、实证法、警察与会计充足的情况下，战争不会存在。所有这些行为都被**认为是先验合法的**，可以被提前**计算的**；将它们付诸实践所冒的所有风险都与执行有关，而非原则。

当没有主权仲裁者，没有可用于作出审判的“一般规范”时，战争就打响了。这时我们达到“不得已”的情况，并且“与外敌的冲突”变得可能。

> 朋友、敌人与战斗概念客观意义正是来自它们永久关系到物理消灭一个人的真实可能性。战争源于敌意，它是对他者存在上的否定。战争只不过是敌意的**最终实现**。它**不必**是普通的、正常的，我们也不必将其看成理想或可取的解决办法；但只要敌人的概念仍然有意义，它仍然以**真**

34 Carl Schmitt, *La Notion de politique*, 1992.

实的可能性存在。（第 70 页，强调由我所加）

施密特显然只是在思考人类之间的战争，因为它们已因没有更高一层的第三方而爆发、加剧，或相反，由于仲裁的存在而控制、和缓、平静。作为州际法史学家，他从**教会**的古老权力或民族国家的现代欧洲法律——他大力赞扬的欧洲公法——中发掘出这一仲裁。根据第三方仲裁的存在与否，政治出现或消失。虽然这一论点众所周知，但到目前为止，它仍然无法减缓政治向管理、**伦理**与治理的解体。

当我们也认识到在人与**其他存在物**——非人，它们毫无疑问"在一种特别强烈的意义上"是"外敌"——之间的冲突中缺乏一个外在的、公正的第三方仲裁时会怎样？如果仿佛是在公正仲裁的**支持**下进行生态冲突，那么它们显然就会被归结为简单的警察行为，而不会涉及敌友区别吗？我们只会对付那些试图将非理性的人**带回**理性或对去活性物的知识**深信不疑**的理性人。由于无法在"存在上否定他者"，我们只能看到对手之间的斗争，而不是外敌之间的战争。我们掌握着生态问题的去政治化的来源：自然主义者没有敌人，因为在本意上，在法律与科学意义上——**已经结案**。如格言所说："已结案件永远不应重审。"

如果关键概念是**中立而公正的第三方的存在或缺席**，我们明白，如果我们想要再政治化**生态学**，就必须毫不犹豫地将施密特的论点扩及所有冲突，包括那些涉及曾是"自然"动因的冲突。尽管在初读时，"他者，外敌"指代了拟人实体，但在八十年后，进入竞技场的人数已急剧增加。施密特只能隐约看到的东西，我们——人类世的一代——被迫意识到它：每次我们面临着“对他者存在上的否定”的情况——如今这一情况无处不在，敌意就被无限扩大。这并不意味着我们一定要战斗——战争不是“普通的，正常的”，甚至不是“理想的，或者可取的解决办法”，而是说，所有旧冲突都发生于自然的穹顶下，而它已经消失了。正是它的消失迫使我们每个人认真对待“敌意的最终实现”，即使这涉及那些“外来的”存在物，在本来意义上，我们否定它们的存在，而它们——这是新奇之处——也能**反过来**否定我们的。

正是在这一点上，我们不应该误解盖娅在重返战争局势中的作用。盖娅在任何意义上都不再占据大自然在现代所占据的仲裁地位。这是统一的、冷漠的、公正的、全球的“自然”——它的法则是由因果关系原则预先确定的；以及不统一的盖娅，其反馈循环必须逐一发现，我们也无法说它**对我们的行为无动于衷**，现在我们必须将人类世定义为在我们影响下的地球作出的多种反应。盖娅不再对我们的所作所为“漠不关心”。它现在对我们的行为**感兴趣**，而非“公正的 / 不感兴趣的”。盖娅确实是我们所有冲突中的第三方——特别是自人类世以来——但她决不会发挥能够**主宰勒令**局势的第三方作用。在这里，整体依然比部分低级。[35]

可以理解的是，两种制度中的法律精神在这点上有所不同：在旧气候制度中，每一次冲突都是通过简单应用“自然法则”审判的；而在新气候制度中则不再有主权仲裁者；我们必须一点一点地发现——而不是应用——行动力彼此之间的反应。在第一种制度中，客体被去灵，只有主体才有灵魂；在第二种制

35 全球主义与盖娅思想之间的张力怎么强调都不为过。见第四讲。

度中，所有实体中都有灵，因此不再有（去灵的）客体与（超灵的）主体。在第一种制度中，只存在警察行为；而在第二种制度中，我们确实处于战争状态。在第一种制度中，和平是事先提出的；在第二种制度中，必须通过建立一种特定的外交来发明和平。第一种是自然主义制度，第二种可以说是构成主义制度。[36]

这就是为什么我们必须对地球（Globe）的概念持怀疑态度，以及为什么不将盖娅与作为整体的球、系统或地球混为一谈是如此重要。[37]球体提供了主权仲裁者某种程度上的几何形象——支配所有冲突，并因此立刻将它们非政治化的主权仲裁者。相比之下，盖娅可以被定义为多个地点，在这些地点中，完全陌生的实体相互进行“存在的否定”。构成气候学的一套复杂的自然科学再也不能扮演最终和无可争议的仲裁者角色了。不是因为人为地挑起对气候变化的人为起源的争论，而是由于，为使我们感知盖娅的敏感性，科学必须一个接一个地创建的环路的数量。“自然”，或者至少是地球，已经被置于一种局面，它迫使每个人在面对那些企图否定他们存在条件的外敌时，都面临着生与死的“极端”抉择。盖娅与地球系统科学完全卷入地质历史中，它就像昔日的历史一样“充满了喧闹与暴怒”，并且它也是由“白痴讲述的”！

这就是为什么，在早期，当我们援引自然时，不经意间将自己置于自然国的保护之下，一个大写 É 的国家（État），一个怪物般的利维坦——它的一半是政治，一半是科学。如果这个

---

36 在我的小尝试意义上：Bruno Latour, «Steps toward the writing of a compositionist manifesto», 2010。

37 特别与第 161 页关联。

可怕的国家——它一半在自然，一半在政治——多少能维持下去，那是因为——如我们从图尔敏那里看到的[38]——我们必须通过对无可争议的确定性的崇拜来结束宗教战争。然而，霍布斯提出的停战协议并未成功地通过适当形式的条约，在各种形式的反宗教的矛盾要求之间获得持久和平的局面。因此，人们构建了这部摇摇欲坠的宪法，假装它为各国提供和平，同时引发了对抗“自然”的战争，这是一场更加永无休止的战争，因为它看起来根本不像是战争。

众所周知，施密特的著作中有很大一部分是关于战争的问题，这种战争由于缺乏对敌人品质的明确认识而变得无限制。正是这种对战争状态的否定，以及以单纯的警察行为为幌子对敌友关系的掩饰，在施密特来看，导致了有限战争转变为**灭绝战争**。[39] 任何一名关注当代生态冲突的读者在这一点上都会与他达成一致：如果冲突被认为是**另一方**可能危及攻击者存在的战争，那么冲突就永远不会演变为彻底灭绝。灭绝的可能性，即所谓的**毁灭性战争**，来自我们以文明的名义实现**和平**的错觉！正如施密特所写：

> 一个完全摆脱并排除战争可能性的世界，一个彻底和平的世界，会是一个没有朋友和敌人的世界，因而也是一个没有政治的世界。[40]（第 73 页）

38 参见上一讲，第 213 页及以下。

39 因此，他批判凡尔赛条约，该条约不仅将德国视为失败方，而且视为犯罪方。施密特重述战争历史的方式——参见席琳·于安（Céline Jouin）在《世界内战》（*La Guerre civile mondiale*, 2007）中的导言。

40 Carl Schmitt, *La Notion de politique*, 1972.

施密特显然不是针对生态学迄今为止的发展，但他精准地将矛头指向那些想要一个“彻底和平的世界”的人的理想。这难道不是自然主义者的理想，是深层、浅层或中层生态学家的乌托邦；那些希望成为地球的管理者与工程师或重新设计者的视野；那些希望通过“可持续发展”摆脱危机的人，经济现代主义者的理想[41]，那些号称是地球善良的总管，严谨的管家，精明的园丁，细心的仆从的理想？简而言之，难道这实际上不是那些非常希望在处理“单纯的物质问题”时就想完全摒弃政治的人的梦想？

施密特为我们提供的选择非常明确：要么您同意将敌人与朋友区分开并因此参与政治，严格界定真实战争——“关于世界构成的战争”——的界限；要么您精心地避免发动战争与树敌，但这样您**放弃**了政治，这意味着您要将自己交给自然国的保护之下，它囊括一切，并且**已经**将世界统一在一起，统一在能够从无私、中立、无所不包的视角解决所有冲突的地球中。宗教、科学与政治的力量令人惊愕的混合体：“在永恒的相下，在上帝的相下，即球，即自然。”（*Sub specie aeternitatis, sub specie Dei, sive Spherae, sive Naturae*）

我欣然承认，第二种解决方案更为可取，因为它至少可以推迟冲突：“让我们所有人成为同一颗蓝色星球上的兄弟，投奔于同一个政治科学权威，以逃避更严重的冲突。”由于我不是特别好战，这对我来说很合适。但前提是**这样一个国家能够存在**。

41　参见突破研究所的网站，该研究所由泰德·诺德豪斯（Ted Nordhaus）与迈克尔·谢林伯格（Michael Shellenberger）的著作《突破》（*Break Through*, 2007）奠定基础。然而，这两位主任思想开明，因为我属于他们的委员会，却几乎不同意他们的立场！

如果没有这样的国家，那么本来看似有用的权宜之计就会变成罪行，因为我们愿意将我们以及与我们共享地球的所有其他存在的安全置于**无法保护我们的政治体的庇护之下**。当涉及确保安全的问题时，和平主义者就是危险分子。

像施密特这样的反动思想家的危险之处在于，他迫使我们做出比许多生态学家——他们仍然希望能不必将“自然”问题政治化而摆脱危机——所提出的更为激进的选择。我承认，这是一个艰难的选择：要么用“自然”结束政治，要么政治迫使我们放弃“自然”——从而最终接受面对盖娅。请回想一下我之前引用的福音段落——施密特对此理解非常深刻：“你们不要想，我来是叫地上太平；我来并不是叫地上太平，乃是叫地上动刀兵。”（《马太福音》10：34）在绥靖者与只是被许诺了“大地法”的“和平缔造者”之间，我们将不得不做出选择。

•

愿意经历战争状态，以便随后通过外交事务寻求和平解决方案，这需要集体对彼此展示自身的方式发生重大转变。他们必须同意明确他们居住的时代以及他们赋予民众的名字，最重要的是，他们要能够划定他们的空间，以便其他人了解他们准备捍卫的领土。空间界限——这是施密特对我们最重要的创新——是通过确定被承认为“在特别强烈意义上”的外敌（敌人）来划定的，“因此在极端情况下有可能与他们发生冲突”。突出这些界限是实现生态再政治化，并因此结束征服行为、土地占领以及绥靖主义的唯一途径。

让我们先开始谈论时代。为抵御这种威胁，我们首先必须理解为什么我们觉得它正**向我们走来**，为什么如此难以正视它。[42] 正如我在本书导言中所说，我开启了一个转向盖娅的奇特项目，我在心中描绘了舞者的轮廓，她一开始就向后逃，她在躲避的东西似乎非常可怕，以至于她在盲目撤退时对自己留下的破坏无动于衷，有点像瓦尔特·本雅明所描述的著名“历史天使”[43]。这位“地质历史天使”——我这么称呼她——越来越担忧地向后瞥，然后，仿佛被困在荆棘丛中，她的行动越来越慢，她终于转过身来，突然了解了她不得不面对的事物的恐怖，直到她完全停下来，难以置信地睁大眼睛，然后做出撤退的动作，对朝她走来的事物感到恐惧。

与通常所言相反，现代人没有**向前看**，而几乎无一例外地都**向后看**并且奇怪地**看着天空**。这就是为什么盖娅的闯入让他们如此惊讶。由于他们脑后没有眼睛，他们完全**否认**它正朝着他们的方向走来，仿佛他们太过忙于逃离过去的恐怖。他们对未来的憧憬似乎蒙蔽了他们前进的方向；或者说，仿佛“未来”完全是对他们过去的否定，而没有任何现实内容附加在“将来之物”上。启蒙运动的孩子们习惯于带着恐惧拒绝他们曾有勇气逃脱的危险过去，或反过来，赋予过去以他们渴望怀念的美好品质，但他们仍然对将来之物的样子保持沉默。

正如我们从沃格林那里了解到的，现代人的未来不在他们面前，寄托于对流逝时间的现实的、迟疑的看法；相反，它包含着一种无法接近的超越性，而他们仍然试图将它置于时间中，来**代替**时间的流逝。对于他们而言，未来即将到来，却没有**到来**的方式，因为他们从不直面它，也从未以谦逊与普通的形式

---

42 这是舞者斯蒂凡妮·戛纳肖的小电影，她的舞姿一直让我困惑，vimeo.com/60064456，第 1 页引用。

43 Walter Benjamin, *Thèses sur le concept d'histoire, IX*, 2000.

接受它。因此才有了这种惊人的缺乏现实主义，这种对英文所说的“热点”(hype)的易感性，这种对未来的未来主义图景的持续复苏。基于沃格林所说的内在化现象[44]，现代人从来不处于**他们的时代**中，而是永远在天启的另一边，在荒谬的希望与无谓的绝望之间悬置。此外，由于他们已经完全忘记了反宗教的渊源，而他们又是反宗教的不知情的继承人，他们无法回到能使他们重新意识到反宗教要求的文本，并借此治疗这一幻觉。简而言之，**现代人的时间是离奇的非时间**。[45]

他们只在幻想小说中看到未来。这并不奇怪：他们从来没有对前进**方向**给予足够重视，而是一直痴迷于**摆脱**对旧地球的依恋。迅速脱离之后，当问题变成安置新住所，对新律法的界定时，他们似乎又过于天真。他们看起来就像准备起飞却没有太空服的宇航员。现代人非常聪明地摆脱了他们过去的锁链——它是古老的、地方的、封闭的、局部的、领土的；但当他们的任务是选定新的地方、新的地区、新的省份，他们移居的新狭小网络时，他们却满足于乌托邦、反乌托邦、广告和丰满的乳房，仿佛他们的肺部确实能够呼吸全球化稀薄的有毒空气。[46]

而当我们面对盖娅时，我们会转向怎样的视野？我们必须在两种相反的进步概念之间做出选择，因为盖娅既是曾经存在的，在途中被遗弃与遗忘的远古女神盖，也是即将到来的，是我们的将来，而非未来。地质历史的讽刺之处在于它位于两位

---

44 参见第 230 页及以下的论述。

45 这就是佩吉事业的意义，他是受伯格森启发的门徒，特别是在《克利俄》中：赋予现代人以时间性。

46 Peter Sloterdijk, *Écumes. Sphères III*, 2005.

女神之间，一位来自最遥远的过去，另一位来自最近的未来，并且她们有着相同的名字。因此，一旦我们开始关注气候，关注土地，关注领土，我们就不知道命令是带领我们向后还是向前，我们应该向上、向下、向后还是向前看……难怪我们被分裂，难怪生态学使我们发疯！

如果未来与将来引导我们走向不同的方向，那么土地一词亦是如此。根据您谈论的土地是领地与领土还是大地，时间之箭的方向会立即发生变化。您会从一种反动态度突然转为进步态度。主张领地与领土，就是传统方式的反动——引用“不说谎的土地”，血与土（*Blut und Boden*）。包括施密特在内的所有反动派都一直认为离开旧土地，遗弃旧土地，忘记旧律法的界限，被解放，以及成为世界主义者的意愿是一种罪行。与这些保持“落后”的呼吁相反，革命者总是呼吁解放。然而他们无法想象的是，依附于旧土地可能存在另一种意义，意为“美好的古老大地”。一旦您这样讲，事情就会逆转，过去为了享受现代化而应远离的土地，变成了向我们走来的新土地。与怀旧主义者所言相反，**大地回归**（retour de la Terre）与**回归土地**（retour à la terre）毫无关系！

这可能令人诧异，但在人类世时代，解放的宏大叙事使我们无法寻找我们所归属的地球之路。仿佛“归属”与“领土”的概念本身就散发出一种反动的气息！尽管如此，人们可能会认为，经过几个世纪的宗教批评，我们并不会多难认识到自己“属于这个地球”。而奇怪的是，在听到如此多支持唯物主义的呼声之后，我们发现自己完全没有准备好解决我们大气层存在的**物质条件**！在对那些向大众宣讲人们必须逃到“下一个世界”以逃离现世恶劣条件的人进行诸多讽刺之后，我们却被这样一个事实所震惊：我们的目标可能有**界限**，它无法定义世俗的、大地的、具体化的行为。尽管“上帝之死”本应将我们带回一种人性的，太人性的状态，但我们却犹豫不决，在黑暗中，在“苦海”中喃喃自语，我们惊讶地发现自己是如何难以再次感受脚下的土地！几个世纪以来，虽然我们一直醉心于确信自己是坚定的现实主义者，被纯粹的事实包围，但是我们却惊讶于自己**来自这里**。我们不得不请求唯物主义者：“请把我们的物质性还回来”……就好像在苦海之下还有另一片苦海！

即将到来的盖娅必须作为一种威胁**出现**，因为这是使我们对必死性、有限性、“存在的否定”、来自大地的困难**敏感**的唯一方法。这是使我们意识到——悲惨地意识到新气候制度的唯一途径。只有悲剧才能使我们奋起直追。正如我们在上一讲中所见，天启的烟花并不是为了让我们准备欣喜若狂地飞升天堂；相反，是为了**避免**我们被驱逐出对我们支配它的努力做出回应的地球。我们误解了这个禁令：我们不是要将天堂带到大地，而多亏了有天堂，我们应首先要关心大地。这是在我们忽视身后发生的事情多年后，迫使我们改变注意力方向的唯一方法。如果说“地质历史天使”以惊恐与怀疑的方式展望未来，那是因为她已经意识到威胁，并且发动了一场如果被她否认就永远不会停止的战争！直截了当地说：如果我们想拥有将来，我们就不能继续相信旧的未来。这就是我所说的“面对盖娅”。

•

如果我们不愿意在生态问题上存在分歧，我们就对它一无所知。为了抵御从生态学中消除政治的愿望，我们要搁置一致、普遍且全球的观念。如果不首先认识到人类在战争中被分割成如此多的交战方，就不可能实现和平，也不会建立共和国。我请您别断言说我蔑视普遍性的理想：我承认，赞同，也珍视这一理想：但我正在寻求一种**切实可行**的方法来实现它。而且，要做到这一点，我们必须采取行动，好像我们确信它**尚未实现**。因此，我们的状况与霍布斯的既相同又相反：相同是因为寻求和平势在必行；相反是因为我们不能从自然状态走向国家，而只能从自然国走向对战争状态的承认。霍布斯需要自然状态来产生社会契约的概念，而我们需要在寻求新的主权形式之前承认新的战争状态。这就是为什么在前面的讲座中需要打破全球的诅咒，引入多个分散的民族，根据特定的宇宙图与各种神灵的召集来分配他们的行动力。让我们约定由以下形式提出问题：不去想象您因为生活在（所谓去政治化的）大自然的保护之下而没有敌人，请指出您的敌人并勾勒出您准备捍卫的领土。

我担心这等同于怀疑社会契约的力量。事实上，我们需要更加紧迫地指出敌人的原因在于，将“人类物种”说成是与另一方——如“自然”[47]——发生冲突的一方，几乎没有任何意义。前线不仅分割了我们每个人的灵魂，它还就我们所面临的全部宇宙政治问题分割了所有集体。人类世的人类无非是对能够像个体的人一样行动的普遍动因的危险虚构。[48] 为了维持这样的人类，其背后必须有一个世界国（带有大写字母 H 的）。人类作为

47　詹姆斯·洛夫洛克《盖娅的复仇》（*La Revanche de Gaïa*, 2007）因此没有一个好的标题：不存在两方。

48　这就是克里斯托弗·博讷伊与皮埃尔·德·朱望库（Pierre De Jouvancourt）（«En finir avec l’épopée», 2014）以及在同一文集中的伊莎贝尔·斯坦格对这一概念批评的含义。

历史的动因已经被遣散。[49] 正如我们在第四讲中所见，人类世的优势在于它不仅结束了人类中心主义，而且结束了人类物种的任何不成熟的统一，同时使人们可以——但不是立刻，尤其不能是立刻——想象对物种概念的新理解。

无论您怎么看待全球转基因生物的争议，鱼群计算，风力发电，海岸线改造，服装、食品、药品与汽车制造，城市重构，农业技术转变，野生动物保护，碳循环的变化，水汽的作用或太阳黑子的影响，冰山漂移——在每种情况下，您都会发现自己面临着某种利害关系，它聚集起就话题产生分歧的人。[50] 既然存在公认的战争状态，交战双方都有可能明确其**战争目标**。

除了策略上的原因之外，我们不再需要躲在对知识客观性，人类发展无可争议的价值观，公共利益或人类共同福祉的呼吁背后。[51] 应该告诉我们，您是**谁**，您的朋友是**谁**，您准备牺牲自己的幸福去对付的敌人是**谁**，可以将您置于存在否定境地的外敌是谁——此外，请在最后清楚地告诉我们，您感到被**哪个神明**召唤与保护。如果您觉得这个论点太残酷，那就请回想一下，生态危机并没有剥夺能够在我们的冲突中充当仲裁的公正的第三方，相反，它却揭示出**这个第三方从未存在过**，17 世纪的解决办法不过是临时停战协议。这是新气候制度所打开的例外状态。它就是我们再次参与政治的原因。

我在捍卫一个如此容易被曲解的论点，对此我感到心惊胆

49 Dipesh Chakrabarty, «Postcolonial studies and the challenge of climate change», 2012. 有反对者问她谁是取代革命无产阶级的新行动者，我听到罗安清用平静的声音回答："也许我们已经有太多这样的英雄行动者了……" 乌得勒支，2015 年 4 月 18 日。

50 Noortje Marres, *Material Participation*, 2012.

51 每个人都应该能够在自己的颜色下战斗，这是沃尔特 · 李普曼《鬼影般的公众》(*Le Public fantôme*, 2008）唯一的民主希望，也是他认为唯一现实的希望。

战。但我必须从这七场讲座中得出结论：如果我们想要一种政治的生态学，我们必须首先分割过早统一的人类物种。我们必须为彼此冲突的集体创造空间，而不仅仅是为自然或文化人类学等科学所知的文化创造空间。我们不仅需要挑战大自然对我们的苦难无动于衷的想法——盖娅是特别敏感的[52]——而且还要质疑**过早统一的人类概念**。这就是为什么更可取的说法是"盖娅之子民"聚集起来，其行动方式使他们不太容易与譬如那些称自己为"大自然之子民""创造之子民"，或者那些以作为"人类"为傲的人和解。请回想一下我试着让您在第五讲中玩的"权力的游戏"。不同民族可以在未来聚集在一起，但条件是他们能理解彼此在哪些方面存在差异。[53]太多的忧虑将"我们"分开——而这个"我们"在一开始就有着应尝试重新划定的边界。

随着人类世的到来，人类如今处于战争状态，不是与自然作战，而是与……究竟**与谁**？我找出他们名字确实遇到了很多麻烦。我们需要一个称号，将那些被称为人类的人分开，同时可以确定他们的至高权威，他们的时代，他们的土地——简而言之，他们的宇宙图——而不是将它们全部融合成一个无定形的人群。[54]科幻小说经常使用"地球人"（Terriens）一词，但这太像星际迷航，无论如何它都指代在与小绿人的"第三类接触"之时，从另一个星球上看待的整个人类物种。我们能说"盖娅人"（Gaïens）吗？这太奇怪了。称他们为"土老帽"？

52　这是伊莎贝尔·斯坦格赋予它的属性。

53　Richard White, *Le Middle Ground*, 2009. 我们在下一讲中致力于创造这样一个共识——一种虚构与模拟。

54　在对失去人文主义感到愤慨之前，应该记住我们想要拯救的人的属性是多么狭隘，因为它们害怕陷入"自然主义"中而没囊括世界、身体或物质性。

这太贬义了。我更喜欢“地缚人”（Terrestres）一词（英语为Earthbound）。

我知道，如此直截了当地陈述这个问题是很危险的，但我不得不说，在人类世时代，人类与地缚人必须同意开战。用具有地质历史小说的风格来讲，生活在**全新世**的**人类**与生活在**人类世**的**地缚人**发生冲突。

•

地缚人应该能够划定他们所赖以生存的领土。这是我想在结束前讨论的最后一点，之后在下一讲中探讨新气候制度的地缘政治。霍布斯——我为了推进这些问题，作为一个方便的参考点而采用的有些简化的霍布斯——是这样实现表面和平的：他将全部主权赋予国家；将无可争议的确定性赋予大自然；将严格的道德和个人解释赋予《圣经》注解；最后，他确保自然界的客体完全去活性，人类动因只在乎计算他们的利益，而排除任何其他价值。[55] 这一庞大的利维坦宇宙图，虽然它可能推迟了已宣布的生态战争状态，却有着使政治丧失一切领土根基的严重缺陷。利维坦可以在任何地方随意移动，因为其边界范围划定只来自国家以及国家指定的敌友。因此才有自然地理——棋盘的网格——和人类地理——代表棋子的社会之间的划分。

这些国家之上是什么？经济计算的规则，宗教改革前的教会幽灵[56]，人性的法则，所有主权国家之间的战争？没有什么能够确保持久和平。这一临时解决方案的戏剧性在于，主权的狭

55 关于沃格林所描述的霍布斯，阅读重要评论 Bruno Karsenti, «La représentation selon Voegelin, ou les deux visages de Hobbes», 2012。

56 Carl Schmitt, *Le Léviathan dans la doctrine de l'état de Thomas Hobbes*, 2001.

隘限制可能并且仍然可能——这是必不可少的——造成**无限的土地掠夺**。各国之间的和平是以对领土的无形全面战争为代价实现的。因此，在地缘政治的奇怪抽象中根本没有土地，没有任何“地”，只有被视为领土的二维地图。政治生态学使我们能够明白，这种现实政治（*Realpolitik*）在多大程度上是根本不现实的。

当施密特将大地作为界定具体政治形式的主要动因时，他没有预见到大地的角色可能会如此迅速地发生变化。他确实看到民族国家不仅仅局限于无差别的空间，它们会像定义敌友的决定一样多地确定间距，从而定位自身。这对于地缘政治边界来说是不言而喻的：边界线也标志着盟友与外敌之间的区别。他很清楚，每一项新技术都为开辟空间提供了额外的机会：第一批探险者的快帆，以及战机或潜艇，它们每次都定义了新的土地掠夺[57]（我们很容易想象他会怎样专注地研究无人机的政治理论[58]）。然而，虽然他成功地将政治空间化，但他显然无法将大地的行动力历史化。虽然他这本书的意图是重新开始反思大地，但这个大地却自始至终保持稳定。

> 在神话语言中，大地被称为**法律之母**。因而大地以三种方式与**法律联系在一起**。她自身内部包含法律，作为对劳动的奖励；她在表面体现法律，作为固定的界限；她支撑着法律，作为秩序的公开标志。**法律是土地的**（terrien），

---

57 没有神话，我们就不能谈论这些话题，如卡尔·施密特在《陆地与海洋》（*Terre et Mer*, 1985）中所做。

58 如才华横溢的格雷格瓦·夏马由（Grégoire Chamayou）《无人机理论》（*Théorie du drone*, 2013）所做。

> **与大地密切相关**。这就是诗人谈到**根本上正义的**大地所指的含义，并将其称为**正义的大地**。[59]（第47页）

借着这一陈述，施密特重新开拓出实证法与自然法之间消失已久的道路，这是现代主义解决措施所明确切断的道路，因为“自然”被交给不能产生任何法律或任何政治的去活性物。只要大地与“自然”混淆，任何人都不可能将其视为“极度公正”的。然而，人们很快意识到某些事情是错误的，一种思想的可能性最终被关闭。法语翻译土地的（terrien），它与大地的（terrestre）并不完全相同。土地思维所设想的世界不一定具有与大地相当的层级。换句话说，施密特在他的法律理论上投射了偏见：一位老人从窗户望向一片古老的欧洲农业景观。在他对土地的看法中，既没有人类学也没有生态学。这种传统的基于土地的人与土之间的角色分配在他给出的众多法律（*nomos*）定义中清晰可见：

> Nomos **源自** nemein，意思是“划分”与“放牧”。因此，nomos 是**人们政治与社会秩序在空间上可见的直接轮廓**，牧场的初始丈量与划分，即土地占用**及其中所包含并同时产生的具体秩序**……Nomos 是根据特定秩序划定土地与地产的度量，**它也是由这一过程决定的政治、社会和宗教秩序的形式**。在此，**度量、秩序与形式**构成了空间上的具体统一。（第74页，强调由我所加）

---

59 Carl Schmitt, *Le* Nomos *de la terre*, 2001.

他补充道：

> 使部落、**追随者或族群转为定居**的律法借助**土地占领**，城市或殖民地的地基变得可见，**也就是说，在历史上定居**在某一地方并**使一块土地成为某一秩序的效力区域**。

这确实是施密特的界限，而非土地的边界：虽然具体的秩序来自土地而非简单地施加在土地上，但丈量土地并占有它的仍然是人。行动者依然是人类。[60] 奠基、丈量、定居，将“一块土地成为某一秩序的效力区域”的是人类。施密特完全没有想到——在他写作这本书的时代又怎能想到？——大地能占据不是**被占有的**位置！

施密特的悖论在于，他借助神话语言使大地成为“法律之母”，但只能通过给它“直接轮廓”，从而赋予它“使政治与社会秩序”“在空间上可见”的力量。施密特无法想象的是，土地占用——*Landhnahme*——这一表达开始意味着**被大地占有**。这一刻，一切都改变了。虽然人类被定义为占用土地的人，但地缚人**被大地占有**。在这两种情况下，大地仍然是他们法律的母亲，但**不是同一位母亲，不是相同的法律**，因此**他们不是同样的人**——他们不再源自同样的领地、堆肥与沃土——简而言之，他们的成分不同。本质上是母性与仁慈的，并总是和善的法律之母，可能成为邪恶的继母与女巫，甚至是法律的悍妇。这就是将古老的盖带到20世纪中叶，带到具体秩序的神话历史开端

---

60 多罗茜娅·海兹探究了这一模糊性。Dorothea Heinz, *La Terre comme l'impensé du Léviathan*, 2015.

的这一惊人想法所没有被预料到的。

我们将必须考虑这种占有方向的彻底逆转。与地缚人不同，人类不值得信赖，因为您永远不知道他们朝向哪里，或者依靠什么原则划定人民的边界。因此，我们不可能绘出他们地缘政治冲突的精确地图。要么他们告诉您，他们不属于任何特定地方，全靠他们的精神或道德品质，他们才能够摆脱严酷的“大自然的必然性”，并借此定义自身；或者他们告诉您，他们完全属于大自然及其物质必然性领域，然而他们所指的物质性与他们之前去活的动因关系甚少，以至于“必然性国度”——自然（*phusis*）——就像在地球之外一样，处于自由国度——约定（*nomos*）——之外。在这两种情况下，他们似乎无法归属于任何宇宙，无法绘制任何**宇宙图**。由于缺乏定位，他们似乎对他们行为的后果漠不关心，推迟偿还债务，对反馈循环漠然置之，而后者可能使他们意识到自己的所作所为并对做所之事负责。即使在坚决不反思的情况下，现代人也在为自己的理性与批判感到自豪。矛盾的是，他们所谓的“面向未来”就等同于在说：“我死后，哪管洪水滔天！”

相比之下，地缚人可以说自己是敏感且负责任的，不是因为它们具有优越的品质，而是因为它们属于某片领土，并且因为这些人的划界是由他们的例外状态所明确的——他们接受被那些敢于自称是他们敌人的人置于例外状态。当然，这一领土与我们教室里的地理图不同。它不是由封闭在境内的民族国家——施密特考虑的唯一行动者——所确定，而是由相互交错、相互对立、错综复杂、自相矛盾，不和谐、无系统、无“第三方”，没有可以事先统一的至高神意的网络所构成。生态冲突对过去民族主义者的生存空间（*Lebensraum*）没有影响；而是影响着“空间”与“生命”。一个动因的领土是一系列其他动因，它必须与之达成和解，为了长期生存，它也需要它们。

当然，内部与外部之间的划分既是脆弱的，也是多变的，因为如果没有安装能够追踪使我们最微小的行为反馈给原因循环的工具，我们每个人所依赖并且我们所属的一系列动因就无法被总结出来。当仪器灵敏度轻微减弱，当探测器带宽轻微减少，当动因突然变得不那么敏感、反应性降低、不太负责任时，我们就无法定义它属于什么，它实际上开始**失去其领土**。正如我们将在下一讲中所见，这就是使这些地缘政治地图难以稳定的原因。

如果人类与地缚人处于战争状态，这也可能发生在“他们”冲突中的科学家身上。自然主义科学家——自豪地断言他们“属于大自然”——是不幸的角色，注定会脱离了肉体，消失于知识背后，或者拥有灵魂、声音与位置，却冒着失去权威的风险。[61] 相比之下，地缚人科学家是具象的生物。他们组成了一个民族。他们有敌人。他们属于由其仪器界定的领土。他们的知识延及他们为探测器提供资金、控制与维护的能力，而探测器能使他们行为的后果可见。他们毫无顾忌地承认参与存在主义戏剧。他们敢说自己有多害怕，而且从他们的观点来看，这种恐惧会**增进**而非**降低**他们科学的质量。它们显然是一种全新**非国家力量形式，明确地参与地缘政治冲突**。他们的领土不分国界，这不是因为他们能够达到普遍性，而是因为他们能持续引进新的动因，使其参与其他动因的生存。他们的权威完全是政治性的，因为他们代表的动因没有其他声音并介入许多其他动

61 参见第五讲，第 183 页及以下。

因的生活。他们毫不犹豫地勾勒出世界的形状，他们想要生活于其中的律法与宇宙。

他们不再试图在任何讨论中成为高高在上的第三方。他们只是一方，他们时赢时输。他们属于这个世界。对他们而言，拥有盟友并不可耻。他们并不畏惧参与施密特——用他艰涩的文笔——所说的 *Raumordungskriege*，**空间秩序的战争**。从担任他们不信的神的神父的可怕义务中解脱出来，他们几乎可以自豪地说："我们属于盖娅。"不是因为他们信赖一个超级存在物的终极智慧，而是因为他们终于放弃生活在任何超级存在物阴影下的梦想。他们背上了盖娅的包袱，是因为他们已经明白，从今往后应该与盖娅而大非自然分享各种形式的主权。他们亵渎神灵，不是因为他们自得于贬低他人的价值观，如过去的理性主义者，而是在更加寻常的意义上，他们接受平凡并属于这个世界。对大多数人，包括科学家在内，可能看起来像是一场灾难的事——研究人员如今参与地缘政治中——我将它当成微弱希望的唯一来源，在当前形势下启发我们。最终，我们会知道我们要做的是什么，以及我们将必须迎战谁。

•

要是我错了该多好！我多么希望在本讲结束之际能告诉您，现在您可以从一场噩梦中醒来了，将"战争与和平"这一词组用于大自然只是在打比方。回到旧气候制度会有多好。从悲喜剧中再次离开，停止面对盖娅。我们会舒舒服服地躺下，头枕在气候怀疑主义的软枕上……

我不知道您是否还记得，不久前，当我们在早晨看着天空的时候，我们可以看到一个对我们的忧虑无动于衷的景观，或者只是观察天气的变化，而它不会看着我们。自然就在外面。多么安宁！但是今天，云朵不再能给我们带来愉悦，而是每日承载着我们行动极小的一部分。无论外面是下雨还是放晴，从今往后，我们再也不能说这其中没有我们的错！我们无法欣赏喷气式飞机在蓝天中划过的痕迹，而是颤栗地想到这些飞机正在改变飞过的天空，它们将天空拖入航迹，正如我们每次在公寓取暖，吃肉类，或准备去往世界的另一边时，将大气拖在身后。不，毫无疑问，除非我们注视着外太空中的天体，否则已经没有什么东西是在外面供我们平静沉思的了。

在这里，在月下世界，崇高感也远离了我们！为体验崇高，我们必须在大自然的伟岸面前感受到我们的渺小，并且在面对大自然的残酷时感受到我们灵魂的伟大。但是，由于我们今后会是一个与山脉、火山、侵蚀相媲美的强大地质力量，我们怎样才能在人类世中再次体验崇高？我们现代人的灵魂中充满着残暴，以至于我们又在此与自然竞争——我们今后也会成为岩石？面对宏伟的景观，我们的**狂妄自大**不再会简单地平息。在囚禁我们的大围栏里，一道目光锁定在我们身上，但它并非是上帝之眼盯着蜷缩在坟墓中的该隐，在光天化日下直视着我们的是盖娅之眼。自此我们不可能无动于衷。从这时起，**一切都在看着我们**。

被驱逐出易北河的蜿蜒，虚拟观者的目光被迫踌躇着选择理解卡斯帕·大卫·弗里德里希画作的最佳视角，这迫使观者将注意力引向内心。当我们在两个世纪之后回到这幅画时，我们意识到自己确实已被驱逐出大自然，但不再是因为它是外部的、冷漠的、不人性的、永恒的，而是因为我们已与它融为一体，它变成内部的、人性的、太人性的，或许也是临时的，不管怎样，它对我们所做的一切行为都很敏感，是我们所有行为的第三方。一个要求自己份额的第三方。我们应该根据怎样的分配规则赋予它——诗人用正义的大地的呼唤来致敬它——应得的权利?

第八讲 如何治理争夺中的（自然）领土

2015 年 5 月，在扁桃树剧院的《谈判话剧》* 学会在没有更高仲裁的情况下聚集 * 将缔约方大会扩展至非人类 * 涉众的增加 * 绘制关键区域图 * 重新发现国家的意义 *《愿祢受赞颂》* 最终，面对盖娅 *“看见陆地了”

我担心他们不会来。当他们开始一个代表团接一个代表团地登上舞台——“森林”跟在“法国”之后，“印度”走在“土著民”之前，“大气”代表团走在“澳大利亚”之前，“海洋”跟在“马尔代夫”之后，每一个代表团都自豪地表示与其他代表团享有平等主权时，我开始相信了。在三个白天与一个不眠之夜之后，各代表团回到舞台上向公众展示他们的工作成果，虽然已经筋疲力尽，但表现极佳，我知道这些来自三十个国家的年轻人超出了我的全部期望。2015 年 5 月的那个周末，在扁桃树剧院，我真的感到有时会——在导演菲利普·奎斯纳（Philippe Quesne）喜欢用来笼罩他作品的烟雾中——瞥见某种“新大地法”，施密特向“和平缔造者”承诺的法律。在我的热情中，我将其描述为**制宪性**的东西。在最后这场讲座伊始，我想与大家分享这些学生代表团探讨的大地宪法的一些

图表 8-1　拍摄 B.L.

要素。[1]

您会问我，您怎么能信得过一些年轻人在剧院舞台上的表演呢？我信得过他们，正如我信得过脆弱、临时、笨拙的思想。弗里德里克·阿依特-图阿提在舞台上动员模拟气候谈判的情景，与政治哲学读物或我自己犹豫着写下的这些讲座相比，具有不相上下的启发性。当这关系到衡量盖娅事件时，我们就得不择手段。如果我是最后一个对两百名学生可以解决无法可施的地缘政治问题而感到惊讶的人，这是因为一位舞者的步态首

---

1 “谈判话剧”是“让它发挥作用”框架下的模拟，于 2015 年 5 月 26 日至 31 日在扁桃树剧院上演，由我与劳伦斯·图比亚娜（Laurence Tubiana）发起，菲利普·奎斯纳与弗里德里克·阿依特-图阿提导演，巴黎政治学院政治艺术系政治艺术实验（SPEAP）参与（cop21makeitwork.com/simulation）。

先警告我，我最好去工作。此外，我从《盖娅全球马戏》的演员——他们在阿维尼翁新城的查尔特勒修道院明亮的房间中即兴表演——那里所学到的，比从许多标有“生态”的文学作品中学到的还要多。[2] 我在字里行间所做的，不正是对评论我著作的“舞台写作”进一步发表即兴评论？概念性的角色穿越所有墙壁，随心所欲地移动。

不管怎样，新大地法的概念只能呈现为虚构。您还记得过去为揭示出不可能的事物——所谓的**民族**，或后来的**社会问题**——而做的发明工作吗？我们怎么能想象，人们只需冥思苦想，就可以立刻发现交战地区之间和平谈判可能的样子？如果像格言所说，“政治是可能性的艺术”，那么我们仍然需要艺术来增加可能性。[3]

此外，政治模拟原则与科学建模原则之间存在着奇妙的联系。[4] 我们对生态剧变的认识既基于长期的测量活动，也基于模型，这是处理超出我们分析能力的复杂现象的唯一方法。环路开始被一个接一个地添加于我们的存在，让我们每天都更加意识到地球上的行动力之间的相互反馈。在它们能够在现实中得到验证之前，必须被制成模型——虚构。虚构预示着我们希望很快观察到的东西。随着每一代模型的产生，新的变量可以被添加进来，进一步使世界图像复杂化，变得愈发现实，并且愈发难以计算！

---

2 《盖娅全球马戏团》项目于 2011、2012 与 2013 年在查尔特勒修道院开展，这得益于弗朗索瓦·德班（François Debanne）的大力支持；2013 年在兰斯的开展要感谢路德维克·拉戈德（Ludovic Lagarde）。

3 这是政治艺术实验（SPEAP）课程的宗旨，它于 2010 年由瓦乐丽·皮耶（Valérie Pihet）创立于巴黎政治学院。

4 Amy Dahan et Michel Armatte, «Modèles et modélisations: 1950-2000. Nouvelles pratiques, nouveaux enjeux», 2005.

同样，对于每次政治模拟，我们可以添加新的代表团和代表，进一步使公共事物图像复杂化，变得愈发现实，并且其偏差变得愈发难以控制！使世界的模型**复杂化**，并让它们所涉及的人**参与**进来以**构成**它们，是科学、艺术和政治的共同定义。

这正是2015年5月在《谈判话剧》中发生的事情，也给这场看似教学式的话剧以制宪的维度。实际上，我认为这种简化模型——41家代表团，208名代表——比现实世界的规模**更加真实**，特别是与2015年12月在巴黎举行的著名缔约方大会第21次会议相比。看着代表们，在他们喜欢的“可改造”房间里，而不是他们认为过于正式的大厅里，同时他们决定要随便坐哪里并随便坐多久时，我不禁想到——您得原谅我——网球场的那间大厅，以及1789年6月20日那个特别具有决定性的时刻，三级会议决定不再依据等级——贵族、神职人员与第三级平民——就座，而是召开制宪议会！

•

我们知道，在将自身转变为迥然不同的事物之前，三级会议聚集在一起只为解决一项简单的税收问题。同样，在保持一些相称的情况下，从气候问题出发，该模拟为自己设定了相当不同的目标。如果这个模型更现实，首先是因为开发这个模型的人决定不把精力放在减少二氧化碳排放这个不可能的问题上，以便努力保持在升温2 ℃的致命极限之下。事实上，史蒂凡·艾库特艾米·达昂的精彩著作[5]使他们确信气候制度只能导

5 这关系到打破由史蒂凡·艾库特艾米·达昂《治理气候？气候谈判二十年》（*Gouverner le climat? Vingt ans de négociation climatique*, 2015）所揭示的僵局。

致僵局：如何声称能解决遥远的后果——二氧化碳对气候机制的作用，而不解决它的近因——缔约国生活方式的多种决定？这就如鼓励枪支自由流通之后再试图限制其使用。为了使谈判切合实际，与现实中的缔约方会议不同，我们有必要集中讨论占领领土的各种方式，而不仅仅是分配二氧化碳配额。这是一种提前保护自己的方式，通过预示必须进行的程序性改革，防止第21届缔约方会议可能的失败。

最重要的是，寄希望于单个的民族国家来解决它们占领土地太过乌托邦、也太不够大地化的方式而造成的问题，必须被认为是不切实际的。正如我们在前两讲中所见，国家边界解决了四个世纪前的问题，一方面为了在已经陷入疯狂的宗教之间实现和平，另一方面为了确保不受限制地占领曾被其他集体所拥有的土地。经过四个世纪，在帝国扩张、殖民化、去殖民化与全球化之后，195个民族国家的集会不再有任何现实意义。即便它们设法达成协议，困扰他们的所有问题仍然无法得到解决，因为它们以最不可分割的方式交织在一起，以至于所有这些问题都已成为横向问题。

您会说，啊，但是，当然，我们必须以“全球方式”处理所有这些问题！然而，这一空想应该被抵制。虽然使用“部分”一词，缔约方会议的成员不是更高整体的**部分**，这个整体统一部分并赋予它们作用、职能与限制；相反，它们是外交意义上谈判中的**当事方**，谈判能够展开只因**不再有更高的仲裁**——既没有武力，也没有法律，更没有自然。与经常伴随着生态问题的善意的洪水相反，人们必须同意不按照高级共同原则进行会议。在这里，我们再次回到球体的形象，我们在一场场讲座中了解到，它不仅是不可能的，而且在道德上、宗教上、科学上和政治上都是有害的。这就是五月学生们展示模拟的出发点。这就是他们愿意去冒的风险：没有上帝，也没有大自然——因此没有主宰！

让我们列出他们同意不去援引的高级共同原则。他们首先理解，不要指望世界政府的幻影能够通过协调与善政的奇迹，以制裁的威胁，将各方的二氧化碳或经济补偿归于各方。虽然我们有权梦想这样的事情，但显而易见的是，这样的政府不存在。关于联合国，人们得提出斯大林关于梵蒂冈所提的问题："联合国，有多少个师？"缔约方会议微不足道的进程既没有预示世界政府的到来，也无法取代它，而只是在可能的情况下延缓战争状态的到来。

但是，其次，也不存在全球性的大自然，只要每个人都援引它，就能使所有的分歧消失。我们还没有看到任何一个援引自然法则能够**自动**调整利益的例子。正如我在扁桃树剧院墙上涂鸦中看到的："蓝色星球无法统一！"第三，自然科学也没有能力让所有人达成一致。即使没有气候怀疑论者煽动的伪争议，如果说有一样东西是应该避免的，那就是科学家的政府。幸运的是，达成一致也并非他们的强项。[6]

这个实验的有趣之处在于，学生们也懂得了——即使他们更难以承认这一点——经济学所知的市场法则也不能充当替代性穹顶、全球、绝对、上帝-玛门，能够对消费、生产、购买与销售的所有物品施加无可争议的法令。这是从未停止让我感

6 这本该让气候怀疑论者安心，却扰得他们心神不宁：这种情况非常罕见，必须将它当成特殊状况的信号。保罗·爱德华兹在他的书中提出更令人不安的建议：确定性永远不会比现在更强，因为如此改变系统也使其变得越来越不可预测（Paul N. Edwards, *A Vast Machine*, 2010）。

到惊讶的悖论：即便常理倾向于赋予资本主义经济规律比自然规律更多的无可争议的确定性——这两者也融入同一自然化主题[7]，但是人们似乎很难忘记，我们可以从十位经济学家那里得到十五条相互矛盾的政策建议。尽管有着有用的技术集合，经济学所能提供的大一统地球法却不比其他科学多。试图使生态学经济化，您只是在令人眼花缭乱的多样性中又增加了一种。

如果存在世界政府，统一的大自然，按照坚不可摧的规律运作的普遍科学或经济，代表们就会像之前讲座中所看到的那样，在被称为（准）自然国的主持下开会。这个国家是世俗的还是宗教的，这几乎不重要，它本来就是非政治性的，因为它维持着主权仲裁者的虚构形象，代表们可以向其提出上诉，以便结束分歧。代表们会履行职能，发挥作用，遵循脚本。他们只会模仿简单的警察行为。他们的代表团会是法律与组织意义上的当事方，因为这足以使他们遵守规则。年轻的代表们也许会度过一段美好的时光，但其参与方式与他们在战国风云中扮演一方或热情投入龙与地下城游戏中毫无二致。不需要任何政治发明。没有什么是制宪的。

使五月在扁桃树剧院的模拟变得现实的是，各代表团在**没有**任何脱身之计，没有别处，没有上诉法院，没有外部主权，没有能够庇护他们的穹顶、帐篷、华盖的情况下会面。此外，当代表团在第一天彼此介绍时，对大自然、人类、地球或球体的影射极为罕见。每个代表团只谈论自己。每个代表团都知道自己是单独的。每个代表团都知道其他人也是单独的。没有什

7　第二自然——经济——总是比第一自然更难被质疑（Karl Polanyi, *La Grande Transformation*, 1983）

么能事先统一他们。他们共同的上级只是秘书处提出的虚构框架，而这些框架将他们聚集在一起，他们也暂时对此表示接受。它只不过是**中间地带**，两次停火之间的空地。[8] 只有在剧院的舞台上，在四天里，在最低限度的特制陈设的包围下，这种微小的虚构才界定了完全人为的——和公认的——边界。[9] 正是因为这项活动没有任何**自然因素**，所以它才是现实的！由于事先没有剧本，**它可能会失败**。事实上，它一直是差点失败的。

•

尽管如此，构思者必须能够使这个没有外表的内部显得真实。我要强调某些被引入的决定性革新，这是因为我相信，在将来必须进行真正的和平谈判时，它们会是有用的。[10]

第一项革新是最激进的，似乎也是不言而喻的：我们再也不能让民族国家独占舞台。正是为了避免这种乌托邦，我们必须增加**非国家**代表团。这不再是因为它们代表的利益**高于**人类的利益，而仅仅是因为这是其他利益所拥有的其他力量[11]，它们对人类利益施加持续压力，从而形成其他领土，其他拓扑（*topoï*）。关键的一点在于，那些让人想起旧“自然”因素的代表团名称——“土地”“海洋”“大气”“濒危物种”——不是通过提醒人类他们“环境”的必然性而使讨论自然化，而是为了使

---

8 Richard White, *Le Middle Ground*, 2009.

9 在任何外交事业中都具有重要性的这个场所的改造委托给德国设计师豪姆·拉伯（Raum Labor）。

10 从《我们从未现代》（*Nous n'avons jamais été modernes*, 1991），我就在坚持寻找我所说的“事物议会”的确切形式与实际可行性。

11 必须从第二讲与第三讲的意义上理解“利益”，它是相互重叠与渗透的行动力的一般属性。

协商重新政治化，防止在他人的支持下过快形成联盟。

这就是为什么这些非常规的代表团必须以同样的装备，按照同样的礼节来展示自己，就像那些新旧国家的代表团一样：每个代表团都以同样的方式组成，说着同一种语言（在这一情况下是英语），各方都由身着礼服或西装领带的年轻人所代表……没有任何古怪行为。“海洋”代表团没有假借风暴与海啸说话；“大气”没有打着玻瑞阿斯的幌子，“土地”也不是爬满蚯蚓的泥土。[12] 被代表的只是强大的利益，能够指定其他当事方为敌人。譬如，一个国家的行动使得海洋酸化成为荒漠，显然意味着国家对这一准领域施加压力，这立刻招致“海洋”代表团的回击。“我们认为，代表‘美国’或‘澳大利亚’的代表团对我们领域所造成的伤害，对我们的主权而言是无法接受的。通过反对您，我们划定我们的领土界限并**重新定义您领土的形状**。”

当然，这是一种虚构，但它通过拟人法，赋予所有利益以平等主权。您不难理解，当主权者平静地视察他的领土，却突然听到领土发出恶毒回斥时的惊愕：“这不再是你的了！”土地占有的方向立即被逆转，并由此反转了任何政权占有领土的定义。到目前为止，这些层叠在辩论中的利益，只是作为建立国家代表团运作框架的数据存在。当然，数据存在，但它们是无声无息的，是去灵的，至少是去戏剧性的。数据形成了框架，它们不是动因。它们是数字，不是声音，不是戏剧，不是发展的情节的角色。换而言之，我们仍然处于全新世：土地对人类

12　每个代表团必须包括五名代表——或存在物：政府或准政府代表，经济行动者，民间社会代表，科学知识职能部分，第五位自由选择的代表。

行为没有反应。当行动的力量被赋给与其他行动的力量**相容**的形象时，一切都会发生改变。再分配就可以开始。

如果您同意将领土定义为我们赖以生存的东西，可明确或可视化的东西，准备捍卫的东西，而非二维地图，那么构成任何戏剧化——即使是虚构的——的演员，都会改变场景的构成。[13] 您开始的形象几乎不重要；重要的是有关各方的反应。如果您对“森林”能发言感到惊讶，那么您必须对总统能代表“法国”发言感到惊讶。以法人对法人，每个法人都有很多话要说，并且都可以通过一系列令人眼花缭乱又不可或缺的代言人发声。如果需要花几十年的时间才能接受定义为主权人民意志的民主——甚至是含糊地——与现实相对应，那么就有必要从虚构开始。“什么？主权人民？您一定是疯了！”“什么，来自森林的代表团？这是不可想象的！”学生们确实想到了，而且他们似乎并没有什么意见。

我非常高兴地看到，谈判从未受到这种反对的阻碍。不知疲倦的主席詹妮弗·程彬彬有礼地与“土地”或“亚马逊”以及“加拿大”或“欧洲”对话，没有流露任何尴尬的表情。虚构看起来如此合理，是因为每个代表团都被认为能够发言。在一家常常回荡着合唱团、神灵、怪物与仙女声音的剧院中，这显然更容易。但这也是因为所有发言模式都有同样的陌生感，无论是代表（不发言的）人类还是（我们使其可发言的）非人类。对于地缚人而言，问题已不存在：他们被太多能说会道的动因所影响，因而不认为自己是唯一能发言的。这可能是生活

---

13 Michel Lussault, *L'Avènement du monde*, 2013. Bruno Latour, «La mondialisation fait-elle un monde habitable?», 2009.

在人类世时代的唯一优势。

在任何情况下，与某个权威交谈，就是要理解哑巴可能会说的话——而且会被另一个人打断，说哑巴在说别的事物！对代表的质疑只出现在冲突时刻，当争议变得紧张时，当人们反对当选者、科学家、专家、公民对世界某种状态的看法时，甚至问出“你怎么会知道？有什么证据？”时。人类在一堆惰性的事物面前相互交谈的时代已经结束了。如果人类说着一种有声的语言，那是因为世界也是如此。[14] 在谈判中被怀疑的是代表的**性质**，而不再是代表性本身的**原则**。[15] 新气候制度已经到来，提醒着现代人已经忘记的事。

此外，在成为这些同样的事物的政治代表原则之前，这一代表原则是由科学家针对这个世界的事物制定的，而这些事物现在已经成为争论和关注的对象，这一点也就不足为奇了。没有科学，生态剧变将一直不可见。在某种意义上，科学家是代表这一新社会议题的**活动家**。他们率先将生态剧变——在褒义上——政治化，成为生态剧变的代表并将其引入民主与代议制政府的旧议题。正是科学家将海洋酸化与土地剥蚀提上代议大会的**政治议程**。我们要做的就是延续他们所开启的任务。

困扰着记者们的原则性驳斥（“您怎么能号称‘代表’海洋或大气？”）对代表来说不那么麻烦，因为他们都把科学家纳入代表团中，但科学家们只是作为发言人**加入**，而没有更高级的职责。科学既没有被排斥，也没有被边缘化，更没有高于其他参与者。这是另一项明智的革新。每个代表团都以自己的方式

---

14 《存在模式调查》的这一基本要素已在第二讲末尾讨论，第 78 页及以下。

15 Bruno Latouret Peter Weibel (dir.), *Making Things Public. Atmospheres of Democracy*, 2005.

调动研究、仪器、设备以及专业知识的投入，因此其成员可以回答有关某一利益或某一国家的代表性质问题。[16] 无论如何，科学不再确定谈判应必须展开的总体框架。科学的客观性是毫无疑问的，而其统一性则不然。在这里，我们也不能再期待外部性。后自然的第一次大会也是后认识论的。

如果科学的这种分配似乎削弱了它其实从未有过的权威，那么作为交换，这一分配为那些认为自己**无处不在**的研究人员提供了特权地位。他们终于有能力捍卫他们所代表的生命的原创性、权力和利益，他们可以在所有的谈判中体现——代表、解释——他们的矛盾和争议，以尝试重新划定界限。**情景化**知识比超然物外的知识或处在部分之上的知识更为现实。当看到扬 · 扎拉切维奇——人类世先生本人——时，我们都确认了这些观点。与代表们共度激动人心的夜晚，而不会对这项创新感到震惊。因为他比任何人都更清楚，在科学家之间达成共识是多么困难，以及在他主持的第四纪命名小组委员会中，工作组的地质学家进行了多少棘手的谈判！[17]

因此非常重要的是，没有人能号称代表整个大自然，并且没有任何代表团认为自己——譬如说——是“盖娅的声音”。这会立即结束一切政治。正是这一点上，**不**将盖娅视为统一的体系，在政治上而不再在科学上变得至关重要。正如我已经指出的，如果说洛夫洛克的明智之处就是将系统分解为多个行动者，每个行动者都能够**侵犯**其他行动者的行动，那么，正是这种行

16 尽管有许多学生具有科学和“文学”的背景，但缺乏参与科学的机会。然而，创新之处在于将研究人员分配给所有代表团，而不是像政府间气候变化专门委员会所做的那样，高高在上地将他们拒之门外。

17 我于第四讲开头介绍了扬 · 扎拉西维茨，第 129 页。

动能力的分解必须转化为政治术语，从而最终使相互的领土**侵占**变得清晰可见。[18] 因此，增加（当然在还原模型的有限框架中）曾经的自然存在就十分重要。因而，我们放弃了社会秩序与作为其框架的自然秩序之间的古老联系，放弃了自然地理基础上的人类地理秩序，我们开始界定友敌界限，从而重新划定冲突中领土的前线。

•

我们渐渐地从民族国家之间的传统冲突中过渡到**领土之间**的冲突。各代表团平等的合法性与多元性清楚地表明，在不同的利益交织方式之间，关系将最终成为真正的冲突，因为不再有任何其他出路。学生们并未试图建立一个新版本的全球概览（Whole Earth Catalog）[19]。相反，他们感兴趣的是**土地再分配**，相当于一场虚构的宏大农业改革！从那时起，利益相关者真正被卷入其中。即使在“治理”的语言中，“利益相关者”（partie prenante）一词似乎相当平淡，为找到其毒性，我们只需要强调要抓住（prendre）的部分（partie）与份额，并记住这是从那些**持有**它的人手中夺取来的。如果利益相关者增加，保持持有者身份就越来越难困难。这就是民族国家代表团所经历的：他们棋逢对手……当传统秩序拒绝**各自**联合时，这就与我不能不提及的革命形势产生对照。

---

18 叠加、渗透性、重叠，这是新气候制度再领域化的基本点，如果没有这一点，我们就会回到被边界所隔开的身份，同时继续梦想一个全球化的世界。我们再次陷入部分与整体的模式。

19 Dietrich Diederichsen et Anselm Franke (dir.), *The Whole Earth Catalog*, 2013：该概览激动人心的历史回顾，在 20 世纪 80 年代发挥了极为重要的作用。

尽管如此，如果发展这一概念的人将非国家代表团限制在传统的“物质”对象上，那么以这种方式构建的冲突场景就没什么意义了。我们不可避免地会回归人类与大自然之间的对立，回归旧的自然 / 文化二元论，这会使整个讨论陷入瘫痪。如果没有引入非国家代表团——它们不将自身定义为“物质”客体的能发声的继承人，就不可能反对这种二元论——我们知道它有多么强大。因此，诸如“城市”“土著民”或“非政府组织”等代表团的参与就至关重要。[20] 由此我们开始理解，非国家代表团带来的不是“对自然的关注”，而是对民族国家自以为有权作为独占者而对领土划界的腐蚀。如果“土地”“大气层”或“海洋”仍然可以作为人类政府的（前自然）框架出现，那么“城市”“非政府组织”或“土著民”的治理主张同样可以直接侵蚀权力运作的逻辑，以及它在二维地图上的行政投射。

然而，我们仍然意识到，即使这些也不足以使模拟变得现实。事实上，某些力量总是以晦涩或狡猾的方式行事，而这些力量似乎与不幸的国家政治活动相关，这些国家已成为它们手中的牵线木偶。当我们谈论“全球化”时，我们就将这些力量汇集为整体。这些力量被说成在偷偷摸摸地行动，我们将它贬低为游说——甚至是秘密集团。“好吧”，组织者说，“如果这些力量行动起来，如果它们相互反对，如果它们是利益相关者，或者是更好的掠夺者，那么它们就不能待在外面，而应该进来，拥有平等的主权。因此，我们最终可以知道如何界定它们的领土，它们的朋友与敌人是谁，以及它们准备战斗直至死方休的

---

20 一些代表团介于传统地理定义与多国定义之间，如北极、撒哈拉或亚马逊。此外，它或多或少与现实相对应，如 François Gemenne, *Géopolitique du changement climatique*, 2009。

原因——这通常意味着其他利益相关者的消亡。”因此，我们将“经济大国”“国际组织”加入代表团名单，甚至囊括了最奇特但也是最有效率的代表团之一——“石油搁浅资产”，它能够将其他国家石油财富化为乌有从而毁掉它们。[21]

您现在可以理解这些革新的制宪要素。在真正的缔约方会议中，所有这些利益、这些参与方都有一席之地，但它位于主要谈判桌外，它采用无数施加影响力的运动形式：游说、宣传、会外活动。另一方面，在谈判室中只有被认为是平等的民族国家。在里面，根据严格的协议，各国试图通过寻求共识来减少长期后果的影响——二氧化碳排放对气候机制的影响；在外面，其他各方都已成为压力集团，在为短期原因的斗争中陷入了极大混乱。在扁桃树剧院中，组织者决定使所有参与方都身处其中，从而不再会有“外面”，也使我们可以看到参与方**共同**施加压力。这样各方都可以在自己的旗帜下战斗。[22]

组成规则极为简单：有人将政府提出的问题描述为**交叉性的**，我们就会赋予其力量、形象与声音，令其介入模拟中。换句话说，如果您想从一方中分离另一方，就要参与再分配，但是要**摊牌**。遵循这一原则，确定代表团的方式不是根据其多少常规或可信的形象——“土地”或“城市”，“大气”或“刚果”，“非政府组织”或“北极”——而是根据**它们表明的所占领土来对抗其他方**的能力。如果一方能够夺取另一方的领土，因另一方已经将它占领、入侵或划界，那么该方将被授予平等的主权。它不必偷偷摸摸地行事，它必须自我介绍并陈述其利益，表明

21　受该作品启发，John Palmesino et Ann-Sofi Rönnskog, Territorial Agency «Oil left in the ground»。

22　Walter Lippmann, *Le Public fantôme*, 2008.

其战争目标，指明其朋友与敌人，简而言之，说明它在哪里，是什么让它与其他方**保持距离**。通过这样做，它使其他方看到它所占据或关注的领土。

在我看来，正是这个灯光和照明条件的分配问题证明了与制宪情节的联系。这使得学生们发现他们确实处于战争状态，并且谈判与在自然国的隐性仲裁下分配二氧化碳配额无关。虽然霍布斯在经历了数十年可怕的战争之后不得不发明一种政治，但气候谈判的悖论在于，必须让主角明白他们确实处于战争中，而他们却认为自己处于和平状态！

您问，这会改变什么？一切。我们在任何地缘政治教科书中都会读到：每当一个强大的力量目睹另一个力量出现时，其他力量就不得不从头开始计算其利益。这就是条约中所说的权力制衡或国家不和谐音。[23]想象一下，当"城市"与"土地"开始要求得到它们应得的东西时，这种平衡会发生怎样的变化；想象一下让它们跺脚的强有力的音乐！难道不是有什么东西让国家——"这个冷酷的怪物"舞动起来，变得燥热了吗？

这个模拟让我们检验出，在生态剧变时期有两种可能的治理方向：向上或向下。通过诉诸更高的共同原则，向上至自然国。不幸的是，它不仅不存在，而且使整个谈判去政治化，将其转变为分配规则的简单应用。向下，接受不拥有主权仲裁者，而是将所有利益相关者视为具有同等程度的主权。第一个方向是乌托邦式的，在词源意义上是"无处"；第二个是给自己一片土地。这样的情况也不存在？这是事实，但至少它使我们有可能通过最本质的东西来将谈判再政治化：属于一个领土。如果

---

23 Frédéric Ramel, *Philosophie des relations internationales*, 2011.

民主必须重启，它就自下而上；土地是一个很好的起点，没有什么比它更低！您想从下往上？那么您就在这里吧！

您可能还记得戴高乐将军所说的话："我们发现，在大国俱乐部中占据有利位置的注册会员皆有着神圣的自利主义。"[24]地缘政治中的现实主义要求永远不要相信人们会要求"注册会员"为了所有人的更高利益而放弃他们"神圣的自利主义"。盖娅政治中的现实主义至少可以要求利益相关者以不同的方式定义这种自利主义誓死捍卫的东西——改变的只是**捍卫哪片领土**。毕竟，戴高乐将军也知道，为了保卫自己的祖国，选择在马奇诺防线后面严阵以待，或者调动装甲坦克师，这根本不是保持对"神圣的自利主义"的忠诚——也不是对祖国的忠诚。

这就是五月模拟的主要革新：如果不能放弃对自身利益的狭隘维护，那么**扩大**直接利益相关的存在物**列表**是否可行？如果民族国家发现自己受到其他代表团的影响，而这些代表团声称在同一土地或同一土地的部分地区行使权力，他们将如何作出反应？他们如何修改其最珍视之物的定义？您带着关切自身利益的想法进入谈判，谈判之后您会得出一个不同的想法。回应现实政治的是现实政治一个半……从本质上讲，"辉煌的外交艺术"[25]不就是这样学到的吗？

•

为使在扁桃树剧院进行的模拟能够建立或设立盖娅，代表们必须得实现规划者设定的另外两个目标，而不幸的是，他们

---

24 Charles de Gaulle, *Mémoires de guerre. Le salut (1944-1946)*, p. 54.

25 "辉煌的外交艺术"，在危机中，主席詹妮弗·程对一名相关代表的讲话。

却无法完成任何一个。代表们被要求找到适当的方法用形象表现他们正在探索的新形式重叠主权。而且，在最后的仪式上，旧民族国家要在其他代表团面前**重新定义**其主权。如果新大地法不仅仅是转瞬即逝的愿景，那么这就是完成这项工作必须解决的两个任务。

您可能还记得我们遇到了精确界定“神圣的自利主义”的困难。在第三讲中，我试图向您展示洛夫洛克是如何嘲笑自私基因的观念。这不是因为他质疑生物对自身命运有着浓厚的兴趣——不然它们还能做什么？而是因为他质疑人们可以为自身利益提供可靠的限制。[26] 盖娅理论质疑的是有机体与其环境之间的区别。在这里，我们再次面临着计算自利的问题，仍然是“神圣”的，但不是有机体的，而是大国的。这一次，盖娅的出现迫使我们重新考虑国家与其环境之间的区别。是国家还是基因，这不再让我们感到惊讶，因为在这两种情况下，我们都是从组织理论、经济学与会计形式中借用边界与计算的概念。描绘利益边界是最直接的政治活动。[27] 行动力分配问题（基本上是这些讲座的唯一主题）总是在此得到解决。

与普遍认为的相反，著名的公地悲剧并非源自个体无法忘记自私的利益，因为他们无法长期致力于“所有人的利益”。[28] 悲剧源自最近的一种信念，即只能通过一种方式来计算个体——国家、动物或人类——的利益，即将它置于一个只属于它且被它统治的领土上，并且将一切**不应**考虑的事情向“外部”

---

26 参见第 120 页及以下。

27 正如空间与时间的定位是声称能定义质料的最正式的运作（如怀特海所示），同样，不同于其“背景”的个体利益的格式是最政治的运作，而它声称要定义人类利益的某种自生证据。物理学与社会科学的问题是相同的，并且这两套程序在 17 世纪同时诞生。

28 Elinor Ostrom, *La Gouvernance des biens communs*, 2010.

转移。技术术语“外化”——**计算过失**的同义词，因此也是非宗教的[29]——很好地强调了这类计算的新颖性与人为性。为了回到公共——也许还有常识——的世界，解决方案不是援引根本不存在的整体性，而是学会用不同的方式表述自己所属的领土。这将使得人们有可能以神圣的自利主义的名义改变宣称要捍卫的东西。我们逐渐发现自身依赖某些东西而存在，在根本上，这就是**内化**对它们的无数侵占的问题。

从地缘政治的角度来看，问题相当于在同一片土地上设想了**几个重叠权威**。例如，自 13 世纪以来，荷兰人就已经证明能够在同一时刻选出代表人类主体的议员，以及供职于国家水务局（*Rijkswaterstaat*）的代表，他们的决定得到了奶牛与家禽饲养者以及郁金香种植者的热切关注。[30] 人们会说，一个用堤坝和圩田人为建造的国家应该赋予海洋与河流力量一定程度的代表权，使其拥有主权，这没什么可惊讶的。毕竟，如果水务员在计算中出差错，那么整个荷兰都会消失，被北海所吞没，就如亚特兰蒂斯一样。如果这是一个生死攸关的问题，那么水行使公认的统治权就是正常的，因此它由一个权力中介来代表，被加入、对抗或叠加在君主与议会的权力之上……无论如何，这证明了我们不难想象在一片土地上主权互相侵犯的现象，正如中世纪国王与教皇的主权那样。[31]

---

29 Michel Callon, «La sociologie peut-elle enrichir l’analyse économique des externalités?», 1999. 关于宗教的反义词——疏忽，参见赛荷的引文，第 200 页。

30 Wiebe E. Bijker, «The politics of water», 2005.

31 施密特在《大地法》(*Le Nomos de la terre*, 2001）中的要点：它不是独立领域的问题——与霍布斯以后的情况相反——而是一个由不同形式的权力叠加同一事务的原则。这一原则也支配着由《大地的政治》(*Politiques de la terre*, 1999）提出的“宪法修订”。

当然，这样的安排并不自然。为了确信这一点，只需将它与加利福尼亚中央山谷的杏树栽培者进行比较就足够了。他们也完全依赖水的力量，他们的绿色山谷本该是一片被阳光炙烤的沙漠。[32]但是由于没有人代表含水层，在干旱时期，他们会从更深的地方汲水，每一个农民都偷走了他们邻居的水，从而使得他们脚下的地面开始下沉，提供了最好的公地悲剧讽刺画。[33]看过电影《唐人街》的人都知道，追踪纠缠的利益不是没有风险的[34]……与荷兰人不同，中央山谷的农民已经被经济化[35]——现代化、归化、物化，形容词并不重要，以至于他们发现自己在面对被错误地称为"自然的"灾难现象时手足无措：他们既没有足够的水也没有足够的能力来掌控这种情况。[36]奇怪的是，加利福尼亚人仍然对古代的公地程序一无所知。几千年来，这些程序设计了巧妙的装置，将水分配给所有利益相关者，经受住了干旱的考验。或者说，人们事实上可以心甘情愿地失去对自己的生存如此重要的技能，这确实是悲剧——这足以证明，尽管自私是"神圣的"，却不是清醒的！

在中央山谷的例子中，代表的困难是双重的：对于地质学家而言，没有什么比含水层更难以测绘，其边界永远不会完全吻合地籍。但即使能够做到，如果没有**虚构的**代表、公务员、官员、中间人以其名义发言，特别是可以与粗犷的加利福尼亚农民**面对面**交谈的人，那么如何代表水？虚构不在于让水说话，

32 人造的沙漠，因为它是殖民化后被系统地摧毁的大片湿地。

33 马特·里奇特尔（Matt Richtel），"加利福尼亚州农民从深处抽水，使附近水源枯竭"。关于当今危机的地缘政治，参见 John Mcphee, *Assembling California*, 1994。

34 罗曼·波兰斯基（Roman Polanski）的电影，1974 年。

35 经济化是格式化与绩效的结果，这使得我们可能摆脱经济人的"本土"的观念。

36 Mike Davis, *Génocides tropicaux*, 2006.

而是相信我们**可以不用**能够让其他人理解的**人声**来代表它。错误不在于声称代表非人类；不管怎样，当我们谈论河流、航行、未来、过去、国家、法律或上帝时，我们一直在这样做。错误在于相信，即使没有能具象化、**人格化**、**授权**和**代表**某些利益的人，我们也可能将这些利益考虑在内。这种人格化对脱离自然状态的利维坦必不可少，对于试图结束自然国的争夺中的领土而言更加不可或缺。[37]

现在您明白我为何如此坚持在行动力之间建立连续性。不存在地质学的客观含水层，然后是复杂的土壤法的法律含水层，然后在此基础上是加州水的政治含水层。没有层级；世界不是奶油千层蛋糕。中央山谷含水层的水根据与其他行动力关联的方式失去或获得其属性与性质。由每个独立所有者"自由"决定的每次钻井所流出的水，与荷兰国家水务局耐心监测的水完全不同。因为它没有很好地被代表，它也没有相同的**属性**，因此也没有相同的**所有者**，因此，利益相关者不能**挪用**这一物质。从某种意义上说，这是被拒绝的水，去活性的水——它很快就像海市蜃楼中的水一样消失了。这种水是真正意义上的乌托邦。

在这里，我们可以看到第六讲中凭**内在化**这一术语所研究的东西的奇怪之处，这种奇怪的方式既通过援引超越性来逃离内在性，又通过与内在性的仓促短路逃离超越性。[38] 正是这种非常奇怪、非常现代，也极其不正常的混合体，给人类以一种

37　这一人格化是霍布斯《利维坦》第十六章的主题："由此可以推论，当代理人缔结一项协议时，凭借所得到的授权，对授权者的约束就像他本人缔结协议一样。"第 163 页。

38　Éric Voegelin, *La Nouvelle Science du politique*, 2000, et mon résumé p. 259.

印象：他们正**无限**量地在**无限**时间中得到应有的好处——好像它从天堂掉落，并且它会在同时**消失**——就像从字面上看，它已经沉入地下。正是这种混合体，使那些相信自己有权永远拥有它的人，从对未来的无限热情陷入对过去错误的深深绝望。因此，它与被荷兰人**良好治理**，因而被**划界**，或者说，被**占有的水**相反。水、土地、空气、城市或经济的"好政府"必须是**代议制政府**，因此需要能够面对面交谈的发言人、象征、人物。而对于"坏政府"而言，这是不可能的。从洛伦泽蒂（Lorenzetti）在锡耶纳的壁画中，我们知道，只有通过树立这样的人物，我们才能"避免恐惧"。[39] 为何我们在 14 世纪会画的东西，到了 21 世纪就被完全遗忘了呢？

"生态问题"——使用一个过时术语——的问题在于，它似乎说的是已经被传递到乌托邦与架空历史中的物体。水、土地、空气与生物都不在那些把它们作为行动框架的人的时间或空间里。我们熟悉与地缘政治概念有着同样历史的争论，即关于"自然边界"——莱茵河、乌拉尔河或卢比孔河——是否存在的争论。鉴于我们对"自然"（概念）的所作所为，不言而喻，这种边界再也无法使我们稳定行动力之间的关系。然而，我们仍要划定其边界。这些边界不能仅仅因为被认为是被"自然法则客观决定"而受到外界的支配。边界必须被感受、被产生、被发现，必须在人民**内部被决定**。如我们所知，没有决定，就没有政治体，就没有自由，也没有自治。

这就是"地球限度"[40] 以及"关键区域"[41] 的有趣之处，这些

---

39 Patrick Boucheron, *Conjurer la peur. Sienne 1338*, 2013.

40 Will Steffen *et al.*, «Planetary boundaries», 2015.

41 Susan L. Brantley *et al.* «Crossing disciplines», 2007.

概念如同人类世一样，是由科学家所发明的。他们开始意识到的边界概念包括法律、政治、科学，也许还有宗教和艺术。一切都让我们对存在物的反馈变得敏感。借着这些混合术语，他们再发明了**地理追踪**活动，它只是在提醒我们地理、地质与地貌的旧意义——即领土的证书、登记、书写、路线与清点。如果没有空间追踪活动、土地路径、边界划定，所有这些希腊语术语——*Gè*、*Géo* 或 *Gaïa*，以及 *nomos*、*graphos*、*morphos*、*logos*，就没有人能够从属于土地。

遗憾的是，如果存在代表的危机，这不仅是因为我们犹豫不决，不愿意让与我们有关的东西说话。这也是因为我们局限于二维地图的想象领域与划定的边界，正如我们所知，后者对于“制造战争”[42] 非常有用，却非常不适于争夺中领土的地缘政治。为了让我们对我们的归属有一个现实的看法，我们需要一个不连续且叠加的领土地理学。它类似于具有三维视图的地质图，层层相嵌，有着错位、断裂、蜿蜒，以及地质学家为土壤与岩石的悠久历史所掌握的所有复杂性，而不幸的地缘政治却缺少它。[43] 我们不懂如何代表侵占，然而这是重新讨论主权问题的唯一途径。网络，唉——我的工作就是理解它——仍然不清晰。[44] 当它被投射到地图的背景上时，我们再次身处旧制图学的范围内，而没有取得多少进展。

地质历史需要一种能够与融合的地理和历史的旧代表媲美的视觉化。就好像每条边界、每处疆界、每个界标、每次侵

---

42 暗指知名著作 Yves Lacoste, *La Géographie, ça sert, d'abord, à faire la guerre*, 1982。

43 扬・扎拉西维茨，私人通信，2015 年 6 月 31 日。

44 尽管媒体实验室（médialab）的努力使得网络逻辑更加容易理解。参见研究办公室用网络表示资本支配的非凡成果，Bureau d'Études, *An Atlas of Agendas*, 2015。

占——简而言之——每条环路，都必须同时集体地描绘、追踪、重放与仪式化。每条环路都记录了某些外部代理的意外行动，而这些动作会使人类行动复杂化。由于这种反应性，“领土”的含义已经被完全颠覆了：它不再是阡陌纵横间作物慢慢成熟的古老田园牧歌式景观——“我也在世外桃源（*Et in Arcadia ego*）。”这绝非是“土地侵占”，卡尔·施密特颂扬的土地占取（*Landnahme*），更确切地说是**大地本身**对一切人类身份的暴力再占有。仿佛“领土”（territoire）与“恐怖”（terreur）有着共同的根源。

地缚人必须通过一切可用的手段无休止地追踪与回溯这些环路，好像科学仪器、公众的出现、政治艺术以及公民空间的定义之间的旧区别正在消失。这些区别远没有这条强有力的命令那么重要：让环路可以追踪且公开可见，如果我们不这样做，我们最终会陷入失明与困苦，没有可安家的土地。[45] 我们将成为自己国家的外敌。一切都是通过这样的环路发生的，就好像悲剧的线索不仅是由古老的奥林匹亚诸神，而且还由所有行动力编织而成。这就是人类世所讲述的：一个真正的俄狄浦斯神话。而且，与俄狄浦斯不同，他长期以来对自己的行为视而不见，而我们，面对过去的错误，必须抵御重新刺瞎双眼的诱惑，我们必须愿意正视它，以便能够睁大双眼面对向我们走来的东西。

45　就像那些标志着过去大灾难的古老界限并被忽视或遗忘的海啸界标一样（Martin Fackler, «Tsunami warnings, written in stone», 2011）长谷川玲子（Reiko Hasegawa）非常热心地为我翻译了其中一个在 1933 年竖立界标上的文字：“高处的房子，孩子与后代的幸福快乐 / 纪念大海啸的悲剧 / 不得在这块石头下面建造房屋 /1896 年与 1933 年海啸至此 / 该地区被完全摧毁，第一次海啸幸存者一名，第二次幸存者四名 / 无论多少年过去，请铭记。”私人通信，2015 年 7 月 1 日。

•

模拟的设计者已经设想了最后的一幕，在最终签字仪式之前，将民族国家政府——官方缔约方会议唯一认可的参与者——的代表聚集在一起。此次大会的最终的目标不是表决其他代表团提案，而是为了根据国际法确定其他代表团所做决定的法律形式。这一革新会颠覆主权的含义。[46] 国家不再占据所有的空间，而是发现自己处于仆人、促进者、组织者、后勤人员和律师的地位。它们真正不可或缺的唯一能力会得到承认：创建、签署并维护国际协议。所有其他能力都在其他代表手中。我们会惊讶地看到相当于争夺中领土的公民社会的出现，这会使国家机器不再是指挥机构，而是**服务机构**。国家会被**去发明**……我真心期待这最终一幕！从历史的角度来看，它与从神权君主制到君主立宪制的过渡同样重要。

国家会因此而减少吗？不一定。当然，它会经历一次巨大的打击，但实际上，从扁桃树剧院的模拟开幕开始，看到“城市”或“土地”与“俄罗斯”或“巴西”平等地谈判时，观众就已经感受到民族国家是如何突然老去的。事实上，我们使这些国家摆脱了不可能的任务，即守卫一片领土，使其不受任何侵犯。它们一直无法肩负起这项任务，况且它在生态剧变的时代也几乎不再有任何意义。总而言之，国家会在这场困境中重新焕发活力。谁能否认使王权转移到宪政国家的文明的好处？如果我们最终能够从没有制衡的国家在以边界为界的土地上进

46　这将颠覆 2009 年所谓的哥本哈根缔约方会议的局面，在解决所有谈判工作后，各国首脑围坐在一张桌子旁，在一张白纸上写下他们认为可接受的条款。参见精彩的视频：http://www.spiegel.de/video/video-1063770.htm。

行统治，过渡到有着其他代表团行使的复杂制衡系统的宪政秩序——那些被人类所颂扬，而地缚人仍在努力寻找的著名制衡原则，那将是多大的进展?

如果现代主权概念的确源于为解决宗教与政治双重权力这一不可能问题找出解决方案，那么我们就能理解，如果国家能够摆脱这样一个执行不力的主权，它就会获得的巨大好处。为了解决宗教问题，为了夺取事先被各种多样的曾学会在此居住的集体所撤离的外国土地，民族国家自那时起就在必须对整个地球负责的重担下窒息了。特别是自宗教战争以来，主权问题因科学（大写 S）的权威而变得更加复杂，近几十年来，最常见的是经济学的权威。在这种表面上是全球性的，却奇怪地在去领域力量的权威之下，**民族国家失去了确保其国民得到保护的能力**。我们所谓的全球化意味着**不再有人知道该在哪里居住**。[47] 国家在连续全球化斗争中的失败使它们完全没有准备好去思考由**大地引领的**全球化。在人类世，当地球全球化正在逐渐形成，并且不仅仅是比喻性地成为地球的那一刻，主权国家也因此惨遭淘汰。在面对气候的地质历史暴力时，国家如何能够坚持“垄断合法的暴力”?

民族国家声称代表一块不在其掌握下的领土的完全主权，这很快就会如国王要求行使绝对权力一样显得奇怪了。民族国家不可避免地要学会分享权力。因此，同样不可避免的是，它

47　因此，从生态剧变施加重叠与纠缠的行动力的那一刻开始，这种对于回归身份的惊人反应便无处不在。史蒂凡·爱库和艾米·达昂在《治理气候?》(*Gouverner le climat?*, 2015) 中深入探讨的正是这一危机。问号意味着：不，我们无法治理气候——不仅因为没有领导者，而且因为没有能治理的国家。这就是从旧气候制度到新气候制度。

们要做好准备加强，或者说重新阐述所谓的主权。没有任何理由使同一个术语继续指代宗教、科学与政治权威的混合体，它完全填补由边界划定的连续空间。施加于国家上的负担对它而言太过沉重。我想象的模拟终幕是，它会卸下这一负担，以便以不同的方式重新分配主权。它可能最终会得到加强，前提是它周围的一切，它所外化的一切都被包含在内——正如模拟所假设的。[48] 不仅是古代的自然状态，还有那些被错误地称为超国家的力量，所有这些最终占据的领土，我们也必须学会绘制出来，无论它是多么不连续。如果我们声称要管理离岸事物，我们就必须重新定义岸、边缘、边界——它们最终会**遏制**所有力量，从真正意义上限制其扩张。您能想象这个场景吗？“今天，2015 年 5 月 31 日：国家被废除”……我们终于进入了 21 世纪！

正是在这一点上，现在不那么神秘的盖娅角色上台了。与大自然不同，盖娅的闯入不是为了代替所有被迫服从其律法的国家来统治，而是**要求主权得到分享**来统治。就好像大自然与盖娅局部的、历史的，月下的家园（*oikos*）混淆了。在较早的时代，当我们提到“自然现象”的存在时，只要我们跨过社会、文化和主观性的无形门槛，就好像其他一切，从我们身体的内脏到宇宙大爆炸，从我们脚下的地面到无限广阔的星系，都是由**同样的物质**构成，属于同一个领域，并遵守同样的无形法则。而盖娅并非大自然。盖娅是大自然局部化、历史化与世俗化的化身[49]；或者更确切地说，大自然回溯性地作为盖娅认识论、政

48　奇怪的是，娜奥米·克兰（Naomie Klein）的《一切都可改变》（*Tout peut changer*, 2015）与爱库和达昂（2015）以充满活力地呼唤国家回归为结尾。

49　我使用复数来强调这一行动者的多重角色。

治化、（反）宗教与传奇的延伸而出现。因此，这种惊人的逆转导致了现代人的仓皇失措。如果说大自然本可以为我们提供统一与平息政治的希望，或者至少为人类历史的变迁提供坚实的背景，但盖娅并非如此。盖娅不承诺和平，也不保障稳定的背景。

与旧的大自然不同，盖娅既不扮演可能被侵占的惰性客体的角色，也不扮演高级仲裁的角色，最终，人们可以信赖它。旧的大自然可以作为我们行动的一般框架，即使它对我们的命运保持**无动于衷**。大自然母亲是人类的保姆，而人类既可以将她作为惰性和沉默的客体而忽略，也可以赞扬她的终极理性（*ultima ratio*）。正如谚语所言："没人能超越自然母亲！"被认为是母亲的这一形象既——作为一个可被操纵与蔑视的对象——处于下方，又——作为最终仲裁与最后的审判——处于上方。人类所能做的就是扮演乖孩子，理智的监护人，注定受到惩罚的反叛者，或值得尊重的园丁角色。我们可以明白为什么这位残忍而血腥的继母的后代会直奔精神分析师的沙发，为什么女权主义者从未停止对神话的挑战。[50] 我们现在更清楚地了解到，大自然的力量就是驱使她的孩子疯狂。只要有大自然，无论是科学的还是政治的生态学，都没有机会可言……

任何关于新地缘政治的概念都必须考虑到，地缚人依附盖娅的方式与人类依附大自然的方式完全不同。盖娅不再对我们的行为**无动于衷**。与大自然中的人类不同，地缚人明白他们在与盖娅竞争。他们既不能将其视为惰性且沉默的客体，也不能

50 Charis Thompson, *Making Parents*, 2005, Giovanna di Chiro, «Ramener l'écologie à la maison», 2014, et en particulier l'étonnant Silvia Federici, *Caliban et la sorcière*, 2014.

将其视为最高法官与最终仲裁。从这个意义上讲，他们不再与盖娅建立幼稚的母子关系。地缚人与地球都长大成人。双方的命运都有着同样的脆弱性，同样的残酷性，以及同样的不确定性。它们是不能被支配并且不能去支配的力量。由于盖娅既不在外部也不是无可争议的，它不能对政治漠不关心。盖娅可以将我们视为敌人。我们亦可对它如此。

虽然大自然可以作为宗教力量统治人类，必须对其进行矛盾的、公民的和世俗的崇拜，而盖娅则只要求作为**世俗而非宗教**的力量来分享权力。企盼从上帝到大自然，再从大自然到盖娅的帝权转移是无用的。“三阶段定律”在这里不起丝毫作用。[51] 盖娅满足于回顾一个政治体更温和的传统，这个政治体最终在地球上承认了这个集合体**庄严地同意明确设定边界**的方式。尽管到目前为止，还没有一个公民的崇拜来勾勒一个政治体会强加给自己的“地球限度”，我们在模拟中所做的就是一瞥这种仪式。没有任何是在旧的大自然的意义上强加的边界，在面对新盖娅时，边界是由集体决定的。这并不意味着人类应该感到愧疚——负罪感会不必要地麻痹他们，而是他们必须学会变得有能力做出**回应**。[52] 通过使自己有能力做出回应，赋予自己敏感性，大自然中的人类成为地缚人，即盖娅的伙伴与对手。这就是制衡原则，即宪法所使用的技术隐喻，我们在此将它作为行动力的组成原则。[53]

---

51 暗指永恒的三位一体，尤其是奥古斯特·孔德（Auguste Comte），他声称要打破历史及其阶段的演变。

52 参见唐娜·哈拉维所用的“能回应的”（response-able），第 41 页。

53 调节器的技术隐喻一直让政治理论着迷，Otto Mayr, *Authority, Liberty, an Automatic Machinery in Early Modern Europe*, 1986。

这将使我们最终能够理解如此令人不安的循环隐喻以及**控制论**概念的不稳定使用。我们知道，在控制论一词的词源中，有一整个**政府**声称要掌舵！问题在于了解这一隐喻是倾向于技术——增加伺服机构与**控制**中心，还是倾向于政治——增加机会以听到坚持对指令作出反应的人的抗议！一方面，现代性的抱负进一步延伸，直到噩梦般的地球工程梦想[54]；另一方面，我们利用这一形势去现代化，回归大地。

这一切都取决于**响应**指令的含义。对我们的行为作出反应的一切都开始呈现出稳定性、可靠性与一致性，它们要么可被视为具有技术意义上的控制论系统的可预测性，要么作为肩负着为自己发声使命的动因。譬如说，当您听到气候专家不断地向他们的模型中添加冰盖对水域变暖的"反应"，微生物对海洋酸度的"反应"，墨西哥湾暖流对温盐环流的"反应"，土地对生物多样性丧失的"反应"时，您会做什么？您将它当作越来越自然化的体系，还是由一个个行动力组成的政治体？如果您将它变成全球性系统，那么您就在去活且去政治化。如果您将它变成全神，那么您就在超活且必然也在去政治化。我们是否能够坚持地球本身的活性，从而有可能重新定义政治和自然？这是政治的延伸吗？是的，确实如此。我们曾经认为只有人类才是"政治动物"，这难道不奇怪吗？那么动物和其他有活性的动因呢？

盖娅不具备，也不应该具备公共资源、国家、霍布斯发明的伟大人造利维坦的法律品质。从某种程度上来说，盖娅正是将我们从国家以及自然国中解放出来的。如果长期以来我们认

---

54 Clive Hamilton, *Les Apprentis sorciers du climat*, 2013.

为必须离开大自然以便作为人类解放，那么地缚人就是在盖娅面前寻求解放。当我们开始作为地缚人聚集在一起时，我们意识到自己被一种完全政治化的力量所召集，因为它颠覆了所有头衔，颠覆了所有占领土地和对所有权的合法要求。面对被颠覆的财产权，地缚人明白，与人类的梦想相反，他们永远不会扮演阿特拉斯或地球园丁的角色，他们永远无法担任地球飞船的总工程师，甚至不能成为蓝色星球谦逊且忠实的守护者。就这么简单：他们不是单独在负责操控。有其他东西先于他们，尽管他们很晚才知道它们的存在与优先地位。权力分享，正是意味着这个。

到目前为止，盖娅的法律形式是被交谈者。如果说盖娅没有主权，但至少可以拥有罗马人所说的威严，[55]人们可以与盖娅交谈，但不像我们对非人格但却又人格化的**大自然所做的那样**，而是坦率直接地将其称为新政治实体。生活在人类世的时代，就是承认一种有利于盖娅的陌生而困难的**权力限制**，它被认为是可以通过追踪反馈循环来识别的所有动因的世俗集合。在这里，思想与实践都需要虚构："盖娅，我这样称呼你，我对你讲话，并且我准备面对你。"

如果回过头来琢磨这一问题是恰如其分的："如果我是20世纪的罪犯，我该如何做？"在我看来，当我们必须面对"为

55　这个建议来自皮埃尔-伊夫·孔德："它还不是权力在现实上的充分施展，如君主制法律必须在中世纪末期与现代的开端将它构想出来。通过禁止的方式，这种宣称的完满被认定为不可逾越的。威严的空虚之处，将神圣的环投射到权力周围。……罗马国的历史，如果我们想通过这个词来理解一些东西，而不是一个模糊的描述性的近似，也就是说，如果我们想了解'一'的司法构造在罗马制定的条款中所存在的问题与实践，我们就必须翻阅威严罪的历史。犯罪不是一个事件，一个偶然的反常现象。相反，它是建立在维护最终参照点上的政治机构所意味着的事件"，Yan Thomas, «L'institution de la majesté», 1991。

空间和气候的安排、占有和分配的斗争”时，不做本世纪的罪犯更为重要。卡尔·施密特认为欧洲公法在两个世纪以来，通过将欧洲内部的战争输出到其他地方，抑制了欧洲内部的战争，然后在20世纪爆发的战争超越了所有限制，成为全球战争。为限制未来战争，地缚人是否能发明一个公法的继承者，从而实现对世界的侵占？我们是否有能力将这项新法置于古老的祈祷之下，即维吉尔以“正义的大地”之名所致敬的“大地，法律之母”？这种转变将使旧“自然法则”采取不同的行动模式，诸如“大地公法”仍尚待发明，以限制施密特以其极其精确的语言所称的*Raumordnungskriege*——“空间秩序战争”，一旦消除这一表达与20世纪冲突的联系，它就为大地生命提供根本定义，但这种大地生命最终能够承担起盖娅的存在，从而使我们能够为未来的战争提供限制。

基本上，冲突可以总结如下：通过赋予现代人一种新的统治视野——比过去的土地占领更加专横暴力的生态现代化形式——来扩展民族国家在地球上的霸权，还是同意屈膝于盖娅的威严之前，同时使行动力的分配成为正当的政治问题——对民主这一伟大问题的重塑？这可能意味着放弃现代、自然甚至生态学这些表述，我总结为：从旧气候制度转向新气候制度。

·

这场战斗的结果必然取决于我们如何使自己有能力继承宗教。如果确实如此，正如我与其他许多人所认同的，所谓的“世俗化”只是承接了反宗教的主要特征——生活在时间尽头，并将时间尽头转变为现代化的乌托邦，这意味着无法进入大地。即使我们设法恢复科学的一席之地并再次振兴政治，现代主义的继承人——如今，全球化的整个地球——仍然存在于不可能的时间中，永远从过去撕裂，并被推向一个没有将来的未来中。人类世正是标志着这种时间状况的落伍。

如果我们错过这条分岔路口，宗教与世俗之间的争斗将继续下去。我们会处于对存在的乌托邦基础无休止的战争中，并面对国家应使我们免于遭受的宗教战争回归，而不是发现物质性、大地、常规与世俗。人们甚至可以想象最糟糕的情况：以保护大自然的名义发动的宗教战争！让我们回想一下施密特的观点：以理性、道德与计算之名的战争，“正义的”战争，是导致无尽毁灭的战争。以地球生存的名义发动的全球战争将比那些被称为“世界大战”的战争更可怕。只有当我们接受共同世界的组成**尚未完成**，全球并不存在时，这种战争的规模、持续时间与强度才会受到**限制**。我们如何确定限制？通过接受有限性：政治、科学，以及宗教的有限性。

我明白，通常的解决办法是说：摆脱宗教并继续前进。但是，如果在这场运动中，我们取其糟粕去其精华，又该如何应付？有了这种奇特的世俗观念，我们既不能回归宗教，也不能从宗教中解脱出来。唯一的解决办法是重新考虑“反”宗教的含义。如果对已经成为灵魂的救赎和道德的警察的残缺宗教无能为力，我们就必须成功地驯化这个永不停息的时代的狂热发明，因为无论如何我们都继承了它。围绕着终点、目标、有限、无限、意义、荒谬等有些晦涩的问题，总会出现宗教问题。为了在解放的问题中找到意义，我们**必须从无限中解放**。

在我看来，实现这一目标的唯一方法就是认真对待天启维度——我们是其后裔，我们令其他集体遭受的天启如今又降临到我们头上，而我们失去了领悟其意义的能力。那么问题就变成了：我们是否能够重新学习生活于终结之时，而不会因此陷入乌托邦，那个将我们传递至彼世，同时丧失此世的乌托邦？换句话说，我们是否联系起科学、政治和宗教的三重谦卑，而不是去制造混淆了它们的优点，结果却只是成功地毒害了我们的致命混合物？如果“谦卑”一词令您震惊，请记住它里面有腐殖质与堆肥……圣灰星期三的祷辞：“你要记住，你不过是尘土，将来也要回归尘土！”不是诅咒而是祝福：比一切更珍贵的只能通过转瞬即逝的东西来延续。

生活在**终结之时**，首先要接受流逝时间的有限性，并停止忽视。在宏大的、大预算的宇宙场景中被炸毁之前，末世论的彻底断裂必须首先以更轻、更谦卑且更经济的方式得到认识。终结之时不是围绕所有其他球体的最终球体，存在意义的最终答案；相反，它是一个新的差异，在所有其他线**中**画下的新线，它穿越各处，为所有事件赋予不同含义，即一个目标，一个最终的、根本的存在，一个完善。这不是另一个世界，而是用一种全新精神理解的同一世界。

可悲的是，时间流中的这一转折，事件中的这一事件，历史运动中的这一末世，已经转化为时间外的逃逸，飞跃到永恒之中，到非时间之中。道成肉身已经变成逃离一切肉体，进入远方精神领域，脱离躯体的国度。似乎**自然**的灾难还不够，几代神父、牧师、传教士与神学家们开始批评圣福音，以便在大自然之外增加**超自然**的领域。好像大自然的（非）存在可以作为超自然（非）存在的坚实基础！整个宗教，或者至少是基督教及其多种变体，已经逐渐转向拯救人类无形灵魂脱离地球之罪的计划。视线向上，双眼欣喜若狂地期待着最终的事件！在很大程度上，人们相信必须发动一场反对唯物主义的无情战斗，这场战斗把基督教引入歧途，它迫使信徒们蔑视科学的道路，而科学在指明地球道路之时比引导希伯来人进入沙漠的云柱更为清晰。

这一想法并非虚妄。作为大自然的替代，创造能够确保道成肉身的转变力量不仅限于灵魂的最深处，而是可以一步步地延伸——我应该说一个接一个地延伸——直到整个宇宙。但条件是创造**不能成为**大自然的别称，大自然与它的区别只是在于超灵动因的存在，并由神意的伟大设计所统治。圣灵可能“使地球表面焕然一新”，但它在面对不露面的大自然时无能为力。因为盖娅提供了这样一个亵渎的、世俗的、尘世的大地形象，它才可以使道成肉身的冲动在摆脱大自然边界的空间中重新获得动力。如果我们真的“知道，一切受造之物一同叹息、劳苦，**直到如今**”（《罗马书》，8：22），这意味着创造尚未完成，因此它必须一步步地，从一个灵魂到另一个，从一个动因到另一个地组成。

与唯物主义作斗争的神学家花了这么长时间才明白，他们几个世纪以来创造了一个名副其实的大自然崇拜，也就是寻求外在的、不可改变的、普遍的且无可争议的存在，与我们地球人所居住的不断变化的、局部的、交错的且有争议的叙事形成鲜明对比。为了拯救信仰的宝藏，他们将它抛弃至永恒。寻求移居超自然世界时，他们没有注意到“被搁置的”不是罪孽，而是——根据他们自己的说法——他们自己的上帝让自己的儿子死去的原因，即他创造的地球。他们一定忘记了“生态学”一词的另一词义——借用于尔根·莫特曼[56]（Jurgen Moltmann）提出的美妙虚构词源——可能是 *oikos logou*，即逻各斯之家，

---

56 Jurgen Moltmann, *Le Rire de l'univers*, 2004.

正如约翰福音所言，逻各斯“有许多住处”(《约翰福音》，14：2)。我希望您明白，为了占领大地，或者更确切地说，为了**被**大地**占领与关心**，我们必须同时居住在所有住处中。宇宙不需要我们向它传播上帝的荣耀，相反，它需要看到宗教限制自身，以学会与科学和政治合谋，从而恢复界限概念的意义。

我承认，当我读到教皇方济各的通谕——他在称地球为“母亲”与“姐妹”时重提《万物颂歌》——时，我是没抱希望的。我发誓永远不会引用圣方济各：太过温情，感觉太好。然而，当我读到“赞美你，我的主，为我们的母亲大地姐妹，我们靠她养育，靠她照料，是她，长出繁多的果实、缤纷的花草”时，我告诉自己，在盖娅的可怕系谱与教宗方济各建立的系谱之间，或许有一些联系可以证明，关于异教的古老争论似乎已经永远停止了。[57] 特别是作者充满魄力地使其成为新版本的《共产党宣言》，将生态与政治联系起来，而没有在这个过程中贬低科学。然后我开始思考沃格林的愿望是否会最终得到实现[58]：经历过反宗教接连不断的全部变体的人可能会像沃格林所说的那样，能够向一个至高权威开放他们的灵魂，而不必放弃其他。当我读到教宗方济各对皈依的呼召时，我思考是否有可能，盖娅的闯入可能会使我们更接近众神？诗人那句鼎鼎有名的话语：“只有上帝才能拯救我们！”变为：“只有**众神**议会才能拯救我们……”

•

如果我想用一句话来总结我对盖娅所说的一切，我会说，

57 Pape François, *Laudato Si!*, 2015.

58 参见第 231 页，关于西方传统中不可能的多元主义。

没有什么是确定的。最坏的情况可能发生，特别是盖娅可能会被视为旧自然国的转世。想象一下这场灾难：政治、科学与宗教精英会以国家、科学以及宗教无可争议的真理名义，使盖娅成为我们必须服从的力量。“盖娅要求！盖娅想要！盖娅需求！”全球的所有力量融合在最有毒性的混合体中。全球帝国将回归！当所有极权主义一致行动，盖娅政府会是绝对的恐怖。演讲至此，您会明白盖娅既不是全球也不是全球形象，而是局限于全球形象的**不可能性**。盖娅有着彻彻底底的历史性。盖娅不是乳母，也不是冷漠疏离的继母。它根本没有母性！如果您仍然对此有疑问，那就回到希腊神话中的盖娅：它是旧势力中最模糊、最复杂、最不稳定的。我们必须面对的当代盖娅也不再是比古老的盖更有益的神明。它迫使所有神明重新提出存在模式的问题。盖娅既不是政治力量的继承者，也不是任何形式的宇宙宗教的继承者。它由太多的科学、仪器、模型和传感器所塑造，这使它完全不同于接触世界的旧方式。从这一意义上讲，它同帕查玛玛的距离与同古老的盖一样遥远。然而，它确实改变了科学，并将永远改变它：它将科学人类学化，将它带回地球，鼓励其多样性，接纳其仪器，与它重拾的谦卑共谋。盖娅要求科学说出它所处的位置并居住于地球的哪个部分。盖娅是创世的异教替代品，正如它也是老式的科学。它不信任异教——归属世界的古老且贬义的形式——同样也不信任被基督教改造成超然神的天意设计。它不信任任何超越性。它并不拒绝接受设计，但它希望有多少设计就有多少地球上的动因。它反对逃往彼世。盖娅是反对乌托邦与架空历史的伟大形象。盖娅是诺斯替教徒的伟大猎手。盖娅是人类、神灵、有机体与众神所做一切事物的第三方，它是第三方的别称。盖娅可以接受现在，但它不信任天启以及任何声称能跳跃到时间尽头的事物。它贬低了宗教、科学与政治的夸大。它希望当下作为其本身而被赞颂：使事物通过流逝的东西而得以持续的时间。盖娅是有限性，非常公正且世俗的有限性。随后，您就是自由的，您是（反）宗教的信徒，添加最终实现的救赎时刻，但**它在时间之内**。盖娅站在我们面前，就像地球一样，我们不应离开，也不能离开。盖娅远非充气的气球，使青蛙觉得自己比牛大，盖娅是**风蚀**的强大力量。它是荆棘，刺破人们对全球的痴迷。它要求现代人不再相信他们在天启的另一边。它是一个伟大的训诂学形象：您这些科学家、修道士、政治家，重读您的经典。盖娅就这样，用手指简单地指着地球。

•

我相信您经常会看着这令人赞叹的地图，它的形状是大写的 T，中世纪的修道士用它表示世界，以耶路撒冷为中心。后来人们惊讶地发现更广阔的世界，修道士就必须学会画海岸。[59] 在我准备这些讲座的时候，我经常想到，现在的情况与我们的学者前辈在得知哥伦布排除万难从中国航行回来的消息 * 时的情况是多么相似。我们也以大写 T 的形状绘制地图，以人类为中心，球形的大自然环绕、威胁或保护他。而我们也必须彻底重绘它，以便吸纳新发现的土地——它迫使我们脱离大自然与人类——同时重新分配科学、宗教与政治，简言之，重绘我们的整个宇宙学。16 世纪的人们惊讶地发现，自然比起他们的地中海小世界更为

59 Jerry Brotton, *Une histoire du monde en 12 cartes*, 2013.

* 原文如此。——译者注

广阔。21世纪的人也是同样惊讶地发现，自然的（概念）与在他们脚下突然开启的大地的行动相比，是多么的狭隘。

没有必要自欺欺人：我们像1492年的欧洲那样，对即将到来的、动荡的世界景象准备不足。更重要的是，这一次，我们不是要为空间扩张做好准备，不是发现已驱逐土著的新土地，这种大规模土地掠夺带来了我们长期以来所说的“西方扩张”。这仍是有关空间、大地与发现的，但这次是在**强度**而非**广延**上发现新大地。我们并不为发现我们所掌握的新世界而感到惊讶，但我们有义务彻底重新学习我们将生活在旧世界的方式！[60]这更加新鲜，而我们的惊讶也更彻底，因为我们不再将土著民驱逐出他们的土地。这是我们自己的土地，我们也被土地所占有。或者说，似乎所有昔日的人类同时发现自己成了大地本身反向掠夺土地的对象。而且，所有的逆转仍然如此模糊，因此我们不知道自己身上发生了什么，就像哥伦布从伊斯帕尼奥拉岛回来时一样，他把那里误认为是中国的海岸！在本系列讲座结束之际，我甚至不确定我传达的消息的性质，我对您说人类世将改变我们的生活方式——也许只是一个谣言……

可以肯定的是，虽然现代人类可以被定义为总是从过去的约束中解放出来，总是试图通过无法穿越的海格力斯之柱，与之相反，地缚人必须探索他们的界限问题。虽然人类的座右铭是“大海之外，还有领土”，但地缚人的座右铭只会是“陆地之内，还有领土（*Plus intra*）”。他们不能依赖任何比土地、大地、土壤所代表的更古老的版本。这并不是因为他们害怕变得反动与倒退，（当他们不再相信自己是现代的时候，他们就会**停**

60 参见施密特引语评论，第268页。

止倒退！[61]）而是因为没有办法将他们的生活方式、技术、价值观、多样性与城市压缩，以适应“属于一个国家”意义的狭窄范围。矛盾的是，为了确定他们的边界，地球人必须摆脱曾经认为是空间的限制：他们如此渴望离开的小乡村，以及他们如此渴望到达的无限空间乌托邦。地质历史要求改变对拥有、占有或占据空间的定义，以及被土地占有的意义。

改变数十亿人的变革力量或许能够发现民族国家政治无法设想的问题。除了在盖娅本身的蜿蜒起伏中，我们还能在哪里发现我们进步与发展所必需的“四个地球”[62]：即在地球边界的**内部**，笼罩在其多重世界**中**，并且**因为**我们学会将我们的活动维持在自愿且政治上议定的界限内？在这里，宗教的超越性矗立在人类的灵魂深处；在这里，科学与技术存在于无数的叙事深处，它由**全部**动因的**全部**事件在其**自然历史**的**所有**偏差与奥秘中交织；政治资源处于那些在看到自己的土地塌陷时大声呼喊之人的愤慨与反抗的深处。在某种程度上，“陆地之内，还有领土”的格言也表示进步与发明的道路，这条道路将地球的自然历史与道成肉身的神圣历史联系起来，并与那些要学会永远不要以服从自然规律为借口而按兵不动的人的反抗联系起来。

这始终是古老而又光荣的命令：“前进！前进！”不是朝着新土地，而是朝着面貌焕然一新的大地。您知道克里斯托弗·哥伦布非常认真地看待他的名字，“承载基督者”，他深信自己是在帮助上帝穿越大西洋，就像传说中的摆渡人克里斯托

61　这是从一开始就作为线索的舞者的转身，参见第 1 页与第 278 页。
62　根据 2014 年地球生命力报告（*Living Planet Report 2014*）——显然是粗略——的计算，如果我们以“全球公顷”计算保证所有人拥有北美生活方式，我们会需要几乎四个地球。

弗带孩童耶稣过河一样。没人还能相信我们有足够强壮的肩膀来承担如此重任。相反，我们应该同意减轻带领我们渡过时间浅滩的盖娅肩上的重量。

虽然比起哥伦布船长的征服精神，我们可能望尘莫及。但或许我们仍能像他帆船上焦渴的水手一样，日复一日地等待着有朝一日瞭望台上最终会发出的呐喊："陆地！陆地！"

参考文献

ABRAM, David, *Comment la terre s'est tue. Pour une écologie des sens* (trad. Didier Demorcy et Isabelle Stengers), La Découverte, Paris, 2013.

AÏT-TOUATI, Frédérique, *Contes de la Lune. Essai sur la fiction et la science modernes*, Gallimard, Paris, 2011.

ALAVOINE-MULLER, Soizik, « Un Globe terrestre pour l'exposition de 1900. L'utopie géographie d'Élisée Reclus », *L'Espace géographique*, 32, 2, 2003.

ANDERS, Gunther, *La Menace nucléaire. Considérations radicales sur l'âge atomique* (trad. Christophe David), Le Serpent à plumes, Paris, 2006.

—, *Le Temps de la fin*, Éditions de l'Herne, Paris, 2007.

ARCHER, David, *The Long Thaw: How Humans Are Changing the Next 100,000 Years of Earth's Climate*, Princeton University Press, Princeton, 2010.

ASHMORE, Malcolm, Derek EDWARDS et Jonathan POTTER, « The bottom line: The rhetoric of reality demonstrations », *Configurations*, 2, 1, 1994, p. 1-14.

ASSMANN, Jan, *Moïse l'Égyptien. Un essai d'histoire de la mémoire* (trad. Laure Bernardi), Aubier, Paris, 2001.

—, *Le Prix du monothéisme* (trad. Laure Bernardi), Aubier, Paris, 2003.

—, *Violence et Monothéisme*, Bayard, Paris, 2009.

AUERBACH, Erich, *Figura: La Loi juive et la Promesse chrétienne*, Macula, Paris, 2004.

AUSTIN, J. L., *Quand dire, c'est faire* (trad. et introduction par Gilles Lane), Seuil, Paris, 1970.

AYKUT, Stefan et Amy DAHAN, *Gouverner le climat? Vingt ans de négociation climatique*, Presses de Sciences Po, Paris, 2015.

BACHELARD, Gaston, *Le Rationalisme appliqué*, PUF, Paris, 1998.

BANWART, S. A., J. CHOROVER et J. GAILLARDET, *Sustaining Earth's Critical Zone. Basic Science and Interdisciplinary. Solutions for Global Challenges*, Report of the The University of Sheffield, Royaume-Uni, 2013.

BARNES, Barry et Steven SHAPIN (dir.), *Natural Order. Historical Studies of Scientific Culture*, Beverly Hills, Sage, Londres, 1979.

BASTAIRE, Hélène et Jean BASTAIRE, *La Terre de gloire. Essai d'écologie parousiaque*, Le Cerf, Paris, 2010.

BENSAUDE-VINCENT, Bernadette et Isabelle STENGERS, *Histoire de la chimie*, La Découverte, Paris, 1992.

BIAGIOLI, Mario, *Galiléen Courtier. The Practice of Science in the Culture of Absolutism*, Chicago University Press, Chicago, 1993.

—, *Galileo's Instruments of Credit: Telescopes, Images, Secrecy*, The University of Chicago Press, Chicago, 2006.

BIJKER, Wiebe E., « The politics of water. The Oosterschelde storm surge barrier: a Dutch thing to keep the water out or not », *in* Bruno LATOUR et Peter WEIBEL (dir.), *Making Things Public*, MIT Press, Cambridge, 2005, p. 512-529.

BLUMENBERG, Hans, *Naufrage avec spectateur*, L'arche, Paris, 1997.

—, *La Légitimité des temps modernes* (trad. M. Sagnol, J.-L. Schlgel et D. Trierweiller), Gallimard, Paris, 1999.

BONNEUIL, Christophe et Jean-Baptiste FRESSOZ, *L'Événement anthropocène. La Terre, l'histoire et nous*, Seuil, Paris, 2013.

BONNEUIL, Christophe et Pierre DE JOUVANCOURT, « En finir avec l'épopée. Récit, géopouvoir et sujets de l'anthropocène », *in* Émilie HACHE (dir.), *De l'univers clos au monde infini*, Éditions Dehors, 2014, Paris, p. 57-105.

BOUCHERON, Patrick, *Conjurer la peur. Sienne 1338. Essai sur la force politique des images*, Seuil, Paris, 2013.

BOUREUX, Christophe, *Dieu est aussi jardinier*, Le Cerf, Paris, 2014.

BOURG, Dominique, *Vers une démocratie écologique. Le citoyen, le savant et le politique*, Seuil, Paris, 2010.

BRAHAMI, Frédéric, *Le Travail du scepticisme: Montaigne, Bayle, Hume*, PUF, Paris, 2001.

BRANTLEY, Susan L., Martin B. GOLDHABER et K. Vala RAGNARSDOTTIR, « Crossing disciplines and scales to understand the critical zone », *Elements*, 3, 2007, p. 307 – 314.

BRECHT, Bertold, *La Vie de Galilée*, L'Arche, Paris, 1990.

BREDEKAMP, Horst, *La Nostalgie de l'Antique. Statues, machines et cabinets de curiosités* (trad. par Nicole Casanova), Diderot Éditeur, Paris, 1996.

—, *Stratégies visuelles de Thomas Hobbes. Le Léviathan archétype de l'État moderne. Illustration des œuvres et portraits* (trad. par Denise Monidgliani), Maison des Sciences de l'Homme, Paris, 2003.

BROTTON, Jerry, *Une histoire du monde en 12 cartes* (trad. par Séverine Weiss), Flammarion, Paris, 2013.

BRÜCKLE, Irène et Oliver HAHN, *Galileo's Sidereus Nuncius: A Comparison of the proof copy with other paradigmatic copies*, Akademie Verlag, Berlin, 2011.

CALLON, Michel, « Éléments pour une sociologie de la traduction. La domestication des coquilles Saint-Jacques et des marins pêcheurs en baie de Saint-Brieuc », *L'Année sociologique*, 36, 1986, p. 169-208.

– (dir.), *The Laws of the Markets*, Blackwell, Oxford, 1998.

—, « La sociologie peut-elle enrichir l'analyse économique des externalités ? Essai sur la notion de cadrage-débordement », *in* Dominique FORAY et Jacques MAIRESSE (dir.), *Innovations et performances. Approches interdisciplinaires*, Éditions de l'EHESS, Paris, 1999, p. 399-431.

– (dir.), *Sociologie des agencements marchands. Textes choisis*, Presses de l'École nationale des mines, Paris, 2013.

CARTWRIGHT, Nancy, *How the Laws of Physics Lie*, Oxford, Clarendon Press, 1983.

—, *The Dappled World: A Study of the Boundaries of Science*, Cambridge University Press, Cambridge, 1999.

CHABARD, Pierre, « L'Outlook Tower, anamorphose du monde », *Le Visiteur*, 7, 2001, p. 64-89.

CHAKRABARTY, Dipesh, « The climate of history: Four theses », *Critical Enquiry*, 35, hiver 2009, p. 197-222.

—, « 2012. Postcolonial studies and the challenge of climate change », *New Literary History*, 43, 1, 2012, p. 1-18.

—, « Climate and capital: On conjoined histories », *Critical Enquiry*, 41, automne 2014.

CHAMAYOU, Grégoire, *Théorie du drone*, La Fabrique, Paris, 2013.

CHARBONNIER, Pierre, *La Fin d'un grand partage. De Durkheim à Descola*, Presss du CNRS, Paris, 2015.

CHARLSON, Robert J. *et al.*, « Oceanic phytoplankton, atmospheric sulphur, cloud albedo and climate », *Nature*, 326, 16 avril, p. 655-661.

CHARVOLIN, Florian, *L'Invention de l'environnement en France. Chroniques anthropologiques d'une institutionnalisation*, La Découverte, Paris, 2003.

CHIRO, Giovanna Di, « Ramener l'écologie à la maison », *in* Émilie HACHE (dir.), *De l'univers clos au monde infini*, Éditions Dehors, Paris, 2014, p. 191-220.

CLARK, Christopher, *Les Somnambules* (trad. Marie-Anne de Béru), Flammarion, Paris, 2013.

CLINE, Éric C., *1177 avant J.-C. Le jour où la civilisation s'est effondrée* (trad. Philippe Pignarre), La Découverte, Paris, 2015.

COLLECTIF, *An Atlas of agendas. Mapping the Power, Mapping the Commons*, Anagram Books, Londres, 2015.

COLLECTIF, « Penser la catastrophe », *Critique*, 783-784, aout-septembre 2012.

COLLECTIVE, *The Arcimboldo Effect: Transformations of the Face from the Sixteenth to the Twentieth Century*, Bompiani, Milan, 1987.

CONWAY, Erik M. et Naomi ORESKES, *L'Effondrement de la civilisation occidentale* (trad. Françoise et Paul Chemla), Les liens qui libèrent, Paris, 2014.

CONWAY, Philip, « Back down to Earth: Reassembling Latour's Anthropocenic geopolitics », *Global Discourse: An Interdisciplinary Journal of Current Affairs and Applied Contemporary Thought*, 2015.

CORBIN, Alain (dir.), *La Pluie, le soleil et le vent. Une histoire de la sensibilité au temps qu'il fait*, Aubier, Paris, 2013.

CRARY, Jonathan, *Suspensions of Perception. Attention, Spectacle and Modern Culture*, MIT Press, Cambridge, Mass, 1999.

CRONON, William (dir.), *Uncommon Ground. Rethinking the Human Place in Nature*, Norton, New York, 1996.

CRUIKSHANK, Julie, *Do Glaciers Listen?: Local Knowledge, Colonial Encounters, and Social Imagination*, University of Washington Press, Seattle, 2010.

CRUTZEN, P. J. et E. F. STOERMER, « The "Anthropocene" », *Global Change Newsletter*, 2000, p. 17-18.

DAHAN, Amy et Michel ARMATTE, « Modèles et modélisations: 1950-2000. Nouvelles pratiques, nouveaux enjeux », *Revue d'histoire des sciences*, 57, 2, 2005, p. 243-303.

DANOWSKI, Deborah et Eduardo VIVEIROS DE CASTRO, « L'arrêt de monde », *in* Émilie HACHE (dir.), *De l'univers clos au monde infini*, Éditions Dehors, Paris, 2014. p. 221-339.

DARDOT, Pierre et Christian LAVAL, *Commun. Essai sur la révolution au XXI*e *siècle*, La Découverte, Paris, 2014.

DASTON, Lorraine, «The factual sensibility: An essay review on artifact and experiment», *Isis*, 79, 1988, p. 452-470.
—, *L'Économie morale des sciences modernes* (trad. Samuel Lézé, introduction de Stéphane Vandamme), La Découverte, Paris, 2014.
DASTON, Lorraine et Peter GALISON, *Objectivité*, Les Presses du réel, Dijon, 2012.
DASTON, Lorraine et Fernando VIDAL, *The Moral Authority of Nature*, The University of Chicago Press, Chicago, 2004.
DAUBIGNY, Pierre, *Gaïa Global Circus*, 2013.
DAVIS, Mike, *Génocides tropicaux. Catastrophes naturelles et famines coloniales (1870-1900). Aux origines du sous-développement*, La Découverte, Paris, 2006.
DAWKINS, Richard, *L'Horloger aveugle* (trad. Bernard Sigaud), Robert Laffont, Paris, 1999.
—, *Le Gène égoïste* (trad. Nicolas Jones-Gorlin), Odile Jacob, Paris, 2003.
DEBAISE, Didier, *L'Appât des possibles. Reprise de Whitehead*, Presses du Réel, Dijon, 2015.
DE GAULLE, Charles, *Mémoires de guerre. Le salut (1944-1946)*, Plon, Paris, 1959.
DELÉAGE, Jean-Paul, *Histoire de l'écologie. Une science de l'homme et de la nature*, La Découverte, Paris, 1991.
DELEUZE, Gilles et Félix GUATTARI, *Mille Plateaux. Capitalisme et schizophrénie*, Minuit, Paris, 1980.
—, *Qu'est-ce que la philosophie?*, Minuit, Paris, 1991.
DESCOLA, Philippe, *Les Lances du crépuscule*, Plon, Paris, 1994.
—, *Par-delà nature et culture*, Gallimard, Paris, 2005.
—, *La Fabrique des images*, musée du Quai Branly, Paris, 2010.
DESPRET, Vinciane, *Penser comme un rat*, Éditions Quae, Versailles, 2009.
—, *Que diraient les animaux si on leur posait les bonnes questions?*, Les Empêcheurs de penser en rond/La Découverte, Paris, 2012.
DESPRET, Vinciane et Isabelle STENGERS, *Les Faiseuses d'histoires: Que font les femmes à la pensée?*, Les Empêcheurs de penser en rond/La Découverte, Paris, 2011.
DÉTIENNE, Marcel, *Apollon, le couteau à la main*, Gallimard, Paris, 2009.
DEWEY, John, *Logique. La théorie de l'enquête*, PUF, Paris, 1938 (1992).
—, *Le Public et ses problèmes* (Trad. et préface Joelle Zask), Folio, Paris, 2010.
DIEDERICHSEN, Dietrich et Anselm FRANKE (dir.), *The Whole Earth Catalog. California and the Disappeance of the Outside*, Haus der Kulturen der Welt, Berlin, 2013.

DOEL, Ronald E., « Constituting the postwar Earth sciences : The military's influence on the environmental sciences in the USA after 1945 », *Social Studies of Science*, 33, 2003, p. 635 – 666.

DOOREN, Thom Van, *Flight Ways. Life and Loss at the Edge of Extinction*, Columbia University Press, New York, 2014.

DÖRRIES, Matthias, « The politics of atmospheric sciences : "Nuclear winter" and global climate change », *Osiris*, 26, 1, 2011, p. 198-223.

DUBOS, René, *Louis Pasteur, franc-tireur de la science*, La Découverte, Paris, 1995 [1950].

DUPUY, Jean-Pierre, « "On peut ruser avec le destin catastrophiste" », *Critique*, 783, 2012, p. 729-737.

—, *Pour un catastrophisme éclairé. Quand l'impossible est certain*, Seuil, Paris, 2003.

DURKHEIM, Émile, *Les Formes élémentaires de la vie religieuse*, PUF, Paris, 1968 [1912].

EDWARDS, Paul N., *A Vast Machine. Computer Models, Climate Data, and the Politics of Global Warming*, MIT Press, Cambridge, Mass, 2010.

—, « Entangled histories : Climate science and nuclear weapons research », *Bulletin of Atomic Scientist*, 68, 4, 2012, p. 28-40.

ELDEN, Stuart, *The Birth of Territory*, The University of Chicago Press, Chicago, 2014.

FACKLER, Martin, « Tsunami warnings, written in stone », *New York Times*, 20 avril 2011.

FARINELLI, Franco, *De la raison cartographique* (trad. Katia Bienvenu), CTHS, Paris, 2009.

FEDERICI, Silvia, *Caliban et la sorcière. Femmes, corps et accumulation primitive*, Entremonde, Marseille, 2014.

FLEMING, James Rodger, *Fixing the Sky : The Checkered History of Weather and Climate Control*, Columbia University Press, New York, 2010.

FOESSEL, Michael, *Après la fin du monde. Critique de la raison apocalyptique*, Seuil, Paris, 2012.

FONTANILLE, Jacques, *Sémiotique du discours*, Presses de l'université de Limoges, Limoges, 1998.

FONTENELLE, *Entretiens sur la pluralité des mondes*, Flammarion, Paris, 1998 [1686].

FORD, J.R. *et al.*, «An assessment of lithostratigraphy for anthropogenic deposits», *Geological Society London*, Special Publications, 395, 2014.

FOUCAULT, Michel, *Les Mots et les Choses*, Gallimard, Paris, 1966.

FOX-KELLER, Evelyn, *La Passion du vivant. La vie et l'œuvre de Barbara Mc Clintock*. (trad. Rose-Marie Vassallo-Villaneau, préface d'Isabelle Stengers), Les Empêcheurs de penser en rond, Paris, 1999.

FRANÇOIS, pape, *Laudato Si!*, Saint Siège, Vatican, 2015.

FRESSOZ, Jean-Baptiste, *L'Apocalypse joyeuse. Une histoire du risque technologique*, Seuil, Paris, 2012.

FREUD, Sigmund, «Une difficulté de la psychanalyse», (trad. Marie Bonaparte), in *Essais de psychanalyse appliquée*, Gallimard, Paris, 1933.

FUKUYAMA, Francis, *La Fin de l'histoire ou le dernier homme*, Flammarion, Paris, 1992.

GADDIS, John Lewis, *The Cold War: A New History Paperback*, Penguin, Hammondsworth, 2006.

GAGLIARDI, Pasquale, Anne Marie REIJNENET et Philipp VALENTINI, *Protecting Nature, Saving Creation. Ecological Conflicts, Religious Passions and Political Quandaries*, Palgrave Macmillan, New York, 2013.

GALILÉE, *Dialogue sur les deux grands systèmes du monde*, Seuil, Paris, 1992.

—, *Leçons sur l'Enfer de Dante* (trad. Lucette Degryse, postface de Jean Marc Lévy-Leblond), Fayard, Paris, 2008.

GALINIER, Jacques et Antoinette MOLINIÉ, *Les Néo-Indiens. Une religion du troisième millénaire*, Odile Jacob, Paris, 2006.

GALISON, Peter, *L'Empire du temps. Les horloges d'Einstein et les cartes de Poincaré* (trad. Bella Arman), Robert Laffont, Paris, 2005.

GAMBONI, Dario, «Composing the body politic. Composite images and political representations 1651-2004», in Bruno LATOUR et Peter WEIBEL (dir.), *Making Things Public. The Atmospheres of Democracy*, MIT Press, Cambridge, Mass, 2005, p. 162-195.

GONTIER, Thierry (dir.), *Politique, religion et histoire chez Eric Voegelin*, Le Cerf, Paris, 2011.

GARDINER, Stephen M., *A Perfect Moral Storm: The Ethical Tragedy of Climate Change*, Oxford University Press, Oxford, 2013.

GARFINKEL, Harold, Michael LYNCH et Éric LIVINGSTON, «The work of a discovering science construed with materials from the optically discovered pulsar (reprinted in *Ethnomethodology*, vol. 3. Sage Benchmarks in

Social Research Methods, Londres, 2011, p. 214-243) », *Philosophy of Social Sciences*, 11, 1981 [2011], p. 131-158.

GARY, Romain, *Les Racines du ciel*, Folio, Paris, 1972.

GEISON, Gerald et James A. SECORD, « Pasteur and the process of discovery. The case of optical isomerism », Isis, 79, 1988, p. 6-36.

GEMENNE, François, *Géopolitique du changement climatique*, Armand Colin, Paris, 2009.

GEORGESCU-ROEGEN, Nicholas, *La Décroissance. Entropie, Ecologie, Economie*, Sang de la terre, Paris, 2011.

GERVAIS, François, *L'Innocence du carbone. L'effet de serre remis en question*, Albin Michel, Paris, 2013.

GIL, Marie, *Péguy au pied de la lettre. La question du littéralisme dans l'œuvre de Péguy*, Le Cerf, Paris, 2011.

GILBERT, Scott F. et David EPEL, *Ecological Developmental Biology. Integrating Epigenetics, Medicine and Evolution*, Sinauer Associates, Inc, Sunderland, Mass, 2009.

GLACKEN, Clarence J., *Traces on the Rhodian Shore. Nature and Culture in Western Thought From Ancient Times to the End of the 18th Century*, California University Press, Berkeley, 1967.

GOLDING, William, *Sa Majesté des mouches* (trad. Lola Tranec), Gallimard, Paris, 2008.

GORDON, Deborah, *Ants At Work: How An Insect Society Is Organized*, Free Press, New York, 1999.

—, « The ecology of collective behavior », PLoS Biol, 12, 3, 2014, p ; 1-4.

—, *Ant Encounters: Interaction Networks and Colony Behavior*, Princeton University Press, Princeton, 2010.

GORE, Al, *Une vérité qui dérange. L'urgence planétaire du réchauffement climatique et ce que nous pouvons faire pour y remédier* (trad. Christophe Jaquet), La Martinière, Paris, 2007.

—, *La Raison assiégée* (trad. Claudine Richetin), Seuil, Paris, 2008.

GOULD, Stephen-Jay, *La Vie est belle*, Seuil, Paris, 1991.

GRACE, C. R., « Structure of the N-terminal domain of a type B1 G protein-coupled receptor in complex with a peptide ligand », PNAS, 104, 20 mars 2007, p. 4858-4863.

GREIMAS, Algirdas J. et Joseph COURTÈS (dir.), *Sémiotique. Dictionnaire raisonné de la théorie du langage*, Hachette, Paris, 1979.

GREIMAS, Algirdas J. et Jacques FONTANILLE, *Sémiotique des passions. Des états de choses aux états d'âme*, Seuil, Paris, 1991.

GREVSMÜHL, Sebastian Vincent, *La Terre vue d'en haut. L'invention de l'environnement global*, La Découverte, Paris, 2014.

GRIBBIN, John et Mary GRIBBIN, *James Lovelock: In Search of Gaïa*, Princeton University Press, Princeton, 2009.

GROVE, Richard, *Les Îles du paradis. L'invention de l'écologie aux colonies, 1660-1854* (trad. Mathias Lefèvre), La Découverte, Paris, 2013.

HACHE, Émilie (dir.), *Écologie politique, cosmos, communautés, milieux*, Éditions Amsterdam, Paris, 2012.

– (dir.), *De l'univers clos au monde infini*, Éditions Dehors, Paris, 2014.

HAMILTON, Clive, *Les Apprentis sorciers du climat: Raisons et déraisons de la géo-ingénierie* (trad. Cyril Le Roy), Seuil, Paris, 2013.

—, *Requiem pour l'espèce humaine* (trad. Jacques Treiner et Françoise Gicquet), Presses de Sciences Po, Paris, 2013.

HAMILTON, Clive, Christophe BONNEUIL et François GEMENNE (dir.), *The Anthropocene and the Global Environment Crisis: Rethinking Modernity in a New Epoch*, Routledge, Londres, 2015.

HAMILTON, Clive et Jacques GRINEVALD, « Was the Anthropocene anticipated? », *Anthropocene Review*, 1, 14, 2015.

HARAWAY, Donna, *Le Manifeste Cyborg et autres essais. Sciences, fictions, féminismes* (anthologie établie par Laurence Allard, Delphine Gardey et Nathalie Magnan), Exils, Paris, 2007.

—, « Jeux de ficelles avec des espèces: rester avec le trouble », *in* Vinciane DESPRET et Raphaël LARRÈRE, *Les Animaux. Deux ou trois choses que nous savons d'eux*, Hermann, Paris, 2014.

—, « Staying with the trouble: Sympoïèse, figures de ficelle, embrouilles multispécifiques », *in* Isabelle STENGERS (dir.), *Gestes spéculatifs*, Les Presses du Réel, Dijon, 2015.

—, « Anthropocene, Capitalocene, Chthulucene », *in* Jason MOORE, *Capitalocene*, à paraître, 2016.

HARNACK, Adolf, *Marcion the Gospel of the Alien God* (trad. John Steely et Lyle Bierma), Wipf & Stock, Oregon, 1990 [1923].

HEINZ, Dorothea, *La Terre comme l'impensé du Léviathan. Une lecture de Carl Schmitt en juriste de l'écologie politique*, mémoire de l'EHESS dirigé par Bruno Karsenti, EHESS, Paris, 2015.

HEISE, Ursula K., *Sense of Place and Sense of Planet: The Environmental Imagination of the Global*, Oxford University Press, Oxford, 2008.

HÉSIODE, *Théogonie. La naissance des dieux* (précédé d'un essai par Jean-Pierre Vernant), Rivages, Paris, 1981.

HOBBES, Thomas, *Léviathan. Traité de la matière, de la forme et du pouvoir de la république ecclésiastique et civile* (trad., préface et notes François Tricaud), Sirey, Paris, 1971.

HOCHSTRASSER, Julie Berger, *Still Life and Trade in the Dutch Golden Age*, Yale University Press, New Haven, 2007.

HOGGAN, James, *Climate Cover-Up. The Crusade to Deny Global Warming*, Greystone Books, Vancouver, 2009.

HÖLLDOBLER, Bert et Edward O. WILSON, *The Superorganism: The Beauty, Elegance, and Strangeness of Insect Societies*, Norton, New York, 2008.

HULME, Mike, *Why We Disagree About Climate Change. Understanding Controversy, Inaction and Opportunity*, Cambridge University Press, Cambridge, 2009.

HUME, David, *Dialogues sur la religion naturelle* (texte, trad. et commentaire M. Malherbe), Vrin, Paris, 2005.

HUSSERL, Edmund, *La Crise des sciences européennes et la phénoménologie transcendantale* (trad. Gérard Granel), Gallimard, Paris, 2004.

HUZAR, Eugène, *La Fin du monde par la science* (introduction de Jean-Baptiste Fressoz), Ére, Alfortville, 2008 [1855].

JAMES, William, *A Pluralistic Universe*, The University of Nebraska Press, Londres, 1996 [1909].

JAMESON, Frederik, « Future City », *New Left Review*, mai-juin 2003.

JEANDEL, Catherine et Remy MOSSERI, *Le Climat à découvert. Outils et méthodes en recherche climatique*, CNRS Éditions, Paris, 2011.

JONAS, Hans, *Le Principe responsabilité*, Le Cerf, Paris, 1990.

—, *Gnostic Religion*, Beacon Press, New York, 2001.

KARSENTI, Bruno, *Moïse et l'idée de peuple. La vérité historique selon Freud*, Cerf, Paris, 2012.

—, « La représentation selon Voegelin, ou les deux visages de Hobbes », *Revue des sciences philosophiques et théologiques*, 96, 3, 2012, p. 513-540.

—, « Le sociologue et le prophète. Weber et le destin des modernes », *Tracés*, Hors série *Philosophies et Sciences sociales*, 2013, p. 167-188.

KEELING, Charles D, « Rewards and penalties of recording the Earth », *Annual Review of Energy and Environment*, 23, 1998, p. 25-82.

KEPEL, Gilles et Jean-Pierre MILELLI (dir.), *Al Qaeda in its Own Words*, Belknap Press, Cambridge, Mass, 2008.

KERSHAW, Ian, *La Fin. Allemagne 1944-1945* (trad. Pierre-Emmanuel Dauzat), Seuil, Paris, 2011.

KIERKEGAARD, Søren, *Crainte et tremblement* (Trad. et présentation Charles Le Blanc), Rivages poche, Paris, 2000 [1843].

KLEIN, Naomie, *Tout peut changer. Capitalisme et changement climatique*, Actes Sud, Arles, 2015.

KOERNER, Joseph Leo, *Caspar David Friedrich and the Subject of Landscape*, Reaktion Books, Londres, 2009.

KOESTLER, Arthur, *Les Somnambules. Essai sur l'histoire des conceptions de l'Univers* (trad. Georges Fradier), Les Belles Lettres, Paris, 2010.

KOHN, Eduardo, *How Forests Think: Toward an Anthropology Beyond the Human*, University of California Press, Berkeley, 2013.

KOYRÉ, Alexandre, *Du monde clos à l'univers infini*, Gallimard, Paris, 1962.

KUPIEC, Jean-Jacques et Pierre SONIGO, *Ni Dieu ni gène*, Seuil, Paris, 2000.

LACOSTE, Yves, *La Géographie, ça sert, d'abord, à faire la guerre*, La Découverte, Paris, 2014 [1982].

LAROCHE, E., *Histoire de la racine Nem en Grec ancien: nemo, nemesis, nomos, nomizo*, Klincksieck, Paris, 1949.

LARRÈRE, Catherine, *Les Philosophies de l'environnement*, PUF, Paris, 1997.

LATOUR, Bruno, « Pasteur et Pouchet: hétérogenèse de l'histoire des sciences », *in* Michel SERRES (dir.), *Éléments d'histoire des sciences*, Bordas, Paris, 1989, p. 423-445.

—, *Nous n'avons jamais été modernes. Essai d'anthropologie symétrique*, La Découverte, Paris, 1991.

—, *Aramis, ou l'amour des techniques*, La Découverte, Paris, 1992.

—, « Les objets ont-ils une histoire ? Rencontre de Pasteur et de Whitehead dans un bain d'acide lactique », *in* Isabelle STENGERS (dir.), *L'Effet Whitehead*, Vrin, Paris, 1994, p. 197-217.

—, « Moderniser ou écologiser. À la recherche de la septième Cité », *Écologie politique*, 13, 1995, p. 5-27.

—, *Politiques de la nature. Comment faire entrer les sciences en démocratie*, La Découverte, Paris, 1999.

—, *L'Espoir de Pandore. Pour une version réaliste de l'activité scientifique* (trad. Didier Gille), La Découverte, Paris, 2001.

—, *Pasteur : guerre et paix des microbes* suivi de *Irréductions*, La Découverte, Paris, 2001 [1984].

—, « Et si l'on parlait un peu politique ? », *Politix*, 15, 58, 2002, p. 143-166.

—, *Jubiler ou les tourments de la parole religieuse*, Les Empêcheurs de penser en rond/La Découverte, Paris, 2013 [2002].

—, « Why has critique run out of steam ? From matters of fact to matters of concern. Special issue on the "future of critique" », *Critical Inquiry*, 30, 2, 2004, p. 25-248.

—, « Le rappel de la modernité : approches anthropologiques », < ethnographiques.org >, 6, 2004.

—, *Changer de société. Refaire de la sociologie* (trad. Nicolas Guilhot), La Découverte, Paris, 2006.

—, « The Powers of fac dimiles : A turing test on science and literature », *in* Stephen J. BURN et Peter DEMSEY (dir.), *In Intersections Essays on Richard Powers*, Dalkey Archive Press, Champaign, Urbana, 2008, p. 263-292.

—, *What is the Style of Matters of Concern. Two Lectures on Empirical Philosophy*, Van Gorcum, Amsterdam, 2008.

—, « La mondialisation fait-elle un monde habitable », *in Territoire 2040, Prospectives périurbaines et autres fabriques de territoire, Revue d'étude et de prospective*, 2, 2009, p. 9-18.

—, *Sur le culte moderne des dieux faitiches* suivi de *Iconoclash*, La Découverte, Paris, 2009 [1996].

—, « Steps toward the writing of a compositionist manifesto », *New Literary History*, 41, 2010, p. 471-490.

—, *Cogitamus. Six lettres sur les humanités scientifiques*, La Découverte, Paris, 2010.

—, « Si tu viens à perdre la Terre, à quoi te sert d'avoir sauvé ton âme ? » *in* Jacques-Noël PÉRÈS (dir.), *L'Avenir de la Terre. Un défi pour les Églises*, Desclée de Brouwer, Paris, 2010, p. 51-72.

—, « Au moins lutter à armes égales. Postface », *in* Edwin ZACCAI, François GEMENNE et Jean-Michel DECROLY, *Controverses climatiques, sciences et politiques*, Presses de Sciences Po, Paris, 2012, p. 247-256.

—, *Enquête sur les modes d'existence. Une anthropologie des Modernes*, La Découverte, Paris, 2012.

—, *Facing Gaïa. Six Lectures on the Political Theology of Nature. Being the Gifford Lectures on Natural Religion*, < bruno-latour.fr >, 2013.

—, « Agency at the time of the Anthropocene », *New Literary History*, 45, 2014, p. 1-18.

—, « Formes élémentaires de la sociologie ; formes avancées de la théologie », *Archives de sciences sociales des religions*, 167, juillet-septembre 2014, p. 255-277.

—, « Some advantages of the notion of « critical zone » for geopolitics (Geochemistry of the Earth's surface GES-10 Paris France, 18-23 août, 2014) », *Procedia Earth and Planetary Science*, 2014, p. 3-6.

—, « "Nous sommes des vaincus" », *in* Camille RIQUIER, *Charles Péguy*, Le Cerf, Paris, 2014, p. 11-30.

—, « Telling friends from foes in the time of the Anthropocene », *in* Clive HAMILTON, Christophe BONNEUIL et François GEMENNE (dir.), *The Anthropocene and the Global Environment Crisis : Rethinking Modernity in a New Epoch*, Routledge, Londres, 2015, p. 145-55.

LATOUR, Bruno et Paolo FABBRI, « Pouvoir et Devoir dans un article de science exacte », *Actes de la Recherche en Sciences Sociales*, 13, 1977, p. 81-99.

LATOUR, Bruno et Émilie HACHE, « Morale ou moralisme ? Un exercice de sensibilisation », *Raisons politiques*, 34, mai 2009, p. 143-166.

LATOUR, Bruno *et al.*, « "Le tout est toujours plus petit que ses parties". Une expérimentation numérique des monades de Gabriel Tarde », *Réseaux*, 31, 1, 2013, p. 199-233.

LATOUR, Bruno et Peter WEIBEL (dir.), *Iconoclash. Beyond the Image Wars in Science, Religion and Art*, MIT Press, Cambridge, Mass, 2002.

—, *Making Things Public. Atmospheres of Democracy*, MIT Press, Cambridge, Mass, 2005.

LATOUR, Bruno et Steve WOOLGAR, *La Vie de laboratoire* (trad. Michel Biezunski), La Découverte, Paris, 1988.

LEGG, Stephen (dir.), *Spatiality, Sovereignty and Carl Schmitt : Geographies of the Nomos*, Routledge, Londres, 2011.

LENTON, Timothy M., « Gaïa and natural selection : A review article », *Nature*, 394, 30 juillet 1998, p. 439-447.

LEWIS, Simon L. et Mark A. MASLIN, « Defining the Anthropocene », *Nature*, 519, 12 mars 2015, p. 171-180.

LIPPMANN, Walter, *Le Public fantôme* (trad. Laurence Décréau, introduction Bruno Latour), Demopolis, Paris, 2008.

LOCHER, Fabien, « Les pâturages de la guerre froide : Garrett Hardin et la "tragédie des communs" », *Revue d'histoire moderne et contemporaine*, 60, 1, 2013, p. 7-36.

LOCHER, Fabien et Gregory QUENET, « L'histoire environnementale : origines, enjeux et perspectives d'un nouveau chantier. Numéro spécial sur l'histoire de l'environnement », *Revue d'histoire moderne et contemporaine*, 56, 4, 2009.

LOVELOCK, James, *Homage to Gaïa. The life on an Independent Scientist*, Oxford University Press, Oxford, 2000.

—, *Gaïa. Une médecine pour la planète. Géophysiologie, nouvelle science de la terre* (trad. Bernard Sigaud), Sang de la terre, Paris, 2001.

—, *La revanche de Gaïa. Pourquoi la Terre riposte-t-elle et comment pouvons-nous encore sauver l'humanité?* (trad. Thierry Piélat), Flammarion, Paris, 2007.

LOVELOCK, James et Dian HITCHCOCK, « Life detection by atmospheric analysis », *Icarus : International Journal of the Solar System*, 7, 2, 1967.

LOVELOCK, James et M. WHITFIELD, « Life span of the biosphere », *Nature*, 296, 1982, p. 561-563.

LÖWITH, Karl, *Histoire et salut. Les Présupposés théologiques de la philosophie de l'histoire* (préface Jean-François Kervégan), Gallimard, Paris, 2002.

LUBAC, Henri de, *La Postérité spirituelle de Joachim de Flore*, Le Cerf, Paris, 2014 [1981].

LUISETTI, Federico et Wilson KAISER (dir.), *The Anomie of the Earth. Philosophy, Politics and Autonomy in Europe and the Americas*, Duke University Press, Durham, 2015.

LUNTZ, Frank, *Words That Work*, Hachette Books, New York, 2005.

LUSSAULT, Michel, *L'Avènement du monde. Essai sur l'habitation humaine de la Terre*, Seuil, Paris, 2013.

MACKENZIE, Donald, *Material Markets. How Economic Agents are Constructed*, Oxford University Press, Oxford, 2009.

MANDEVILLE, Bernard, *La Fable des abeilles ou les vices privés font le bien public*, Vrin, Paris, 1992 [1714].

MANN, Charles C., *1493. Comment la découverte de l'Amérique a changé le monde* (trad. Marina Boraso), Albin Michel, Paris, 2013.

MANN, Michael, « If you see something say something », *New York Times*, 2014.

MANN, Michael E., *The Hockey Stick and the Climate Wars : Dispatches from the Front Lines*, Columbia University Press, New York, 2013.

MARGULIS, Lynn, *Symbiotic Planet: A New Look at Evolution*, Basic Books, New York, 1998.

—, « Gaïa », *in* Émilie HACHE (dir.), *Écologie politique, cosmos, communautés, milieux*, Éditions Amsterdam, Paris, 2012, p. 251-266.

MARGULIS, Lynn et Dorian SAGAN, *L'Univers bactériel*, Albin Michel, Paris, 1989.

—, *Microcosmos: Four Billion Years of Microbial Evolution*, University of California Press, Berkeley, 1997.

MARRES, Noortje, *Material Participation: Technology, the Environment and Everyday Publics*, Palgrave, Londres, 2012.

MARTEL, Yann, *L'Histoire de Pi*, Gallimard, Paris, 2009.

MARTIN, Nastassja, *Les Âmes sauvages Gwich'in, Occident, Environnement: rencontres des mondes en subarctique (Haut Yukon, Alaska)*, thèse EHESS, Paris, 2014 (à paraître aux éditions La Découverte, 2016).

MASSON-DELMOTTE, Virginie, *Climat: le vrai et le faux*, Le Pommier, Paris, 2011.

MATTEUCCI, Ruggero *et al.*, « A hippocratic oath for geologists ? », *Annals of Geophysics*, 55, 3, 2012, p. 365-369.

MAYR, Otto, *Authority, Liberty, an Automatic Machinery in Early Modern Europe*, The Johns Hopkins University Press, Baltimore, 1986.

MCNEIL, John R., *Du nouveau sous le soleil. Une histoire de l'environnement mondial au XXe siècle*, Champ Vallon, Saint-Étienne, 2010.

MCPHEE, John, *The Control of Nature*, Farrar, Straus & Giroux, New York, 1980.

—, *Assembling California*, Farrar, Straus & Giroux, New York, 1994.

MEIER, Heinrich, *La Leçon de Carl Schmitt. Quatre chapitres sur la différence entre la théologie politique et la philosophie politique* (trad. Françoise Manent), Le Cerf, Paris, 2014.

MERCHANT, Carolyn, *The Death of Nature. Women, Ecology and the Scientific Revolution*, Wildwood House, Londres, 1980.

MIALET, Hélène, *À la recherche de Stephen Hawking*, Odile Jacob, Paris, 2014.

MINCA, Claudio et Rory ROWAN, *On Schmitt and Space*, Routledge, Londres, 2015.

MITCHELL, Timothy, *Carbon Democracy. Le pouvoir politique à l'ère du pétrole* (trad. Christophe Jacquet), La Découverte, Paris, 2013.

MOLTMANN, Jurgen, *Le Rire de l'univers. Traité de christianisme écologique* (textes choisis par Jean Bastaire), Le Cerf, Paris, 2004.

MONOD, Jacques, *Le Hasard et la Nécessité. Essai sur la philosophie naturelle de la biologie moderne*, Seuil, Paris, 1970.

MONTEBELLO, Pierre, *L'Autre Métaphysique. Essai sur Ravaisson, Tarde, Nietzsche et Bergson*, Desclée de Brouwer, Paris, 2003.

MORRISON, Philip et Phylis MORRISON, *The Powers of Ten (realized by Charles and Ray Eames)*, W. H. Freeman and Company, San Francisco, 1982.

MORTON, Oliver, *Eating the Sun. The Everyday Miracle of How Plants Power the Planet*, Fourth Estate, Londres, 2007.

MORTON, Timothy, *Hyperobjects: Philosophy and Ecology After the End of the World*, Minnesota University Press, Minneapolis, 2013.

NICÉRON, Jean-François, *La Perspective curieuse à Paris chez Pierre Billaine Chez Jean Du Puis rue Saint Jacques à la Couronne d'Or avec l'Optique et la Catoptrique du RP Mersenne du mesme ordre Oeuvre très utile aux Peintres, Architectes, Sculpteurs, Graveures et à tous autres qui se meslent du Dessein*, 1663.

NORDHAUS, Ted et Michael SHELLENBERGER, *Break Through. From the Death of Environmentalism to the Politics of Possibility*, Houghton Mifflin Company, New York, 2007.

NORTHCOTT, Michael S., *A Political Theology of Climate Change*, Wm. B. Eerdmans Publishing Company, 2013.

OLWIG, Kenneth, « Has "geography" always been modern?: Choros, (non) representation, performance, and the landscape », *Environment and Planning A: Society and Space*, 40, 2008, p. 1843-1861.

—, « The Earth is not a globe: Landscape *versus* the "globalist" agenda », *Landscape Research*, 36, 4, 2011, p. 401-415.

ORESKES, Naomie, « Beyond the ivory tower: The scientific consensus on climate change », *Science*, 306, 5702, 2004, p. 1686.

ORESKES, Naomi et Erik M. CONWAY, *Les Marchands de doute* (trad. Jacques Treiner), Le Pommier, Paris, 2012.

—, *L'Effondrement de la civilisation occidentale* (trad. Françoise et Paul Chemla), Les liens qui libèrent, Paris, 2014.

OSPOVAT, Dov, *The Development of Darwin's Theory: Natural History, Natural Theology, and Natural Selection, 1838-1859*, Cambridge University Press, Cambridge, 1995.

OSTROM, Elinor, *La Gouvernance des biens communs. Pour une nouvelle approche des ressources naturelles*, De Boeck, Bruxelles, 2010.

PANOFSKY, Erwin, *La Perspective comme forme symbolique et autres essais*, Minuit, Paris, 1975.

—, *Galilée critique d'art* (trad. Nathalie Heinich), suivi de *Attitude esthétique et pensée scientifique par Alexandre Koyré*, Impressions Nouvelles, Bruxelles, 2001.

PASTEUR, Louis, « Mémoire sur la fermentation appelée lactique », *Œuvres complètes*, T. II, Masson et Cie éditeurs, Paris, 1922, p. 3-13.

PEARCE, Fred, *With Speed and Violence: Why Scientists Fear Tipping Points in Climate Change*, Beacon Press, Boston, 2007.

PÉGUY, Charles, *Œuvres en prose complètes*, t. III (édition présentée, établie et annotée par Robert Durac), Gallimard, coll. « La Pléiade », Paris, 1992.

PESTRE, Dominique, *Introduction aux* Science Studies, La Découverte, Paris, 2006.

—, « Néolibéralisme et gouvernement. Retour sur une catégorie et ses usages », in Dominique PESTRE (dir.), *Le Gouvernement des technosciences. Gouverner le progrès et ses dégâts depuis 1945*, La Découverte, Paris, 2014.

PICKERING, Andy, *The Cybernetic Brain: Sketches of Another Future*, The University of Chicago Press, Chicago, 2011.

PIKE, Sarah M., *New Age and Neopagan Religions in America*, Columbia University Press, New York, 2006.

POLANYI, Karl, *La Grande Transformation. Aux origines politiques et économiques de notre temps*, Gallimard, Paris, 1983 [1945].

POWERS, Richard, *La Chambre aux échos*, 10/18, Paris, 2009.

PROCTOR, Robert N., *Golden Holocaust. La conspiration des industriels du tabac*, Éditions des Équateurs, Paris, 2014.

PRYCK, Kari De, « Le Groupe d'experts intergouvernemental sur l'évolution du climat, ou les défis d'un mariage arrangé entre science et politique », *Ceriscope environnement* (en ligne), Sciences Po, Paris, 2014.

QUENET, Gregory, *Versailles, une histoire naturelle*, Paris, La Découverte, 2015.

RAMEL, Frédéric, *Philosophie des relations internationales*, Presses de Sciences Po, Paris, 2011.

RECLUS, Élisez et Nicolas JANKOVIC, *Projet de globe terrestre au 100 000*^{e}, Éditions B2 Le Moniteur, Paris, 2012.

RICHTEL, Matt, « California farmers dig deeper for water, sipping their neighbors dry », *New York Times*, 5 juin 2015.

RIQUIER, Camille, « Charles Péguy. Métaphysiques de l'événement », *in* Didier DEBAISE, *Philosophie des possessions*, Les Presses du Réel, Dijon, 2011.

—, (dir.), *Charles Péguy*, Le Cerf, Paris, 2014.

ROCKSTRÖM, Johan, « A safe operating space for humanity », *Nature*, 461, 24 septembre 2009.

ROCKSTRÖM, Johan, Will STEFFEN *et al.*, « Planetary boundaries : Exploring the safe operating space for humanity », *Ecology and Society*, 14, < ecologyandsociety.org/vol14/iss2/art32/ >, 2009.

RUDWICK, Martin, *Earth's Deep History. How it Was Discovered and Why it Matters*, The University of Chicago Press, Chicago, 2014.

RUDWICK, Martin J. S., *Bursting the Limits of Time : The Reconstruction of Geohistory in the Age of Revolution*, The University of Chicago Press, Chicago, 2007.

RUSE, Michael, *The Gaïa Hypothesis. Science on a Pagan Planet*, The University of Chicago Press, Chicago, 2013.

RUYER, Raymond, *Néo-finalisme* (préface de Fabrice Colonna), PUF, Paris, 2013 [1952].

SCHAFFER, Simon, « Seeing double : How to make up phantom body politic », *in* Bruno LATOUR and Peter WEIBEL (dir.), *Making Things Public*, MIT Press, Cambridge, Mass, 2005, p. 196-202.

—, *The Information Order of Isaac Newton's Principia Mathematica*, The Hans Rausing Lecture 2008 Uppsala University, Salvia Smaskrifter, Foerfattaren, 2008.

—, « Newtonian angels », *in* Joad RAYMOND (dir.), *Conversations with Angels : Essays Towards a History of Spiritual Communication*, Palgrave, Londres, 2011, p. 90-122.

—, *La Fabrique des sciences modernes*, XVIIe-XIXe *siècle* (trad. Frédérique Aït Touati, Loïc Marcou et Stéphane Van Damme), Seuil, Paris, 2014.

SCHMITT, Carl, *Théologie politique*, 1922, 1969, Gallimard, Paris, 1988.

—, *La Notion de politique* suivi de *Théorie du partisan*, Calmann-Lévy, Paris, 1972 [1963].

—, *Terre et mer*, Le Labyrinthe, Paris, 1985.

—, *Le Léviathan dans la doctrine de l'état de Thomas Hobbes : Sens et échec d'un symbole politique*, Seuil, Paris, 2001.

—, *Le Nomos de la Terre dans le droit des gens du* Jus Publicum Europaeum (trad.

Lilyane Deroche-Gurcel et présentation Peter Haggenmacher), PUF, Paris, 2001.

—, *La Guerre civile mondiale. Essais* (1943-1078), (trad. et présentation Céline Jouin), ERE, Paris, 2007.

SCHNEIDER, Stephen H. *et al.*, *Scientists debate Gaïa*, MIT Press, Cambridge, Mass, 2008.

SERRES, Michel, *La Traduction. Hermès III*, Minuit, Paris, 1974.

—, *Le Parasite*, Grasset, Paris, 1980.

—, *Le Contrat naturel*, Bourin, Paris, 1990.

SHAPIN, Steven, *La Révolution scientifique*, Flammarion, Paris, 1998.

SHAPIN, Steven et Simon SCHAFFER, *Le Léviathan et la pompe à air. Hobbes et Boyle entre science et politique* (trad. Thierry Piélat), La Découverte, Paris, 1993.

SLOTERDIJK, Peter, *Écumes. Sphères III* (trad. Olivier Mannoni), Maren Sell, Paris, 2005.

—, *Le Palais de cristal. À l'intérieur du capitalisme planétaire* (trad. Olivier Mannoni), Maren Sell, Paris, 2006.

—, *Globes. Sphères II* (trad. Olivier Mannoni), Maren Sell, Paris, 2010.

SONIGO, Pierre et Isabelle STENGERS, *L'Évolution*, EDP Sciences, Les Ulis, 2003.

SOUDAN, Clara, *Théologie politique de la nature. L'ontologie théologique de Hans Jonas au fondement de son éthique environnementale de la responsabilité* (master en philosophie de la religion), EPHE, Paris, 2015.

SQUARZONI, Philippe, *Saison brune*, Delcourt, Paris, 2012.

STEFFEN, Will *et al.*, « Planetary boundaries : Guiding human development on a changing planet », *Science Express*, 2015.

—, « The Anthropocene : From global change to planetary stewardship », *Ambio*, 12 octobre 2011.

—, « The trajectory of the Anthropocene : The great acceleration », *The Anhtropocene Review*, 2015, p. 1-18.

STENGERS, Isabelle, *L'Invention des sciences modernes*, La Découverte, Paris, 1993.

—, « La guerre des sciences : et la paix ? », *in* Jurdant BAUDOUIN (dir.), *Impostures scientifiques. Les malentendus de l'affaire Sokal*, La Découverte, Paris, 1998, p. 268-292.

—, *Penser avec Whitehead : Une libre et sauvage création de concepts*, Seuil, Paris, 2002.

—, *La Vierge et le Neutrino*, Les Empêcheurs de penser en rond, Paris, 2005.

—, *Au temps des catastrophes. Résister à la barbarie qui vient*, La Découverte/Les Empêcheurs de penser en rond, Paris, 2009.

STENGERS, Isabelle et Thierry DRUMM, *Une autre science est possible ! Manifeste pour un ralentissement des sciences*, La Découverte/Les Empêcheurs de penser en rond, Paris, 2013.

STERN, Nicolas, *The Economics of Climate Change : The Stern Review*, Cambridge University Press, Cambridge, 2007.

STRUM, Shirley et Bruno LATOUR, « The meaning of social : From baboons to humans », *in* Glendon SCHUBERT et Roger D. MASTERS (dir.), *Primate Politics*, Southern Illinois University Press, Carbondale, 1991, p. 73-86.

STRUM, Shirley, « Darwin's monkey : Why baboons can't become human », *Yearbook Of Physical Anthropology*, 55, 2012, p. 3-23.

STYFHALS, Willem, « Gnosis, modernity and divine incarnation : The Voegelin-Blumenberg debate », *Bijgraden, International Journal in Philosophy and Theology*, 73, 3, 2012, p. 190-211.

SZERSZYNSKI, Bronislaw, « The end of the end of nature : The Anthropocene and the fate of the human », *The Oxford Literary Review*, 34, 2, 2012, p. 165 – 84.

TANSLEY, A. G., « The use and abuse of vegetational concepts and terms », *Ecology*, 16, 3, 1935, p. 284-307.

TARDE, Gabriel, *Les Lois sociales*, Les empêcheurs de penser en rond, Paris, 1999.

TAYLOR, Bron, *Dark Green Religion : Nature, Spirituality and the Planetary Future*, The University of California Press, Berkeley, 2010.

THOMAS, Yan, « L'institution de la majesté », *Revue de synthèse*, CXII, 3, 4, 1991, p. 331-386.

—, *Les Opérations du droit* (textes choisis et préfacés par Olivier Cayla, Jacques Chiffoleau, Marie-Angèle Hermitte et Paolo Napoli), Seuil, Paris, 2011.

THOMPSON, Charis, *Making Parents : The Ontological Choreography of Reproductive Technologies*, MIT Press, Cambridge, Mass, 2005.

TOULMIN, Stephen, *Cosmopolis : The Hidden Agenda of Modernity*, The University of Chicago Press, Chicago, 1990.

—, *Les Usages de l'argumentation*, PUF, Paris, 1992.

TRESCH, John, « Cosmogram », *in* Melik OHANIAN et Jean-Christophe ROYOUX (dir.), *Cosmograms*, Lukas and Sternberg, New York, 2005, p. 67-76.

—, *The Romantic Machine*, The University of Chicago Press, Chicago, 2012.

TSING, Anna L., *The Mushroom at the End of the World : On the Possibility of Life in Capitalist Ruins*, Princeton University Press, Princeton, 2015.

TWAIN, Mark, *La Vie sur le Mississippi* (trad. Bernard Blanc), Payot, Paris, 2001.

TYRRELL, Toby, *On Gaïa : A Critical Investigation of the Relationship between Life and Earth*, Princeton University Press, Princeton, 2013.

VAN DAMME, Stéphane, *Descartes*, Presses de Sciences Po, Paris, 2002.

VAUGHAN, Diane, *The Challenger Launch Decision : Risky Technology, Culture and Deviance at NASA*, The University of Chicago Press, Chicago, 1996.

VENTURINI, Tommaso, « Diving in magma : how to explore controversies with actor-network theory », *Public Understanding of Science*, 19, 3, 2010, p. 258-273.

VIDAL-NAQUET, Pierre, *Les Assassins de la mémoire. Un Eichmann de papier et autres essais sur le révisionnisme*, La Découverte, Paris, 1991.

VIEILLE-BLANCHARD, Élodie, *Les Limites à la croissance dans un monde global. Modélisations, prospectives, réfutations*, thèse, EHESS, Paris, 2011.

VIVEIROS DE CASTRO, Eduardo, *Métaphysiques cannibales*, PUF, Paris, 2009.

VOEGELIN, Éric, *La Nouvelle Science du politique* (trad. Sylvie Courtine-Denamy), Seuil, Paris, 2000.

—, « Erzatz religion. The ggostic mass movements of our time », *The Collected Works of Éric Voegelin*, T. 5, *The Political Religions, The New Science of Politics, and Science, Politics and Gnosticism*, The University of Missouri Press, Columbia et Londres, 2000, p. 295-313.

VON UEXKÜLL, Jakob, *Mondes animaux et monde humain. Théorie de la signification*, Gonthier, Paris, 1965.

WADDINGTON C.H., *Biological Processes in Living Systems : Towards a Theoretical Biology*, T. IV, Aldine Transactions reprint, Édimbourg, 2012.

WARD, Barbara et René DUBOS, *Only One Earth. An Unofficial Report Commisioned by the Secretary General of the United Nations Conference on the Human Environment*, Norton, New York, 1972.

WARD, Peter D., *The Medea Hypothesis : Is Life on Earth Ultimately Self-Destructive ?*, Princeton University Press, Princeton, 2009.

WEART, Spencer, *The Discovery of Global Warming*, Harvard University Press, Cambridge, Mass, 2003.

WELZER, Harald, *Les Guerres du climat. Pourquoi on tue au XXIe siècle*, Gallimard, Paris, 2009.

WHITE, Lynn, « Historical roots of our ecological crisis », 1967.

WHITE, Richard, *Le Middle Ground. Indiens, empires et républiques dans la région des Grands Lacs : 1650-1815* (trad. Frédéric Cotton), Anacharsis, 2009.

WHITEHEAD, Alfred North, *Le Concept de nature*, Vrin, Paris, 1998 [1920].

WHITMAN, James Q., *The Verdict of Battle : The Law of Victory and the Making of Modern War*, Harvard University Press, Cambridge, Mass, 2012.

WILLIAMS, Alex, and Nick Srnicek, « Le Manifeste pour une politique accélérationniste » (trad. Yves Citton), *Multitude*, 56, 2015, p. 23-35.

WILLIAMS, Mark *et al.*, « Humans as the third evolutionary stage of biosphere engineering of rivers », *Anthropocene*, < dx.doi.org/10.1016/j.ancene.2015.03.003 >, 2015.

WITHAM, Larry, *The Measure of God : Our Century Long Struggle to Reconcile Science and Religion. The Story of the Gifford Lectures*, Harper, San Francisco, 2005.

YACK, Bernard, *The Longing for Total Revolution : Philosophic Sources of Social Discontent from Rousseau to Marx and Nietzsche*, University of California Press, Berkeley, 1992.

ZACCAI, Edwin, François GEMENNE et Jean-Michel DECROLY, *Controverses Climatiques, Sciences et Politiques*, Presses de Sciences Po., Paris, 2012.

ZALASIEWICZ, Jan, *The Earth After Us : What Legacy will Humans Leave in the Rocks ?*, Oxford University Press, Oxford, 2008.

—, *The Planet in a Pebble : A Journey into Earth's Deep History*, Oxford University Press, Oxford, 2010.

ZALASIEWICZ, Jan *et al.*, « When did the Anthropocene begin ? A mid-twentieth century boundary level is stratigraphically optimal », *Quaternary International* (2015).

—, « The new world of the Anthropocene », *Environmental Science and Technology*, 44, 7, 2010, p. 2228-2231.

图书在版编目(CIP)数据

面对盖娅:新气候制度八讲/(法)布鲁诺·拉图尔(Bruno Latour)著;李婉楠译.—上海:上海人民出版社,2024
ISBN 978-7-208-18818-1

Ⅰ.①面… Ⅱ.①布… ②李… Ⅲ.①环境科学-哲学-研究 Ⅳ.①X-02

中国国家版本馆 CIP 数据核字(2024)第 058279 号

责任编辑 于力平 吴书勇
封面设计 李婷婷

面对盖娅
——新气候制度八讲
[法]布鲁诺·拉图尔 著
李婉楠 译

出 版 上海人民出版社
(201101 上海市闵行区号景路 159 弄 C 座)
发 行 上海人民出版社发行中心
印 刷 苏州工业园区美柯乐制版印务有限责任公司
开 本 635×965 1/16
印 张 23
插 页 3
字 数 253,000
版 次 2024 年 7 月第 1 版
印 次 2024 年 7 月第 1 次印刷
ISBN 978-7-208-18818-1/B·1743
定 价 92.00 元

Originally published in French as:
«FACE A GAÏA. Huit conférences sur le nouveau régime climatique.» by Bruno Latour
Editions La Découverte, Paris, 2015.
Current Chinese translation rights arranged through Divas International, Paris 巴黎迪法国际版权代理

大师经典

《社会学的基本概念》	[德] 马克斯·韦伯 著	胡景北 译
《历史的用途与滥用》	[德] 弗里德里希·尼采 著	
	陈　涛　周辉荣 译	刘北成 校
《奢侈与资本主义》	[德] 维尔纳·桑巴特 著	
	王燕平　侯小河 译	刘北成 校
《社会改造原理》	[英] 伯特兰·罗素 著	张师竹 译
《伦理体系：费希特自然法批判》		
	[德] 黑格尔 著	翁少龙 译
《理性与生存——五个讲座》		
	[德] 卡尔·雅斯贝尔斯 著	杨　栋 译
《战争与资本主义》	[德] 维尔纳·桑巴特 著	晏小宝 译
《道德形而上学原理》	[德] 康　德 著	苗力田 译
《论科学与艺术》	[法] 让-雅克·卢梭 著	何兆武 译
《对话录》	[英] 大卫·休谟 著	张连富 译

人生哲思

《论人的奴役与自由》	[俄] 别尔嘉耶夫 著	张百春 译
《论精神》	[法] 爱尔维修 著	杨伯恺 译
《论文化与价值》	[英] 维特根斯坦 著	楼　巍 译
《论自由意志——奥古斯丁对话录二篇》(修订译本)		
	[古罗马] 奥古斯丁 著	成官泯 译
《论婚姻与道德》	[英] 伯特兰·罗素 著	汪文娟 译
《赢得幸福》	[英] 伯特兰·罗素 著	张　琳 译

《论宽容》　[英] 洛克 著　张祖辽 译
《做自己的哲学家：斯多葛人生智慧的 12 堂课》
[美] 沃德·法恩斯沃思 著　朱嘉玉 译

社会观察

《新异化的诞生：社会加速批判理论大纲》
[德] 哈特穆特·罗萨 著　郑作彧 译
《不受掌控》　[德] 哈特穆特·罗萨 著
郑作彧　马　欣 译
《部落时代：个体主义在后现代社会的衰落》
[法] 米歇尔·马费索利 著　许轶冰 译
《鲍德里亚访谈录：1968—2008》
[法] 让·鲍德里亚 著　成家桢 译
《替罪羊》　[法] 勒内·基拉尔 著　冯寿农 译
《吃的哲学》　[荷兰] 安玛丽·摩尔 著　冯小旦 译
《经济人类学——法兰西学院课程（1992—1993）》
[法] 皮埃尔·布迪厄 著　张　璐 译
《局外人——越轨的社会学研究》
[美] 霍华德·贝克尔 著　张默雪 译
《如何思考全球数字资本主义？——当代社会批判理论下的哲学反思》
蓝　江 著
《晚期现代社会的危机——社会理论能做什么？》
[德] 安德雷亚斯·莱克维茨
[德] 哈特穆特·罗萨 著　郑作彧 译
《美国》(修订译本)　[法] 让·鲍德里亚 著　张　生 译
《面对盖娅——新气候制度八讲》
[法] 布鲁诺·拉图尔 著　李婉楠 译
《扎根——人类责任宣言绪论》(修订译本)
[法] 西蒙娜·薇依 著　徐卫翔 译